陳大達（筆名：小瑞老師）●著

飛行原理與
飛機空氣動力學概論

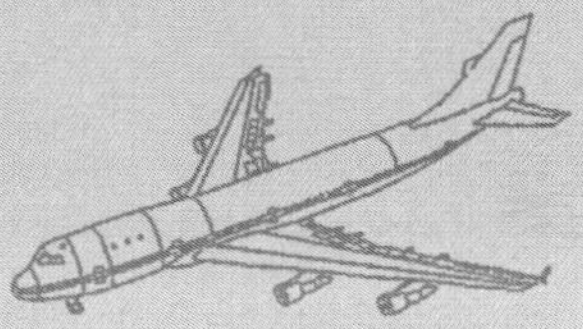

作者序

隨著科技的快速發展，航空工程的技術也跟著不斷的進步，無人機和低空經濟的興起，伴隨著 AI 人工智能理念的提出，為航空工程領域帶來了前所未有的變革，並逐步地融入了人類的日常生活。飛行原理與空氣動力學是航空工程領域的核心科學，前者是描述飛行器在空氣中飛行、運動與控制的基本原理，而後者則是以流體力學為基礎研究飛行原理所描述的現象。這兩者緊密相連，構成了航空科技進步的基礎，也是從事航空領域人員必須掌握的知識。根據萃思創新理論，惟有在掌握基礎知識的條件下，才能做不斷地創新、迎接變革與獲取先機。這也意味著對飛行原理和空氣動力學知識的深入理解是國家發展軍事、民生與航空領域人員在就業時不可或缺的必要條件。

中國在 2022 年所頒布的十四五航空教育工程計畫與相關文件中，明確顯示了其對中西部地區的高等教育發展，尤其是航空教育領域的高度重視。儘管這些地區的高等教育機構面臨著師資嚴重短缺、教師專業不足、教學紀律鬆散和教學管理不善等問題，嚴重影響了中國航空教育的成效與航空工業的發展。但不可否認的是，中國航空技術仍在持續進步，甚至可以說是發展迅速。相較之下，臺灣由於年金改革導致人才外流，加之航空教材的更新滯後，使得航空教育的推廣受到阻礙，進而影響了航空技術的進一步發展。

由於飛行原理與空氣動力學是航空領域的核心學科，也是發展低空經濟不可或缺的基礎知識，所以筆者在研究國內外有關飛行原理與空氣動力學的相關書籍後，結合自己的工作與教學經驗，採用專案管理學模組化方法，並結合 AI 人工智能輔助技術編寫了本書，旨在為航空專業的學生、從業人員，以及所有對航空工程和低空經濟感興趣的人士提供參考。同時根據實用性和理論的深淺程度。

本書得以出版，首先要感謝秀威資訊科技股份有限公司惠予支持、內人高瓊瑞女士在撰稿期間諸多的協助與鼓勵，以及編輯陳彥儒、邱意珺的細心編排。另外，在編寫的過程中，筆者參閱了許多其他作者的著作，在此一併表示謝意。鑒於個人的能力有限，書中難免存在著疏漏和不足之處，懇請各位讀者不吝賜教，給予批評與指正。

2024 年 11 月

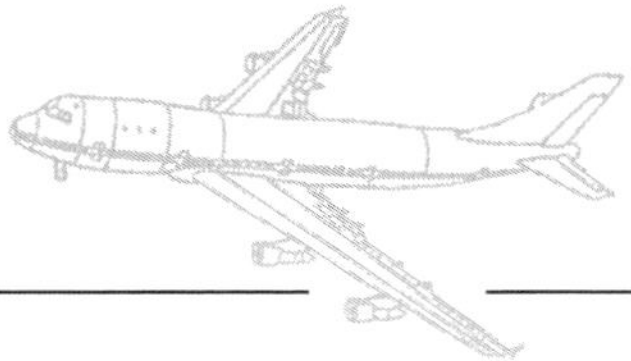

CONTENTS
目次

第一章

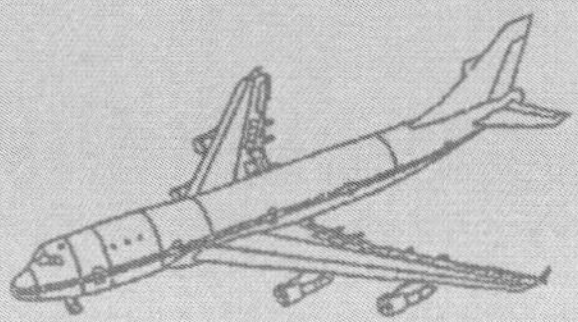

飛機的發展史

飛行原理是一門研究飛行器飛行、運動和控制等基礎理論的學科。在這一領域的研究中，我們重點探討的是航空器，尤其是飛機。通過研究航空器的發展歷程，我們不僅能夠對不同類型的航空器有初步認識，同時，也能幫助我們瞭解人類在發展航空工程時所遭遇的瓶頸以及現在各種類型飛機在功能上的限制與未來研究可能的發展趨勢。

一、飛行原理的定義與重要

所謂飛行原理（Flight principles）是指一門以空氣動力學和飛行力學為基礎去研究飛行器飛行、運動與控制基本原理的工程學科，此課程通常聚焦於航空器，特別是飛機，在研究過程中，空氣作為運動介質。學習的重點主要是放在航空器周圍氣流流場的性質變化、航空器的飛行規律、運動特性和控制原理以及流動氣體與航空器之間的相互作用力。在航空行業中，從業人員根據其職能可分為航空駕駛、航務管理、航空運輸、航空服務、航空維修和航空管制等六大類。這些人員在日常工作中廣泛應用飛行原理的知識，以此作為相互溝通的共同語言。鑑於飛航安全的重要性以及對飛行效能的追求，航空業界普遍認為：飛行原理是所有航空從業人員必須掌握的基礎學科。

二、航空器的定義與分類

（一）航空器的定義

任何由人類製造且能離地飛行的物體統稱為飛行器（flight vehicle）。而在飛行器中，所有在大氣層中飛行的飛行器統稱為航空器（aircraft），如氣球、飛艇、飛機等，它們靠空氣的靜浮力或與空氣相對運動產生的空氣動力升空飛行。而在地球之外的廣闊太空中運行的載人或無人飛行器則被稱為航天器（spacecraft），諸如人造地球衛星、空間站、載人飛船、空間探測器、太空梭等。它們通常由運載火箭送入太空，獲得必要的初始速度，然後在天體引力的作用下進行軌道運動。從上述定義中可以看出，航空器的活動範圍僅限於大氣層內，而航天器則主要是在大氣層外運行，航空器和航天器統稱為飛行器。值得一提的是，火箭和導彈由於其飛行範圍既可以在大氣層內也可以在大氣層外，且通常只能使用一次，因此在分類上，人們通常將它們單獨劃分為一類，與航空器和航天器相區分。

（二）航空器的分類

國際民航組織根據航空器的類型將其分為兩大類：輕於空氣的航空器和重於空氣的航空器，如圖 1-1 所示。

- 航空器
  - 輕於空氣的航空器
    - 熱氣球
    - 飛艇
  - 重於空氣的航空器
    - 固定翼航空器
      - 滑翔翼（無動力）
      - 飛機
    - 旋轉翼航空器
      - 旋翼機（無動力）
      - 直升機

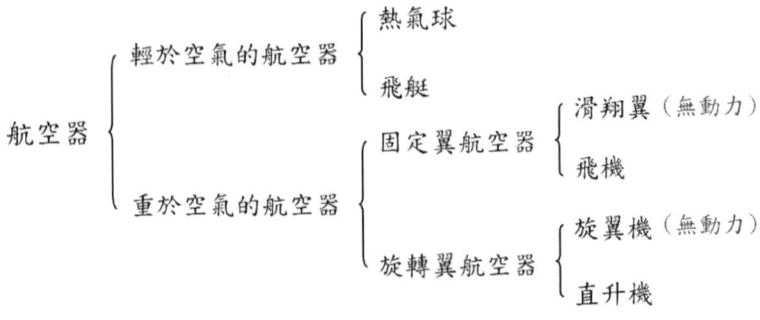

圖 1-1：航空器分類的示意圖

輕於空氣的航空器主要包括熱氣球（hot air balloon）和飛艇（airship）兩大類。而重於空氣的航空器則分為固定翼航空器（fixed-wing aerobatic aircraft）和旋轉翼航空器（rotary-wing aerobatic aircraft）兩大類。固定翼航空器進一步細分則有滑翔翼（hang glider）和飛機（airplane）兩種。旋轉翼航空器則包括旋翼機（rotorcraft）和直升機（helicopter）兩種。

（三）輕於空氣的航空器

輕於空氣的航空器包括熱氣球和飛艇，其大致外觀如圖 1-2 所示。它們的主體是一個氣囊，內部充滿了比空氣密度低的氣體（通常是氦氣或氮氣），依靠大氣的浮力來實現升空，因此也被稱作浮空器（Aerostatics）。熱氣球與飛艇的主要差異在於，熱氣球缺乏動力裝置，一旦升空便只能隨風向移動或在某個固定點停留；相反，飛艇配備了動力裝置，能夠實現對飛行方向的控制。

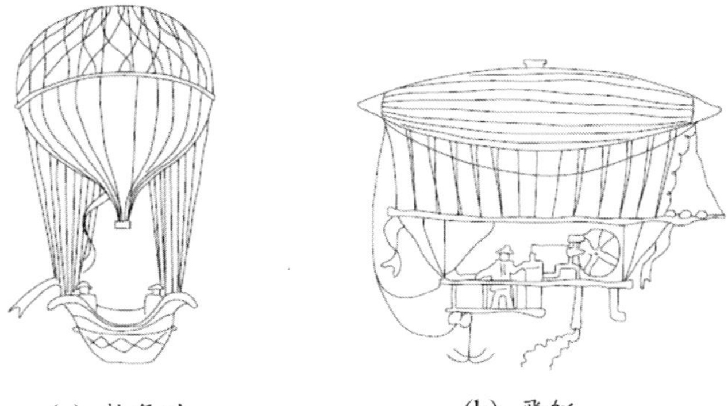

(a) 熱氣球　　(b) 飛艇

圖 1-2：熱氣球和飛艇的外觀示意圖

航空小常識

因為熱氣球的載重=熱氣球的浮力－熱氣球內部氣體的重量=熱氣球外部空氣的重量－熱氣球內部氣體的重量。所以我們計算熱氣球（或飛艇）的載重公式為：

載重 $= \rho_{air,外}Vg - \rho_{air,內}Vg$

（四）重於空氣的航空器

重於空氣的航空器主要分為固定翼航空器和旋轉翼航空器兩大類。固定翼航空器可以進一步地分為滑翔機和飛機兩大類，其外觀示意圖如圖1-3。滑翔機和飛機的主要區別在於，滑翔機是一種不依賴動力裝置且重於空氣的固定翼航空器，它依靠上升氣流進行持續飛行（翱翔）或通過犧牲高度來維持飛行（滑翔）。儘管有些滑翔機配備了小型輔助發動機以實現自行起飛，但其主要功能是在滑翔飛行前獲得初始高度。在航空工程領域，飛機被定義為同時滿足以下三個條件的飛行器：由動力裝置產生的前進推力、由固定機翼產生的升力，以及在地球大氣層中飛行且重於空氣。

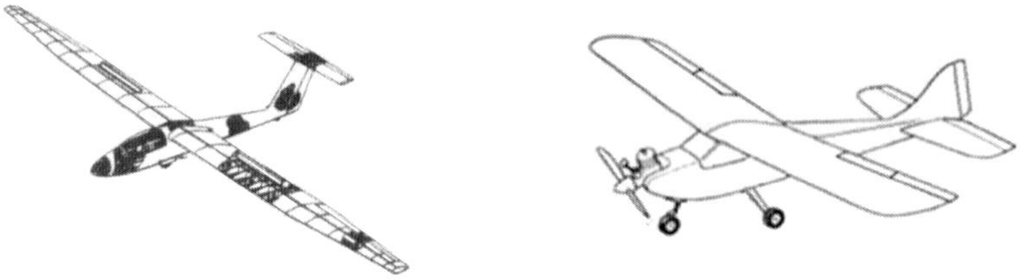

(a) 滑翔機　　(b) 飛機

圖 1-3：滑翔機和飛機的外觀示意圖

旋轉翼航空器主要分為旋翼機和直升機兩大類，其外觀示意圖如圖1-4 所示。與固定翼航空器相似，旋翼機和直升機的主要區別在於旋翼機的旋翼不受動力裝置的直接驅動。因此，所以旋翼機僅能靠前進時的相對氣流吹動旋翼自轉以產生升力，它無法實現垂直上升和懸停。一般用於旅遊觀光或體育飛行活動。相比之下，直升機的旋翼由動力裝置驅動，能夠執行垂直起降、空中懸停，並可以向任意方向飛行。還可以在沒有跑道或狹小場地上進行起降。此外，在發動機空中失效的情況下，直升機能夠利用旋翼自轉下滑，安全地實施著陸。

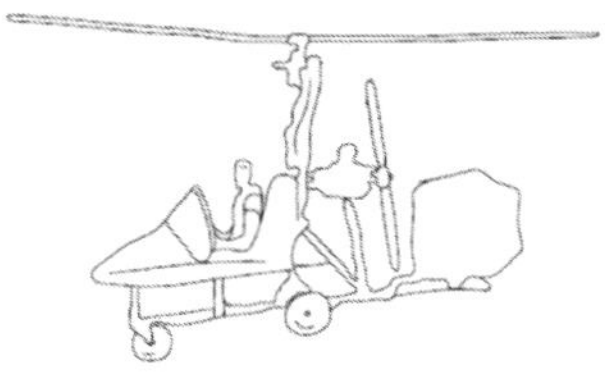

(a) 旋翼機

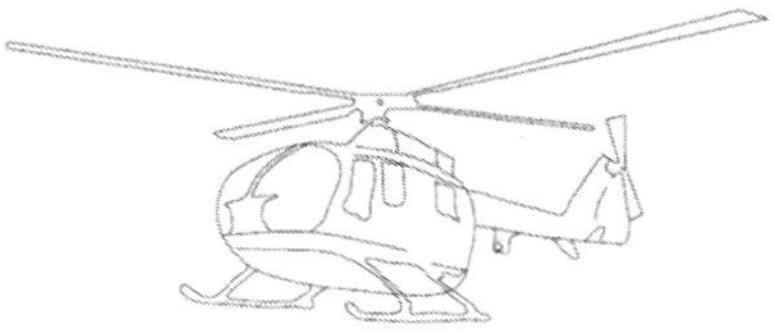

(b) 直升機

圖 1-4：旋翼機和直升機的外觀示意圖

三、航空器的發展歷程

在飛機問世之前，人們一直嚮往著在空中飛行，例如：希臘神話中的伊卡洛斯，他借助臘封羽毛，展翅翱翔於天際。或是如《封神演義》中的雷震子，肋間生翅，自由飛翔。再或是《西遊記》中孫悟空，乘著筋斗雲，一躍便是十萬八千里，這些傳說都深刻體現了人類對飛行的熱切夢想。隨著航空器的誕生，這一夢想終於成為現實。經過近百年來的不斷發展，航空工程已然成為 21 世紀最具影響力的科技領域之一。當我們回顧航空器的演變歷程時，可以將其大致劃分為五個階段：首先是輕於空氣的航空器的出現，標誌著人類首次嘗試征服天空；接著是活塞式螺旋槳飛機的誕生，為航空業帶來了革命性的進步；隨後是噴氣式飛機的問世，開啟了民航的新紀元；緊接著是音障的突破，人類首次實現超音速飛行；最後是熱障的克服，使得飛機能夠實現更高速的飛行。這一系列成就不僅見證了人類對天空的渴望，更體現了科技進步的力量。

（一）輕於空氣的航空器出現

1.第一架熱氣球的出現：18 世紀中期，工業革命後的科技發展，使得質輕而結實的紡紗品，成為可製造氣球的優質材料。1783 年 6 月 4 日法國的孟格菲兄弟用麻布製成的熱氣球成功地完成了升空表演。他們通過在氣球開口處點燃溼草和羊毛產生煙霧，使氣球內部的空氣加熱，由於熱空氣的密度小於外部冷空氣，從而產生了向上的浮力，實現了熱氣球的升空。其構造與原理如圖 1-5 所示。

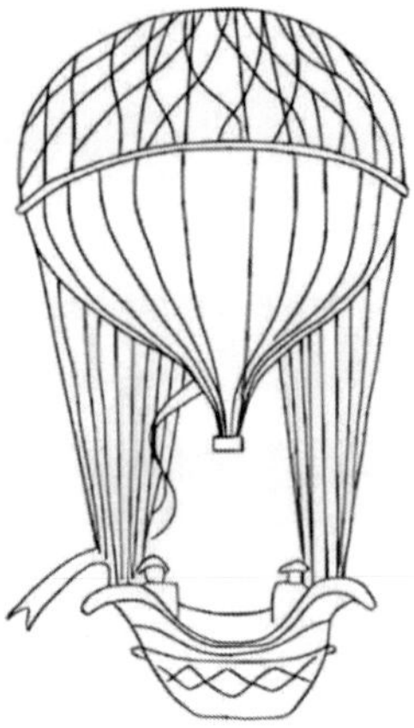

圖 1-5：第一架熱氣球的外觀示意圖

後來人們製造出氫氣氣球，取得了最早的熱氣球升空效果。然而，由於氫氣具有易燃易爆的特性，它逐漸被氮氣或氦氣等惰性氣體所替代。無論是熱氣球還是充入這些氣體的氣球，它們的工作原理都是通過在球體內充入比空氣輕的氣體來產生浮力，從而攜帶重物升空。熱氣球的升空需要持續加熱以維持浮力，否則會因浮力減弱而下降。充氣氣球則不用這樣麻煩，所以充氣氣球比熱氣球飛行起來更加穩定。在飛機問世之前，熱氣球被廣泛用於氣象、探險以及通信等方便，即便是在飛機發展如日中天的今天，熱氣球飛行，例如氣象氣球、錄影氣球、偵察氣球以及廣告氣球也隨處可見。

2.飛艇的問世：氣球和飛艇都是輕於空氣的航空器，二者的主要區別是前者沒有動力裝置，升空後只能隨風飄動，或者被置留在某一固定位置上，不能進行控制，使用很不方便。後者裝有發動機、空氣螺旋槳、安定面以及操縱面，可以控制飛行方向和路線。1852 年，法國人亨利・吉法爾在氣球上安裝了一台功率約為 2237 W 的蒸汽機，用以驅動一個三葉螺旋槳，使其成為第一個可以操縱的氣球，這就是最早的飛艇，其構造如圖 1-6 所示。同年 9 月 24 日，他駕駛這艘飛艇從巴黎飛到特拉普斯，航程 28 公里，完成飛艇歷史上的首次載人飛行。

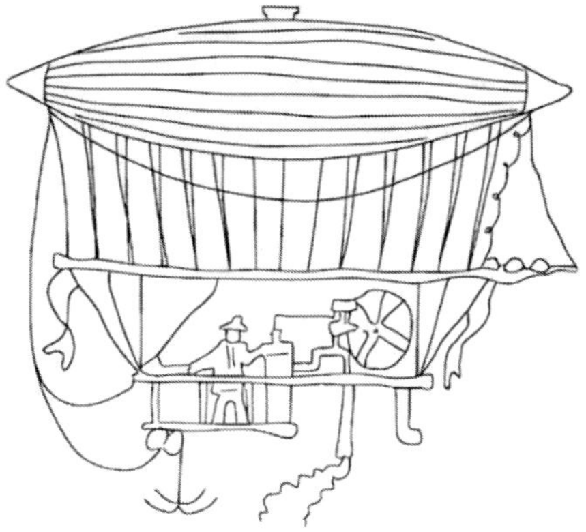

圖 1-6：第一架飛艇的外觀示意圖

由於飛艇具有其他飛行器和飛機所無法比擬的優點，例如：載重量大、可以在空中懸停、不需駕駛員、不要機場、耗油量小以及對生態無危害等優點，同時它作為運輸工具的成本大約只有飛機的 1/3 與直升機的 1/20。所以，近年來美國、英國、德國、日本等國又開始了對飛艇的研究，並取得了快速發展，目前可用於太空探險、偵察、空中運輸、旅遊、廣告等領域上的使用。

（二）世界上第一架飛機的的誕生

1.活塞式螺旋槳飛機（Piston propeller aircraft）的問世：在氣球和飛艇的成功試飛為人類積累了寶貴經驗之後，人們逐漸認識到，要使飛機真正飛翔於天空，必須解決升力、動力和穩定操控三大關鍵問題。19 世紀初，美國的萊特兄弟採取了創新的策略：首先通過滑翔機實驗掌握了飛機穩定操控的技巧，然後安裝活塞式發動機，實現了飛機的動力飛行。他們進行了上千次的風洞試驗，通過大量的測試與實踐，揭示了增加升力的原理和飛機橫側穩定的機制，從而基本解決了飛機的操控穩定性問題，為飛機飛行原理的理論學習奠定了堅實基礎。1903 年 12 月 17 日，萊特兄弟製造了一架裝有 8.82 千瓦（12 馬力）活塞式發動機的飛機，其外形和結構如圖 1-7 所示，成功完成了試飛，並飛行了 260 米，這架飛機被公認為世界上第一架動力飛機，開創了現代航空的新紀元。

圖 1-7：第一架飛機的外觀示意圖

雖然萊特兄弟並非第一個嘗試航空器飛行試驗的的實驗者，但是由於他們開創性地研製出了一套使固定翼飛機得以穩定操控的飛行控制系統，這一創舉為飛機的實際應用奠定了關鍵基礎。因此，人們通常將飛機的發明榮譽歸功於萊特兄弟。

航空小常識

馮如（1884-1912），榮膺我國航空史上的多項第一：不僅是我國首位飛機設計師、製造商和飛行員，也是我國第一位飛行隊長，並成為首位榮獲美國航空學會甲級飛行執照的中國人。1909 年 9 月 21 日，在奧克蘭市郊，他以其 2640 英尺的飛行距離，刷新了萊特兄弟 852 英尺的首次飛行紀錄。美國媒體盛讚他為「東方的萊特」，而在中國航空界，他則被崇敬為「中國航空之父」。

2.活塞式螺旋槳飛機的限制和應用：當活塞式飛機的速度增至約 0.5~0.6 馬赫時，進一步增加發動機功率是非常困難的，同時也是很難實現的。首先，提升功率通常需要增加發動機氣缸的容積和數量，但這樣做會導致發動機重量和體積的顯著增大，不僅使飛機面臨更大的空氣阻力，而且會對飛機的內部佈局造成困擾。其次，隨著飛行速度和螺旋槳轉速的提升，螺旋槳槳葉尖端將產生震波，這不僅會顯著降低螺旋槳的效率，還可能引發螺旋槳的折斷，從而限制了飛機速度的進一步提升。因此，活塞式發動機在第二次世界大戰末期已接近其性能極限，若要提高飛機速度，必須尋求新型動力裝置。儘管活塞式螺旋槳飛機由於發動機動力的限制，不適合應用在大型和高速飛機上，但由於航空活塞發動機在低空低速飛行時的高效率和經濟效益，以及其低成本和易於維護的優點，目前仍有大量小型低速飛機採用這種發動機。

（三）噴氣式飛機的問世

隨著活塞式發動機在飛行速度上的局限性逐漸顯現，各國都在探索更為先進的動力裝置。基於牛頓第三運動定律（作用力與反作用力）的理念，噴氣式發動機的研發應運而生。如圖 1-8 所示，活塞式飛機與噴氣式飛機在「驅動力」方面存在顯著差異。活塞式飛機是靠燃氣在汽缸中燃燒，藉以驅動螺旋槳，從而在空氣中產生向前的拉力，進而拉動飛機前行。相比之下，噴氣式飛機的推進原理則不同：燃燒室中的高溫高壓氣體向後噴射，根據牛頓的第三定律，空氣對飛機產生反向的推力，從而驅動飛機高速前進。噴氣式發動機（Jet engine）的問世，有效地解決了活塞式飛機動力不足的難題，開啟了航空動力史的新篇章。

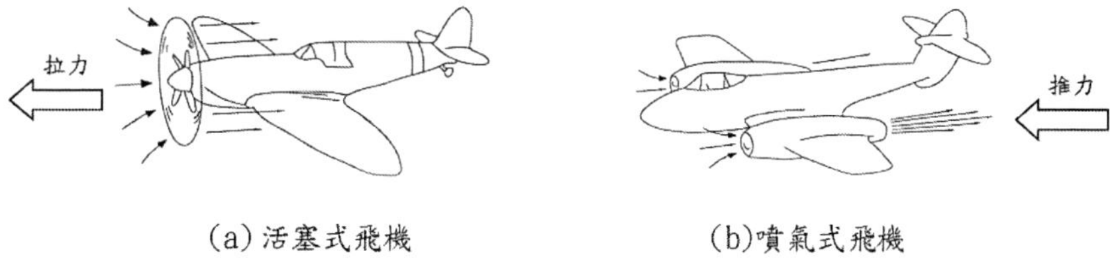

圖 1-8：活塞式飛機與噴氣式飛機驅動力差異的示意圖

渦輪發動機作為現代噴氣式飛機的核心動力源，其應用範圍廣泛且多樣。它們主要可細分為三大類別：渦輪螺旋槳發動機、渦輪風扇發動機以及渦輪噴氣發動機。渦輪螺旋槳發動機因其獨特的設計，特別適用於飛行速度在 0.6 至 0.7 馬赫左右的飛機。而為了滿足更高速的飛行需求，如民用航班的快速巡航，渦輪風扇發動機則成為了首選。至於追求極致速度的超音速戰鬥機則更多地依賴於渦輪噴氣發動機提供的強大推力。這些不同類型的渦輪發動機，各自在航空領域扮演著不可或缺的角色。

航空小常識

活塞式飛機的誕生對航空業的發展產生了深遠影響，儘管其動力性能一度因渦輪發動機的崛起而受到挑戰。然而，在當前的國際交流中，特別是旅遊觀光業的蓬勃興起下，為了滿足短途旅行和特定觀光需求，不少業者正積極開發搭載活塞式航空發動機的小型飛機，專門用於短途觀光飛行。這類飛機憑藉其成本效益高和在低空低速環境下性能卓越的特點，極有可能成為觀光旅遊業的新寵，為該行業注入新的活力。

（四）音障的突破

自第一批噴氣飛機問世以來，飛行速度迅速提升至 0.7 至 0.8 馬赫以上。然而，隨著飛行速度的進一步增加，飛機面臨了新的問題。當飛機的速度接近音速時，震波對飛機產生了顯著影響，導致其速度無法再提升，飛機劇烈振動，甚至發生過機毀人亡的悲劇。這一障礙在當時被視為不可逾越的界限，被稱為「音障（sonic barrier）」。儘管渦輪噴氣發動機的安裝能夠增強飛機的推力和速度，但是如果不改變飛機的氣動力外形，即便增加發動機的動力，飛機仍然難以突破音障。

現代噴氣式飛機在避免音障方面採用了兩種廣泛的方法：

1.對於高次音速民用客機：通過設計後掠翼與超臨界翼型機翼，來延遲臨界馬赫數的出現，並消除機翼上的局部超音速現象，從而規避音障並提升飛行速度。例如，波音 747（如圖 1-9 所示）以約 0.85 馬赫的巡航速度在大氣層中飛行，卻未受到音障的影響。

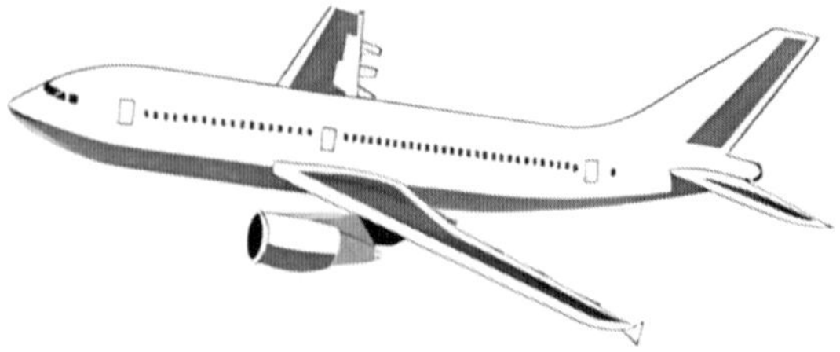

圖 1-9：波音 747 氣動力外形的示意圖

2.對於超音速飛機：則採用三角翼機翼（Delta wing）和細長流線型的機身設計，使飛機能夠迅速穿越音速流區域，避免音障的干擾。這類飛機的氣動外形如圖 1-10 所示。

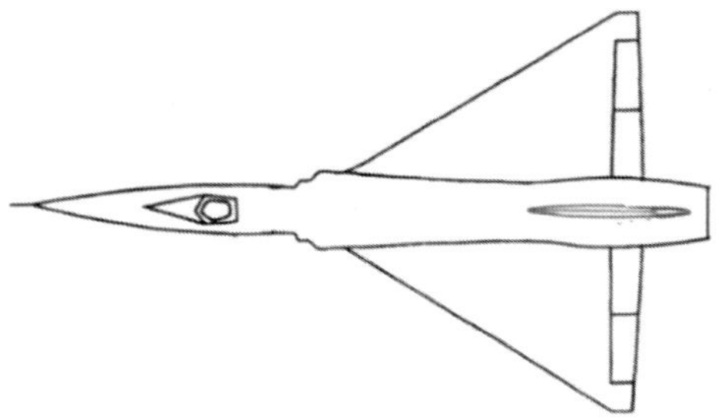

圖 1-10：超音速飛機氣動外形氣動力外形的示意圖

（五）熱障的克服

隨著飛機氣動外形的改良後，噴氣式飛機突破終於音障，邁入了超音速飛行的時代。然而，舊有的難題解決後，新的挑戰又接踵而至。當飛機在空中進行超音速飛行時，其表面空氣因強烈的摩擦和壓縮而急劇升溫。這一問題會隨著飛行馬赫數的提升而愈發嚴重，當飛行速度達到某一臨界馬赫數時，飛機材料的結構強度和剛度將大幅下降，導致飛機外形受損，甚至可能引發災難性的顫振。航空界將這種由空氣動力加熱引起的高溫現象稱為「熱障（Thermal barrier）」，普遍認為飛機遇到熱障的速度大約在馬赫數 2.5 以上。為了克服熱障，目前採取的方法主要包括：使用耐熱材料（鈦合金和不銹鋼等）與耐熱塗層、採用特殊的規避熱障設計、加裝隔熱設備和安裝冷卻系統等措施，藉以保證飛機不會因為高速飛行時產生高溫而造成損毀。同時，隨著飛機速度越來越快，航天飛機的問世以及新的防熱材料也將不斷出現。

四、航空器的用途區分

如圖 1-11 所示，飛機根據其用途可以分為軍用飛機和民用飛機兩大類。軍用飛機（Military aircraft）是為了滿足各種軍事用途所設計而成的飛機，例如：戰鬥機、轟炸機、偵察機、預警機、軍用運輸機以及空中加油機等類型的飛機。民用飛機（Civil aircraft）是指非軍事用途的飛機，分為商業飛機（Commercial aircraft）和通用飛機（General aircraft）。商業飛機包括客機、貨機或客貨兩用機，主要用於旅客和貨物的運輸。通用飛機則涵蓋了農業機、林業機、輕型多用途機、巡邏救護機、體育運動機和私人飛機等非商業用途的民用飛機。

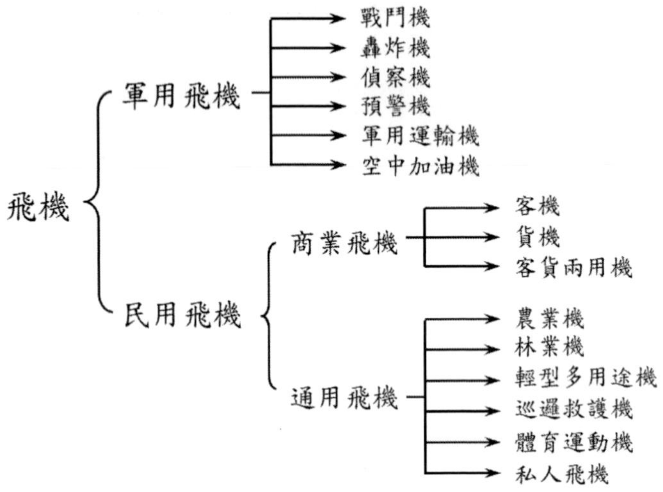

圖 1-11：飛機按用途分類的示意圖

五、常用飛機的構造特點

（一）軍用飛機的構造特點

1.戰鬥機（Fighter）：戰鬥機，作為空中戰鬥的主力，其主要的任務核心在於與敵機交鋒，爭奪至關重要的空中優勢。自第二次世界大戰結束後，噴氣式戰鬥機逐步取代了活塞式殲擊機，並經歷了四次技術革新。

第一代戰鬥機均為次音速戰機，主要依賴機炮進行尾隨攻擊。第二代戰鬥機則著重於高空高速性能，結合機炮與紅外線格鬥導彈進行戰鬥。而到了 1960 年代末，第三代戰機嶄露頭角，以其高機動性為特點。實戰證明，當時的空戰仍以近距格鬥為主，作戰大都在中空、次音速範圍內做大機動飛行，來占據有利位置。由於大飛行速度和高飛行高度在近距格鬥中並非決定性因素，因此，高機動性成為了空戰取勝的關鍵。這一代戰機主要裝備中程半主動導彈和格鬥導彈，並採用低空突防戰術，以規避地面防空雷達和導彈的威脅。圖 1-12 所示為 F-15 戰鬥機，它在海灣戰爭中發揮了重要作用，成為當時空戰的主力。

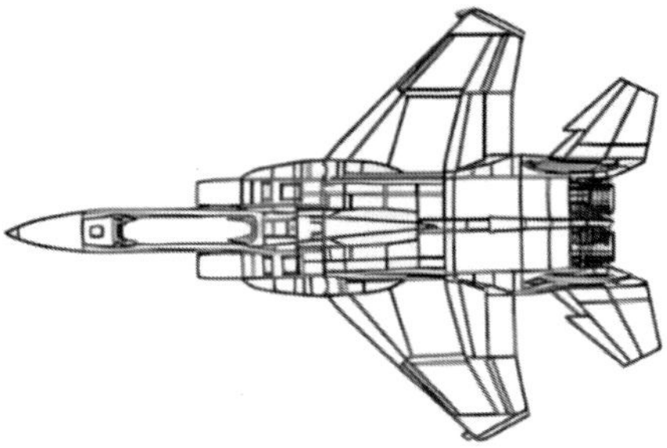

圖 1-12：F-15 戰機的外觀示意圖

第四代戰機是正在發展中的新一代戰鬥機，其典型代表是美國的 F-22 空中優勢戰鬥機（外觀圖示意圖如圖 1-13 所示），儘管 F-22 的最大飛行高度與 F-15 持平，其最大飛行速度（馬赫數 2）甚至還略低，但它的設計核心在於實現超音速巡航、隱身技術、過失速機動性、推力向量控制以及多目標追蹤與打擊能力。

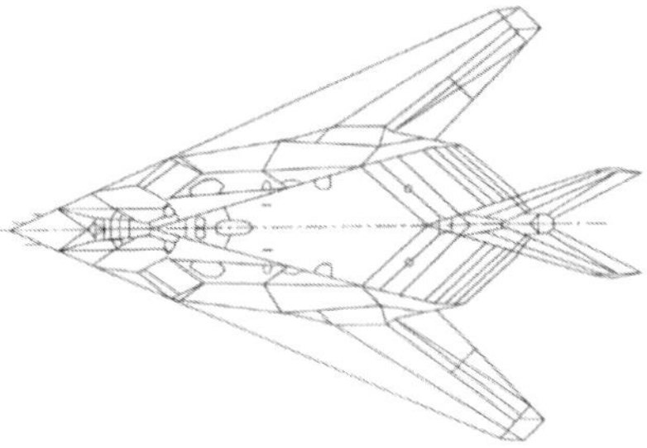

圖 1-13：F-22 戰機的外觀示意圖

航空小常識

隱身戰機的設計側重於通過精細的架構與吸波材料的結合，高效調控雷達波。戰機的機翼和機身通過多面體設計緊密相連，形成平滑的一體，減少了雷達波的直接反射。特殊幾何形狀引導雷達波向上空散射，而表面塗層能吸收雷達波並轉化為熱能，大幅減少反射信號。即使有少量雷達波反射，也會因材料特性而大幅衰減，使得回波幾乎無法被偵測。這種構造和材料設計顯著降低了戰機被雷達發現的風險，確保了作戰行動的隱秘性，為現代空軍作戰帶來了革命性的變化。

2.轟炸機（Bomber）：轟炸機是一種專門用於從空中攜帶武器對地面、水面或水下目標實施攻擊的軍用飛機。根據體型和重量的不同，轟炸機可分為重型、中型和輕型三種類型。儘管這三種轟炸機的區分並沒有嚴格的統一標準，但大致上我們可以從發動機數量上加以區分：輕型轟炸機主要配備單發動機，中型轟炸機則通常配備兩到三具發動機，而重型轟炸機則設計為四具以上發動機的大型機體。圖 1-14 為轟炸機的外觀示意圖。

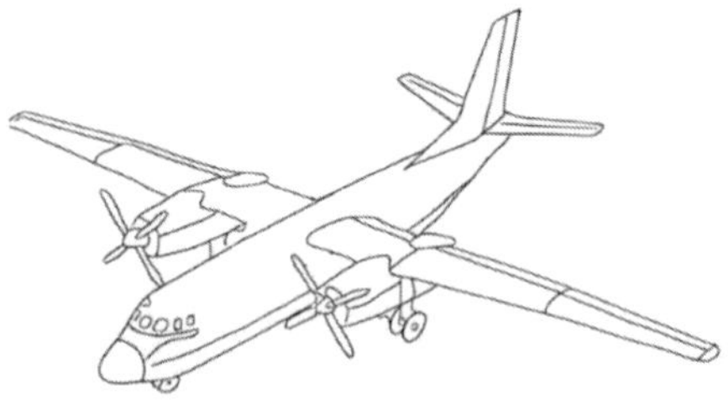

圖 1-14：轟炸機的外觀示意圖

3.預警指揮機（Warning command aircraft）：預警指揮機專門用於搜索和監視空中或海上目標，並具備引導和指揮己方軍用飛機對這些目標進行攻擊的能力。圖 1-15 為美國的 E-3A 預警指揮機的示意圖，它是在波音 707-320B 旅客機的基礎上改製而成的。該機型的顯著特點是機背上裝載的大型旋轉天線罩，即遠距離大型搜索雷達。艙內配備了先進的電子設備，包括大脈衝多普勒雷達、敵我識別器、高性能計算機、慣性導航系統和精確的導航設備等。這些設備不僅能夠有效偵測敵軍目標，而且同時具備引導多達 100 架飛機對來襲目標進行精準攔截的能力。

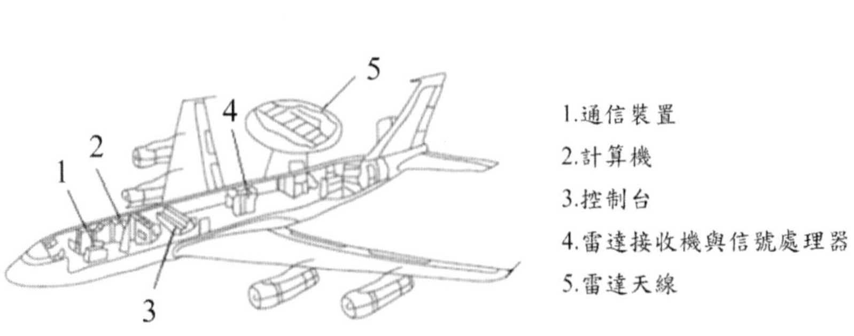

圖 1-15：美國的 E-3A 預警指揮機的外觀示意圖

（二）民用飛機的構造特點

1.次音速客機（Subsonic airliner）：現代大型客機以其高速、舒適和安全的特性而受到青睞，它們能夠跨越複雜地形，實現最短距離的航行。在現役的大型客機中，多數採用了後掠翼設計的次音速飛機。以波音 747 為例（如圖 1-16 所示），它以大約 0.85 馬赫的巡航速度在地球大氣層內平穩飛行，但是不受到音障的影響，為乘客提供了一條既舒適、又快速且安全的旅行路線。

2.超音速客機（Supersonic airliner）：協和式客機為 20 世紀由英法兩國首次研發成功的商業飛機，是人類首次嘗試超音速飛行的商業飛機，也是迄今為止唯一投入商業運營的超音速客機。它能夠以兩倍於音速的速度在天空中飛行。與市面上常見的大型民航飛機相比，協和式客機的設計別具一格：它採用尖頭、蜂腰機身與三角翼機翼，這些獨特的設計旨在最大限度地減少超音速飛行中的空氣阻力。協和式客機的外觀設計如圖 1-17 所示。

協和式超音速客機在 1969 年成功進行了首飛，標誌著航空業的一大里程碑。然而，該機型在 1976 年 1 月 12 日正式投入商業運營後，儘管運營多年，但始終處於財務虧損的境地，不得不依賴政府補貼維持運營。最終在 2003 年協和號正式退役。導致其退役的原因錯綜複雜，主要包括：首先，研發週期長且成本高昂，使得投資難以回收；其次，其耗油率過高，導致經濟性不佳；再者，航程相對有限，無法輕鬆跨越太平洋，僅能滿足大西洋的飛行需求；此外，協和式客機產生的噪音汙染嚴重，遠超噪音適航標準，因此被多達 30 個國家限制使用；最後，2000 年發生的一起

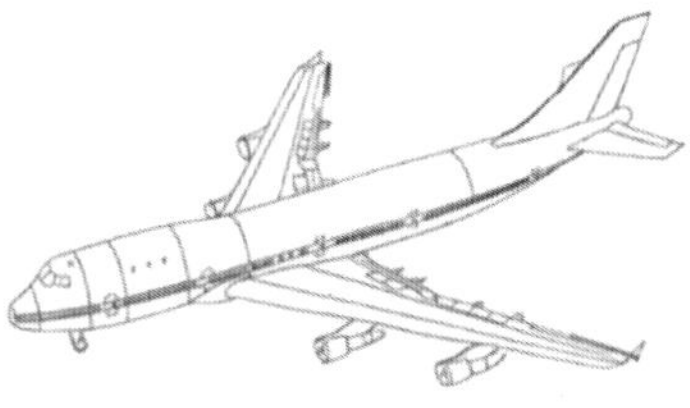

圖 1-16：波音 747 的外觀示意圖

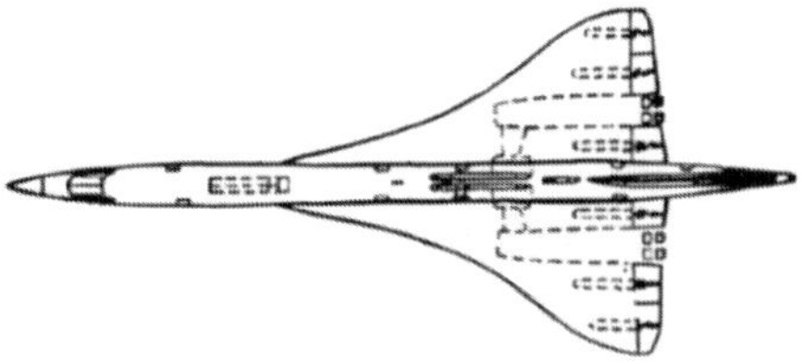

圖 1-17：協和式客機的外觀示意圖

空難事件更是加劇了乘客對其安全性的質疑，這些因素共同促使協和式客機最終被迫停產並退出歷史舞臺。

六、民用客機的使用要求

一般來說，航空業界所說的航空器是指那些比空氣重的飛行器，其中飛機和直升機是它們的典型代表，尤其是指民用客機。目前在全球範圍內超過 98%的民用航空器都是飛機。雖然直升機在短途運輸、農業航空、空中攝影等領域有著廣泛的應用，但它們在民用航空器總量中所占的比例卻不到 2%。民用客機在使用時必須滿足一系列要求，主要包括安全、快速、舒適、經濟和環保等五個方面。

（一）安全性

和其他交通工具相比較，飛機是最安全的交通工具，但是一旦發生事故，後果往往極為嚴重。因此，安全性是民用客機的首要考量。如果不能保障安全，則一切免談。隨著航空科技的不斷進步，對民用飛機的安全防護要求也在不斷提高，特別是航空維修品質的管理、安全防護的宣導以及航空維修人為差錯的防範。

（二）快速性

選擇乘坐民用客機的一個重要原因是為了節省時間。自從民航客機進入噴氣式飛機時代以來，主要航班的飛行速度基本穩定在每小時 800 至 1000 公里的範圍內，這是其他交通方式難以匹敵的。

（三）舒適性

在激烈的航空運輸市場競爭中，舒適性是乘客選擇飛機出行的一個重要因素。因此，民用航空公司在座椅舒適度、空間利用、飲食娛樂和服務等方面都做了周到的安排和考慮。

（四）經濟性

經濟性也是民用航空公司在運營時必須考慮的一個重要因素。這不僅包括飛機的購機成本、人力和燃油成本，還包括飛機在使用壽命內的維修成本，也就是必須採用全壽命成本觀念進行考慮。

（五）環保性

對飛機的環保要求主要集中在噪音和排放汙染上。許多國家都制定了噪音適航標準，大多數航線飛機通過改進發動機和飛機的氣動性能都能達到這些標準。而通過提高發動機效率，不僅可以降低燃油成本，還能減少排放汙染，從而達到減輕對大氣層汙染的目的。

七、客機分類的標準

在航空界，商用客機通常採用航程的遠近、客座的數目、飛行的速度和機身的直徑做區分。

（一）依據航程的遠近分類

客機根據航程的不同，可以分為近程、中程和遠程三種。航程小於 3000 公里的客機被歸為近程客機；在 3000 至 8000 公里之間航程的客機，被歸為中程客機；若客機的航程超過 8000 公里時，則該客機被視為遠程客機。

（二）依據座位的數量分類

客機依據客座數量的不同，可以分為小型、中型和大型三種。座位數量少於 100 個的客機被歸為小型客機；座位數量在 100 至 200 個之間的客機被歸為中型客機；若客機的座位數量超過 200 個座位時，則該客機被視為大型客機。

（三）依據飛行的速度分類

客機依據飛行速度的不同，可以分為低次音速、中次音速、高次音速和超音速四種。飛行速度在 0.3 至 0.4 馬赫之間的客機被歸為低次音速客機；速度在 0.8 至 0.9 馬赫之間的客機，被歸為高次音速客機；若飛行速度介於低次音速和高次音速之間客機，被歸為中次音速客機；而速度超過 1 馬赫，即突破音障時，則該客機被視為超音速客機。

（四）依據機身的直徑分類

客機依據機身直徑的不同，可以分成窄體和寬體兩種。若客機的機身直徑小於 3.75 米時，則該客機被视為窄體客機；若客機的機身直徑大於 3.75 米時，則該客機被歸類為寬體客機。

這些分類方法為航空公司提供了客機選擇的框架，並助其根據運營需求和市場定位做出精確決策。例如，國內短途航線適合選擇近程客機，滿足頻繁起降和緊湊的航班安排；而國際長途航線則需考慮遠端客機的較大航程和乘客容量。航空旅行發展要求航空公司提高飛行速度和優化乘客舒適度，這需在客機選擇時考慮飛行速度。機身直徑是決定客機尺寸和客艙佈局的關鍵，寬體客機提供更多座位和更寬敞空間，滿足航空公司對運力和舒適度的需求。總之，這些方法是航空公司機隊規劃、航線結構優化和提升旅客體驗的關鍵參考。

八、無人機的界定與演進

（一）無人機的定義

無人機（Unmanned Aerial Vehicle，UAV）是一種遠程操縱或自主飛行的航空器，也稱遙控駕駛航空器（Remotely Piloted Aircraft，RPA）。它可以通過遙控器或自主飛行控制系統進行操作，因此不需要人員登機駕駛。無人機依靠先進的導航和通信技術實現遠端操控或自主飛行。由於無需為飛行員提供空間，無人機在結構設計上具有很大的靈活性，可以根據飛行原理和空氣動力學的要求設計出多種多樣的形態。雖然許多人認為無人機僅指無人飛機，但實際上，無人飛艇和無人旋翼機也屬於無人機的研究範圍。

（二）無人機的應用

和一般航空器一樣，無人機根據其用途可以分為軍用和民用兩大類。由於無人機體積較小、重量輕、造價成本低以及安全風險係數小等特點。在軍事領域上，無人機可用於偵察、環境監測、救援和緊急救助等任務。在民用領域上，無人機可以用於農業噴灑、航拍攝影、物流運輸（快遞配送）、科研調查、災難救援以及協助消防等工作。此外，無人機還能提供獨特的新聞報導視角，節省時間和資源，檢查和檢測關鍵區域和危險場所，對石油和天然氣設施進行有效監控。總之，無人機的應用已經滲透到我們生活的各個方面，發揮著越來越重要的作用。

（三）無人機的發展

儘管無人機具有諸多優點和不斷拓展的應用領域，但目前仍面臨一些挑戰。例如，無人機的電池壽命限制了飛行時間，載荷能力有限，無法攜帶大型或重型設備或貨物，受環境因素影響較大，可能導致任務失敗，以及法律和隱私等問題。然而，隨著技術的不斷進步和相關法規政策的完善，這些缺點最終將得到解決，無人機將在更多領域發揮重要作用。但是，無人機的發展也可能會引發社會問題，如工作崗位替代所導致的失業等，這些問題可能無法完全避免。

✈課後練習與思考

[1] 請問飛行器、航空器以及航天器的定義為何？

[2] 請問次音速飛機和超音速飛機是如何區分？

[3] 請問音障的定義與現代飛機避免音障影響的方法為何？

[4] 請問現代高性能大型客機如何避免音障所產生的影響？

[5] 請問空氣動力加熱和熱障的定義為何？

[6] 請問現代民用客機的使用要求主要有哪些？

[7] 請問協和號客機被淘汰的原因主要有哪些？

[8] 無人機的主要特點是什麼？請列舉至少三個。

[9] 無人機有哪些應用領域？請至少舉出三個軍事和三個民用領域的例子。

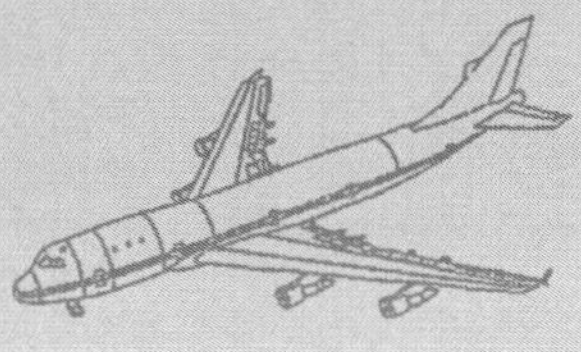

第二章

飛機的一般介紹

飛機（Airplane）是目前世界上最主要的航空飛行器，機體結構是構成飛機外部形狀的主要組成部分，承受著主要作用力。這一結構的設計直接影響著飛機所能達到的最大高度和飛行速度，同時也在很大程度上決定了飛機的性能和飛行安全。在本章中，我們將對飛機的基本構造、分類以及主要系統等重要概念進行簡明的闡述。

一、飛機的基本構造

自 1903 年 12 月 17 日人類歷史上首架飛機問世以來，隨著科技的快速進步，飛機的外形及機載設備不斷經歷著革新與改進，飛機的種類和功能也在持續拓展。然而，不管飛機如何演變，其基本構造仍然是由機翼（Wing）、機身（Fuselage）、尾翼（Empennage）、起落裝置（Landing gear）和動力裝置（Power plant）五大部分組成，如圖 2-1 所示。

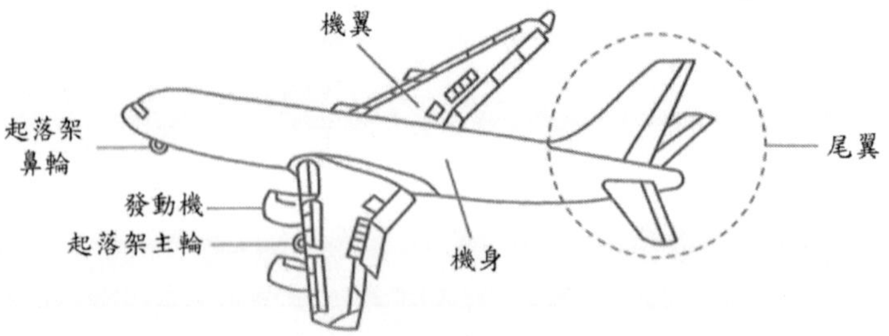

圖 2-1：飛機的主要構件的示意圖

（一）機翼

機翼（Airfoil 或 Wing），是飛機實現升空飛行的核心部件。其首要功能在於為飛機提供必要的升力，以維持空中穩定飛行。此外，機翼還兼具飛機穩定和操縱的重要角色。機翼結構上常配備有副翼（Aileron）和襟翼（Flap）等操控元件，這些部件對飛行過程中的機動性至關重要。部分機翼還裝有擾流板（Spoiler）或減速板（Air brake）等設備，用於調整升力和阻力。如圖 2-2 所示。機翼內部通常裝有油箱，而其下方則作為掛載副油箱、武器及其他附加設備的理想位置。值得一提的是，一些飛機的發動機和起落架也選擇安裝在機翼下方，這種用於掛載副油箱、武器及發動機的裝置在航空領域通常被稱為派龍。

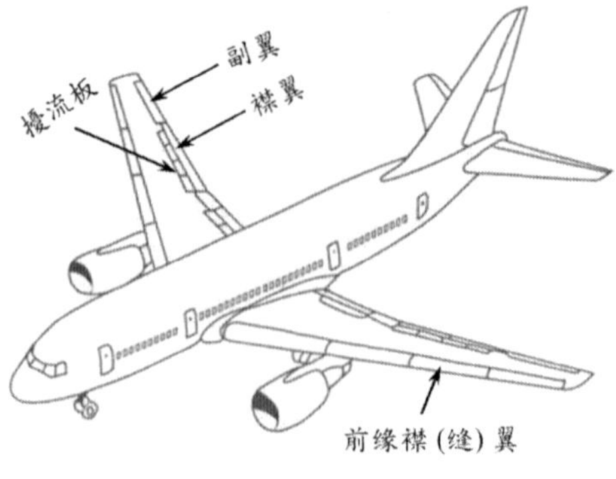

圖 2-2：飛機機翼主要構件的示意圖

在飛機的機翼設計中，機翼後緣擁有一些可操縱的活動面。其中，靠近機翼外側的活動面被稱為副翼，其主要功能在於控制飛機的滾轉運動，也就是讓飛機機體產生翻轉或傾側的動作。而靠近機翼內側的則被稱為襟翼，其作用是增加飛機起飛或著陸時的升力。擾流板與減速板在飛機飛行中扮演著減小升力、輔助副翼操縱以及增大飛機阻力的角色。值得一提的是，某些飛機設計中襟翼與副翼被巧妙地結合在一起，形成了襟副翼。當飛機左右兩側的襟副翼同時下偏時，它們起到了襟翼的作用；而當襟副翼反向偏轉時，則發揮出副翼的功能。

機翼的形態各異，其數量和配置也隨飛機的設計需求而變化。在早期飛機的發展中，雙層機翼甚至多翼機曾經流行一時。由於當時飛機的飛行速度較低，為了產生足夠的升力，設計師們不得不增加機翼的面積。然而，過大的機翼面積對飛機的結構和材料都提出了更高的要求。隨著航空技術的不斷進步，現代飛機的飛行速度普遍較快，因此，單純增加機翼面積已不再是首選方案，現代飛機多採用單翼設計。

（二）機身

機身是飛機的主體部分，承擔著承載乘客、貨物、設備、燃料以及武器等重要功能。同時，它為飛機的其他結構元件提供了安裝基礎，並將尾翼、機翼、發動機等關鍵部件整合成一個協調一致的整體。機身主要由大樑、衍條、隔框和蒙皮等結構組成，如圖 2-3 所示。隨著飛行速度的不斷提升，機身的結構設計也在持續地進行優化和改進。

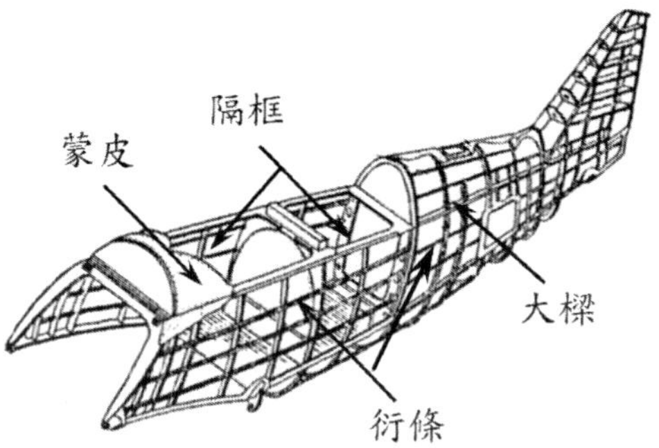

圖 2-3：現代薄殼式機身結構的示意圖

輕型和小型飛機的飛行高度相對較低，其機身內部（即機艙）往往不具備密封性。然而，現代大型客機或戰鬥機在飛行時通常能達到 10 至 11 千米甚至更高的高度，這時機身必須裝備氣密座艙，並具備自動調節座艙壓力的功能，以確保乘客和機組人員能在高空環境下維持正常的生理狀態。此外，機身尾部的設計呈向上收縮的形態，是為了防止飛機在著陸過程中尾部與地面接觸，進而減少因尾部擦地而可能引發的飛行安全事故。

（三）尾翼

尾翼（Empennage）是飛機的重要組成部分，它由垂直尾翼（Vertical tail）和水平尾翼（Horizontal tail）兩大部分構成，主要用來保持和控制飛機在飛行方向的穩定性和操縱性。具體來說，垂直尾翼包含固定的垂直安定面（Vertical stabilizer）和可操縱的方向舵（Rudder），而水平尾翼則包括固定的水平安定面（Horizontal stabilizer）和可操縱的升降舵（Elevator），如圖 2-4 所示。

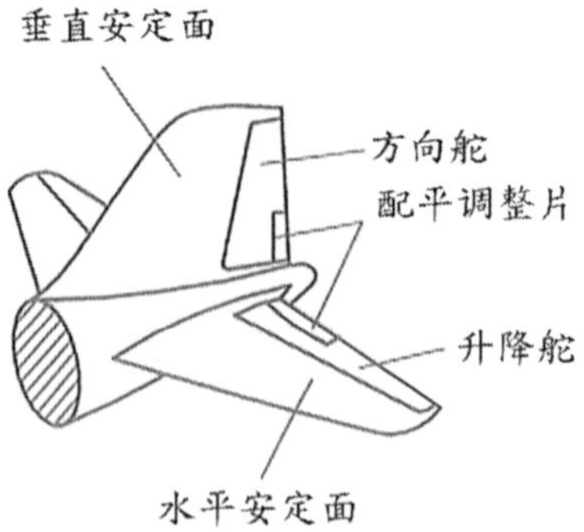

圖 2-4：飛機尾翼構件的示意圖

在圖 2-4 中，方向舵被設計用於調控飛機的偏航（即航向）運動，使得機頭能夠向左或向右移動。而升降舵則負責控制飛機的俯仰運動，即實現機頭的上下調整。為了確保飛機在飛行過程中的穩定性和平衡性，垂直安定面與水平安定面共同發揮作用。此外，為了減輕飛行員的操縱負擔，許多飛機在升降舵和方向舵上配備了配平調整片（Trim tab）。

水平尾翼通常安裝在機身的尾部，但為了避免發動機噴氣干擾和平尾顫振問題，一些飛機選擇了將水平尾翼安裝在垂直尾翼上，這種設計構成了獨特的「T」形尾翼。現代大型飛機的水平安定面角度可按需調整，以克服在某些情況下因升降舵最大偏轉角限制而導致的俯仰操縱性受限問題。

對於超音速飛機而言，為了增強其縱向操縱能力，常常將水平安定面和升降舵融為一體，使得整個水平尾翼都具備轉動的功能。使其同時具有水平安定面和升降舵的功用，因此被稱為全動平尾。另外，部分飛機的水平尾翼設計得更為特殊，其左右兩側的升降舵不僅可同向偏轉作為升降舵使用，還能反向偏轉作為副翼使用，這種設計被稱為升降副翼。

（四）起落裝置

起落裝置（Landing gear）是飛機在停放、滑行、起飛和著陸過程中不可或缺的支撐部件。除了專為雪地起降設計的滑橇起落裝置和適用於水上起降的浮筒外，均採用輪式起落架。這種起落架是由多個關鍵元件構成，包括減振支柱、緩衝器、剎車裝置、機輪以及收放機構，如圖 2-5 所示。其主要功能在於，在飛機著陸時，能夠有效緩衝和吸收地面撞擊帶來的衝擊；同時，在起飛和著陸滑跑過程中，能夠緩解因地面不平引起的振動，並確保飛機在停放、滑行、起飛和著陸各階段都能穩定地承載其重力。

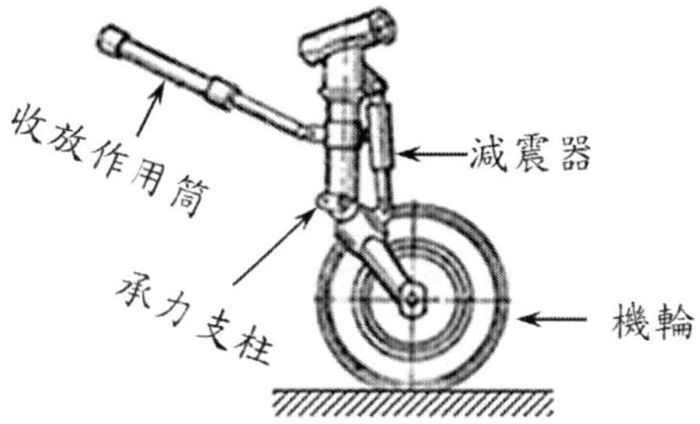

圖 2-5：輪式起落架示意圖

在飛行過程中，飛機因其高速而受到顯著的氣流影響。收起起落架能夠有效減少飛行時的空氣阻力。大中型飛機通常配備可伸縮的起落架，而固定式起落架則因其結構簡潔且易於維護，多用於設計速度較慢的小型飛機。

（五）動力裝置

飛機動力裝置（Power plant）的核心是航空發動機，它驅動飛機前進。主要分為活塞式發動機（往復式發動機）、渦輪噴氣（射）發動機、渦輪螺旋槳發動機以及渦輪風扇發動機等四種類型，各自的外觀示意圖如圖 2-6 所示。

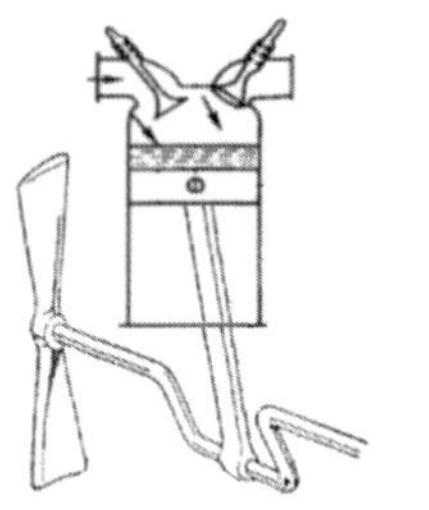

(a) 活塞式螺旋槳發動機

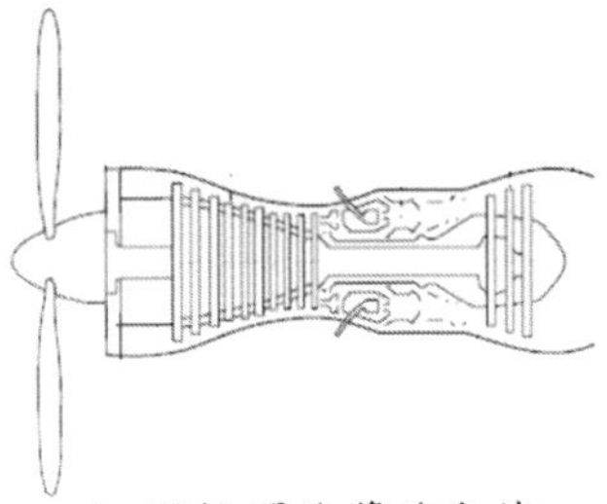

(b) 渦輪螺旋槳發動機

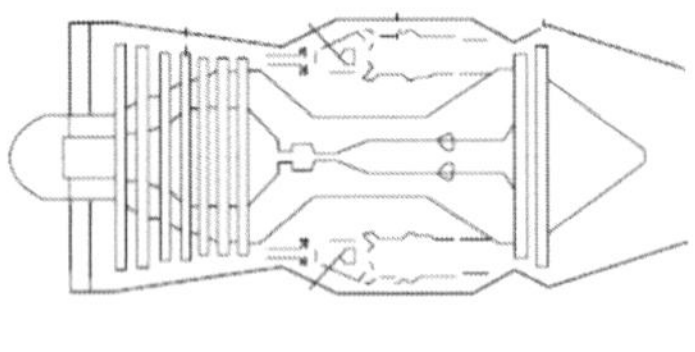

(c) 渦輪噴氣發動機

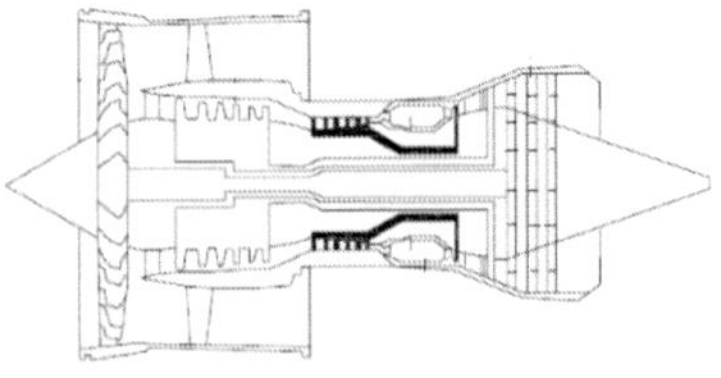

(d) 渦輪風扇發動機

圖 2-6：各類發動機的外觀示意圖

動力裝置的職責主要是產生足夠的拉力或推力，以克服飛機的重量和在飛行中遭遇的空氣阻力。此外，它還負責為飛機上的其他相關系統提供電源和氣源。在輕型和小型飛機中，常見的發動機類型是活塞式（往復式）發動機，且多為尤是氣冷式、小功率的型號。中型運輸機通常配備渦輪螺旋槳發動機。而現代大型客機則傾向於使用渦輪風扇發動機。戰鬥機則主要採用渦輪噴氣發動機或渦輪風扇發動機。單發動機飛機的發動機位置通常在機頭前部（牽引式）或機身尾部（推進式），而多發動機飛機則將發動機懸掛在機翼下部或安裝在機翼上，也有部分動力裝置被放置在機身尾部。民用客機通常配備兩台或多台發動機，以確保在一台發動機出現故障時仍能安全飛行。

二、飛機的外形設計

飛機的形態設計通常基於其氣動特性以及動力裝置的類型。換句話說，飛機的性能在很大程度上可以通過其外觀來初步判斷。本章在此旨在簡要探討飛機形態與其性能之間的關係。

（一）按機翼外形分類

飛機機翼的設計對其速度有重要影響。小型低速飛機通常採用平直機翼（如圖 2-7(a)所示），其飛行速度大致在 0.1 至 0.5 馬赫之間，最高不超過 0.75 馬赫。而現代客機，如波音 747，採用後掠機翼（如圖 2-7(b)所示），旨在提升飛機突破音障的臨界飛行速度（臨界馬赫數），使其能在較高速度下穩定飛行，巡航速度可達約 0.85 馬赫。空氣動力學家與飛機設計師緊密合作，通過一系列飛行實驗發現要成功突破音障，必須採用創新的空氣動力學外形。其中之一就是使用三角翼機翼和細長流線型的細腰機身（如圖 2-7(c)所示），以便快速穿越音速流區域，減少音障帶來的影響。

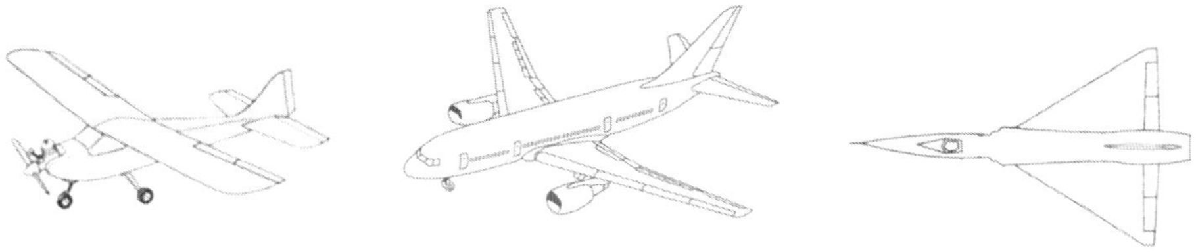

(a) 平直翼飛機　(b) 後掠翼飛機　(c) 三角翼飛機

圖 2-7：飛機機翼的外觀示意圖

（二）按機翼安裝位置分類

根據機翼與機身的連接位置和方式，飛機可分為上單翼、中單翼和下單翼三種基本類型，如圖 2-8 所示。上單翼飛機的特徵是機翼裝在機身上方；中單翼飛機的機翼位於機身中部；下單翼飛機則將機翼安裝在機身下方。通常，民用噴氣客機傾向於採用下單翼設計，而軍用運輸機和區域性螺旋槳飛機則較常使用上單翼佈局；戰鬥機則多配備中單翼。

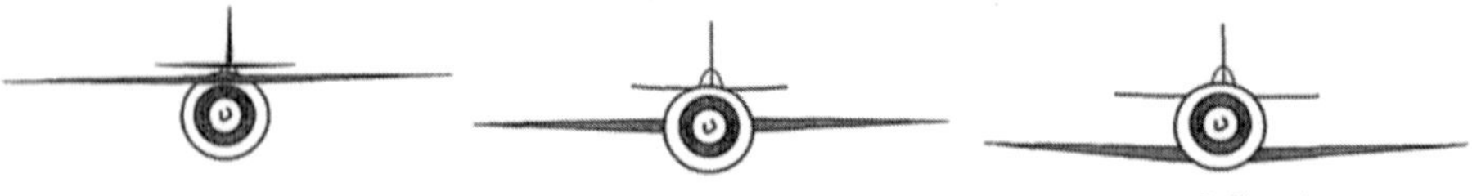

圖 2-8：機翼在機身位置的示意圖

（三）按機翼與機身的角度分類

依據機翼與機身之間的角度，飛機可分為上反角和下反角兩種類型，如圖 2-9 所示。當機翼與機身之間的角度位於水平線以上時，我們稱之為上反角；相反，當這一角度在水平線以下時，我們稱之為下反角。通常，上單翼飛機設計中都具備一定的下反角；反之，下單翼飛機則會採用一定的上反角。

圖 2-9：上、下反角的示意圖

（四）按尾翼形態分類

飛機尾翼，作為飛機關鍵組成部分之一，主要功能是確保飛機在俯仰和偏航方向上的平衡，並為飛機在這兩個方向上提供必要的穩定性和操控性。由於不同飛機的功能需求、空氣動力學特性和受力特點，尾翼的設計形式各異，如圖 2-10 所示，常見的尾翼類型包括機身安裝的水平尾翼、高置水平尾翼、T 型尾翼、無水平尾翼、V 型尾翼以及鴨翼等。

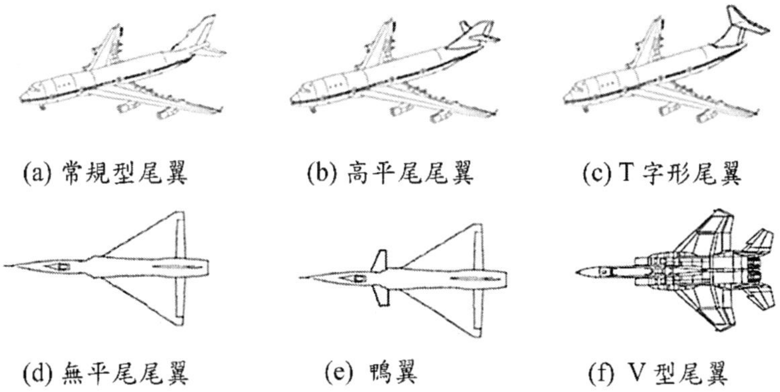

圖 2-10：飛機尾翼的外觀示意圖

高平尾翼和 T 字形尾翼（如圖 2-10(b)和(c)）的一個顯著特點是，它們相對於機翼的位置較高，這樣設計可以有效地避開機翼產生的渦流影響，從而提升水平尾翼及升降舵的性能表現。

無平尾翼的設計特點是沒有傳統的水平尾翼（如圖 2-10(d)），它通常應用於擁有窄長三角形機翼的飛機上。由於去除了水平尾翼，這類飛機沒有配備升降舵。它們的俯仰控制是通過機翼後緣的升降副翼實現的：當兩側機翼的升降副翼同步向上或向下移動時，會產生俯仰操縱力矩，從而實現機頭向上或向下的動作；這一機制與傳統飛機的升降舵類似。反之，如果兩側升降副翼相反方向偏轉，飛機將實現滾轉操縱力矩，類似於傳統飛機的副翼作用。

鴨翼（也稱為前翼或前置翼，如圖 2-10(e)），是指將水平安定面置於主翼前方的設計。這種佈局的好處在於它可以在主翼上方產生額外的渦流，從而增加失速攻角。然而，這種設計的缺點是可能導致飛機穩定性降低。鑒於民航飛機對穩定性的要求極為嚴格，因此很少採用鴨翼配置。

V 型尾翼（參見圖 2-10(f)）由一對對稱的翼面構成，它們固定在飛機尾部的上方，並具有較大的上反角，這種設計的尾翼結合了垂直尾翼和水平尾翼的雙重功能。V 形的兩翼面在俯視和側視圖中有明顯的面積投影，因此能夠同時提供縱向（俯仰）和橫向（偏航）的穩定效果。當兩側的舵面同時偏轉相同方向時，它們充當升降舵，控制飛機的升降；而當兩側舵面分別偏轉不同方向（實現差動控制）時，則作為方向舵使用，控制飛機的航向。

（五）按照飛機發動機的類型和外觀特徵來分類

飛機通常使用的發動機大致可以分為四類：活塞式發動機（往復式發動機）、渦輪噴氣發動機、渦輪螺旋槳發動機和渦輪風扇發動機。其中，活塞式發動機和渦輪螺旋槳發動機又被統稱為螺旋槳發動機。

1.螺旋槳動力飛機：配備有活塞式發動機或渦輪螺旋槳發動機的飛機通常被稱作螺旋槳動力飛機。如圖 2-11 所示，這些飛機的發動機通常被安置在機頭或機翼的前緣位置。這種佈局有助於減輕機翼承受的負載，因為發動機的重力與升力的作用方向相反，能夠減少由這些力產生的彎曲力矩，從而優化飛機的結構應力分布。

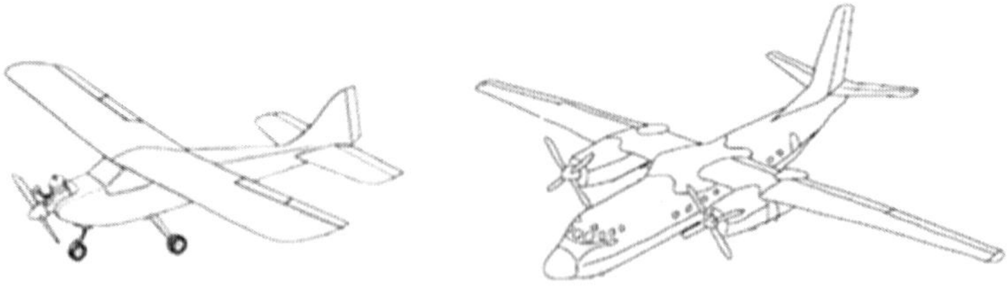
(a) 活塞式飛機　　(b)渦輪螺旋槳飛機

圖 2-11：螺旋槳飛機的外觀示意圖

螺旋槳飛機在中、低空飛行以及次音速飛行條件下能實現較高的推進效率（特別是在 0.5 馬赫的空速下，效率尤為顯著）。然而，隨著飛行速度的提升，阻力也會急劇增加，成為飛行的一個限制因素。活塞式發動機在低空低速飛行時表現出較低的噪音、燃油消耗和經濟成本，因此常被應用於輕型和超輕型飛機。儘管如此，動力不足是其顯著的弱點。因此，許多中型低速客機轉而採用渦輪螺旋槳發動機以替換活塞式發動機，以此來提升飛機的推進性能。

2.噴氣式發動機飛機：在討論本書中提及噴氣式發動機飛機時，若無特別說明，所指的噴氣式發動機非是那些採用渦輪噴氣或渦輪風扇發動機（但不涵蓋渦輪螺旋槳發動機）的飛機。根據發動機的安裝位置，噴氣式發動機飛機可以分為翼吊式發動機飛機、尾吊式發動機飛機以及機身內式發動機飛機三種類型，這樣的分類有助於我們更清晰地理解不同飛機結構對飛機性能的影響。

（1） 翼吊式發動機飛機：如圖 2-12 所示，翼吊式發動機飛機是客機和轟炸機主要採用的發動機佈局方式，其安裝位置的佈局能夠抵消升力對機翼產生的向上力矩，實現力矩平衡。此外，將發動機掛在機翼兩側可以使得飛機的重心分布更加穩定。而且，發動機的進氣氣流較少受到機翼和機身的干擾，有助於提高發動機的效率。同時，由於發動機位於機翼下方（離地面較近），其維護工作更為便捷。然而，這種佈局也會增加機翼、機體與發動機之間的干擾阻力以及其他不良的干擾效應。並且，由於發動機離地面較近，更容易吸入沙石和塵土，從而導致外來物體損傷（F.O.D）。

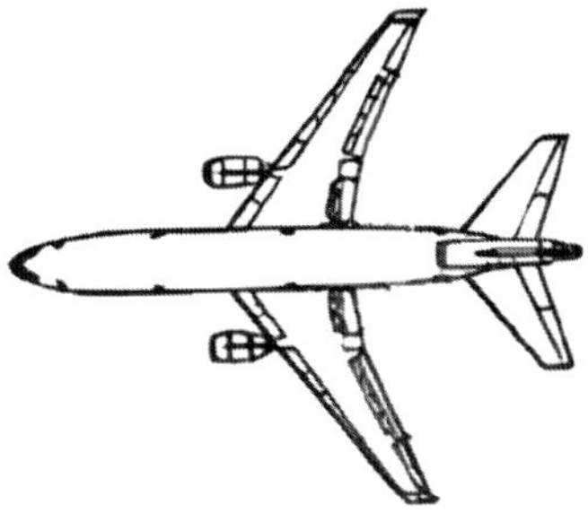

圖 2-12：翼吊式飛機的外觀示意圖

（2） 尾吊式發動機飛機：如圖 2-13 所示，尾吊式發動機飛機設計的優點在於將發動機置於飛機尾部，從而有效降低客艙內的噪音。這種佈局由於發動機距離地面較高，減少了吸入沙石和塵土的風險，從而降低了外來物體損傷（F.O.D）的可能性。然而，尾吊式發動機的進氣流會受到機翼的影響，這可能會對發動機的性能造成一定的效率損失。此外，由於發動機位於機身尾部，這會導致飛機重心向後移動，進而降低飛機的穩定性。同時，較高的發動機位置也增加了維護的難度。因此，現在新一代主流幹線的客機幾乎不再採用尾吊式發動機佈局。

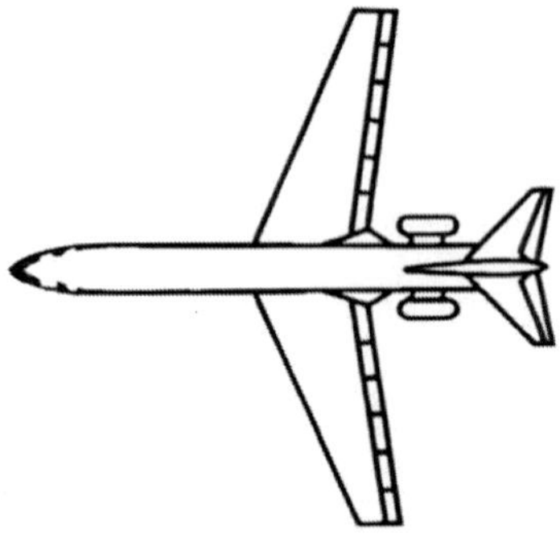

圖 2-13：尾吊式飛機的外觀示意圖

（3） 機身內式發動機飛機：如圖 2-14 展示，機身內式發動機飛機採用的佈局是將發動機並列安裝在飛機後機身的內部。在單發動機工作時，這種配置由於兩邊推力不平衡而引起的偏航力矩比較小。然而，發動機占據了較多的機身空間，這對安裝其他設備不利。因此，這種安裝方式通常應用於戰鬥機設計中。

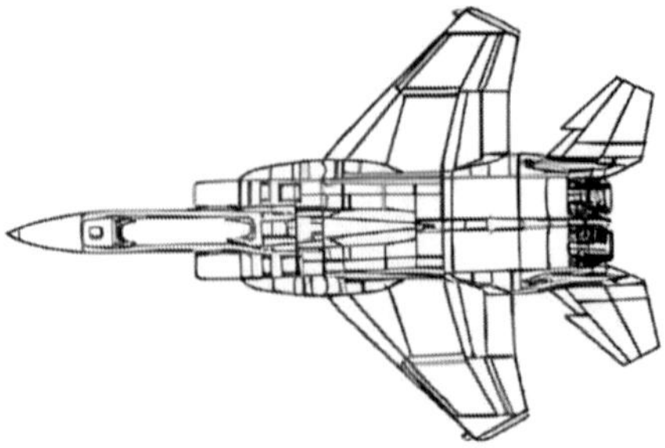

圖 2-14：機身內式發動機飛機的外觀示意圖

航空小常識

隨著航空運輸量的急劇增長，航空事故的發生次數也在逐漸增多，這使得飛行安全問題受到了越來越多的關注，成為了一門受到高度重視的系統科學。現代民用飛機的設計要求極為嚴格，旨在確保飛機的發動機不論在任何時間、任何地點，一旦發生故障，飛機仍能保持安全飛行。這就是現代民用飛機不採用單引擎設計的原因，因為單引擎飛機在發動機發生故障時，其安全飛行的能力會受到較大影響。

三、輔助動力裝置

在現代的大中型飛機和大型直升機上，為了降低對地面（機場）供電設備的依賴，均配備了獨立的小型動力裝置，稱之為輔助動力裝置（Auxiliary Power Unit，簡稱 APU）。輔助動力裝置的核心部分是一個小型的渦輪發動機，這類發動機大多數是專為 APU 設計的，也有一部分是由渦輪螺旋槳發動機改裝而成。通常，APU 安裝在飛機尾部的尾錐內，配備了自有的啟動電動機，其所需的燃油則是由飛機的總燃油系統供應。

（一）作用

輔助動力裝置（APU）的主要功能是獨立向飛機提供電力和壓縮空氣，部分型號的 APU 還能提供額外的推力。在地面操作期間，APU 能夠為客艙和駕駛艙供電，並供應空調系統所需的壓縮空氣，因此無需啟動飛機的主發動機。起飛前，APU 可以利用其電力或壓縮空氣來啟動主發動機，這樣就不需要依賴地面的電源車和氣源車。起飛時，利用 APU 提供動力可以使得主發動機的功率全部用於地面加速和爬升，從而提升起飛性能。降落後，APU 繼續提供電力和照明以及空調服務，使主發動機能夠儘早關閉，這不僅節省了燃油，還有助於降低機場的噪音。

（二）應用

在現代化的大型和中型客機中，輔助動力裝置（APU）扮演著至關重要的角色，它不僅能夠確保發動機在空中停車後可以重新啟動，為飛行安全提供了堅實的後盾。此外，在地面操作時，APU 提供的電力和空調服務，確保了飛機內部的舒適性、經濟性以及環保性。基於這些原因，輔助動力裝置已經成為現代化民用航空客機中不可或缺的系統。

四、飛機的主要系統

飛機系統是指為滿足飛行任務需求而配備的各種設備和系統的總稱。飛機的主要系統包括但不限於：燃油系統、液壓系統、儀表系統、電氣系統、飛行控制系統、環境控制系統、通信系統、防火系統以及防冰系統。

（一）燃油系統

飛機的燃油系統主要負責儲存必要的燃油，並確保在各種飛行高度和姿態下，能夠根據需求可靠地將清潔的燃油連續輸送到發動機及輔助動力裝置。

1.航空燃油的定義：航空燃油是指一些專門為飛行器而設的燃油品種，品質比供暖系統和汽車所使用的燃油高，通常都含有不同的添加物以減低結冰和因高溫而爆炸的風險。航空燃油分成航空汽油和航空煤油兩大類。其中，航空汽油是用在往復式（活塞式）發動機上。而航空煤油則在航空燃氣渦輪發動機和衝壓發動機上使用。

2.燃油加注方式：燃油系統的加注方式主要分為重力加油和壓力加油兩種模式。

（1）重力加油：重力加油是一種輔助加注手段，適用於缺少壓力加油設備的情況。當缺乏壓力加油設備時，重力加油便成為了一種實用的輔助手段。這種方法依賴於燃油自身的重力，無需外部壓力即可實現加油。

（2）壓力加油：在現代客機中，壓力加油系統因其高效、快速的特點而廣受歡迎。該系統通過地面加油車連接的軟管與飛機上的加油接頭相連，在壓力的作用下，油料迅速通過加油管路流向各個油箱。加油接頭和相應的控制面板通常安裝在機翼前梁或起落架艙內，便於操作和管理。由於壓力加油能夠同時向多個油箱加油，且自動化程度高，因此大大提高了加油效率。然而，在飛機加油過程中，安全始終是首要考慮的因素。務必防止因靜電引起的火災或爆炸，確保加油作業的安全進行。加油結束後，務必先將加油管內的殘餘燃油抽回，再小心拆下加油接頭，以確保整個加油過程的順利完成。

3.燃油系統的功用：燃油系統的功用主要包括

（1）燃油儲存：燃油系統負責儲存飛機飛行所需的所有燃油，包括為緊急復飛和著陸後提供的備用燃油。

（2）燃油供應：確保在飛機的任何可能飛行姿態和操作條件下，能夠按照規定的壓力和流量連續、安全地將燃油供應給發動機和輔助動力裝置（APU）。

（3）重心調節：燃油系統允許調整飛機的橫向和縱向重心位置。通過調整橫向重心，可以保持飛機的平衡並減少機翼的受力；而調整縱向重心則有助於減少飛機水平尾翼的配平角度，降低配平阻力，從而減少燃油消耗。

（4）冷卻作用：燃油還充當冷卻介質，用於冷卻滑油、液壓油以及其他附件。

4.燃油系統的基本組成：現代運輸機的燃油系統設計要求其具備大容量燃油承載、安全供油、便捷維護以及防止燃油滯留等特點。基於這些功能需求，燃油系統的核心組成部件包括燃油箱、燃油泵、燃油濾清器和控制活門等。

（1）燃油箱的作用是儲存燃油，它由不會與航空燃油發生化學反應的材料製成。在飛機上，燃油主要存儲在機翼和機身內的燃油箱中，尤其是民用飛機，機翼內的燃油箱更為常見。

（2）燃油泵的功能是從燃油箱中吸取燃油，並將其加壓後輸送到供油管道中。

（3）燃油濾清器分為粗濾和細濾兩種，用於清除燃油中的雜質。粗濾清器主要去除機械雜質，其下方設有放油開關，便於在地面操作時排放沉澱物。細濾清器則專注於去除微小雜質和水分，通常位於燃油系統的低端，飛行後可以通過放油開關排出積累的水分。

（4）控制活門的作用是調節燃油從油箱流向發動機的流程。其中，油箱選擇活門、斷流活門和交輸活門等都是關鍵組成部分，它們確保燃油供應的準確性和安全性。

5.油箱佈局：如圖 2-15 所示，根據油箱佈局，現代化民航客機的油箱可以分成中央油箱、機翼主油箱和通氣油箱等幾種類型，此外，某些飛機還配備了機尾配平油箱和中央輔助油箱，以滿足不同的燃油存儲需求。

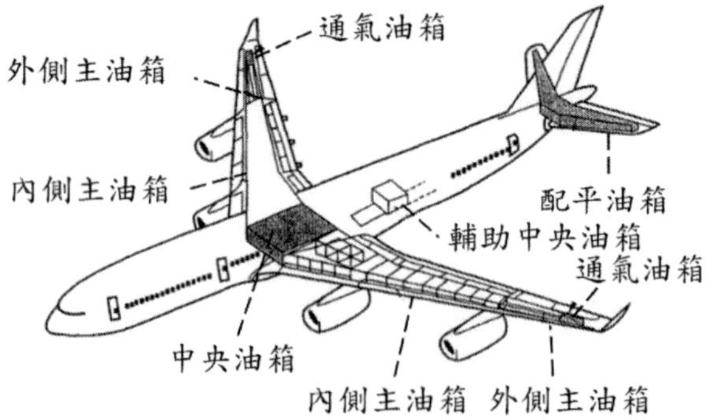

圖 2-15：飛機油箱佈局示意圖

6.燃油箱通氣系統的功用：主要包括

（1） 保證油箱與大氣相通：在飛機執行各種飛行姿態和不同工作條件下，該系統確保油箱與外界大氣相連通。在加油過程中，系統能夠有效地排除油箱內的空氣，防止氣泡的生成；而在燃油消耗時，又能允許空氣進入油箱，從而避免由於真空負壓而影響燃油供應。

（2） 導出油箱內的燃油蒸氣：在飛機運行過程中，由於溫度的變化和油箱內燃油的晃動，可能會產生燃油蒸氣。如果這些蒸氣不能及時排出，它們會在油箱內積聚，形成高壓環境。當壓力達到一定程度時，可能會引發爆炸事故。因此，通氣系統必須及時導出這些蒸氣，確保油箱內的安全。

綜上所述，燃油箱通氣系統的主要功用是確保飛機在各種飛行姿態和工作條件下油箱的安全和有效運行，通過保證油箱與大氣相通和導出油箱內的燃油蒸氣來實現這一目的。

（二）液壓系統

液壓系統是飛機上的關鍵動力傳遞系統，其工作原理基於油液作為工作介質。通過液壓泵的作用，液壓油的壓力得以提升，進而利用高壓油液驅動飛機各部件的運行。該系統主要依賴於帕斯卡原理和質量守恆原理（連續定理）來制動。

1.液壓油的定義與功用：液壓油是液壓系統的工作介質，目前航空液壓系統所採用的工作液可以分為植物油系、礦物油系及磷酸酯基液壓油等類型。其中，礦物油系工作液以石油為主要成分，經過精細加工並添加多種添加劑而成。小型飛機通常採用染成紅色的礦物油，俗稱紅油，而大型飛機則更傾向於使用淡紫色的合成油，即紫油。液壓油的主要功能在於傳遞壓力能量、潤滑系統部件、冷卻高溫區域以及防止金屬部件的銹蝕。因此，液壓油的材料特性需滿足潤滑性優異、黏度適中、不易燃且不可壓縮等高標準要求。

2.液壓系統的分類：液壓系統可以根據其組成元件的功能類型以及各個分系統的功能進行分類。

（1） 根據液壓元件的功能類型區分：根據液壓元件的功能類型的不同來做分類，飛機液壓系統的組成可以分成動力元件、執行元件、控制調節元件和輔助元件四種類型的元件。

①動力元件：動力元件指的是液壓油泵，由發動機或電動機帶動，其作用是向液壓油做功，增大系統的液壓油的壓力和流量，將發動機或電動機產生的機械能或電能轉換成液體的壓力能。

②執行元件：執行元件的作用是將液體的壓力能轉換為機械能，它是通過液壓作動筒和液壓馬達等裝置，將液壓油的壓力能轉化為機械能，從而驅動其他部件工作。

③控制調節元件：控制調節元件主要由各種控制閥（控制活門）組成，其功用是負責控制和調節液壓系統中油液流動的方向、壓力和流量等參數，確保系統按照預定要求運行。根

據其功能的不同，控制調節元件可進一步細分為方向控制元件、壓力控制元件和流量控制元件等。

④輔助元件：除了上述三大主要元件外，液壓系統還包含一些輔助元件，如油箱、油濾、散熱器和蓄壓器等。它們雖然不直接參與液壓能的轉換和傳遞，但在保證系統穩定運行、提高系統性能等方面發揮著重要作用。此外，液壓系統的導管、接頭和密封件等也被歸類為輔助元件，它們確保液壓油的順暢流動和系統的密封性。

（2） 根據液壓分系統進行分類：基於液壓分系統功能的差異性，液壓系統可被明確地劃分為液壓源系統和工作系統等兩大組成部分。

①液壓源系統：液壓源系統包括泵、油箱、油濾系統、冷卻系統、壓力調節系統和儲壓器等部分，為整個液壓系統提供穩定且可靠的液壓能源。

②工作系統：工作系統則是依賴液壓源系統所提供的液壓能，來實現各類具體工作任務。例如，飛機起落架的收放系統、液壓剎車系統等，都是工作系統的重要應用實例。

3.航空應用與要求：在航空領域，液壓系統扮演著至關重要的角色。它主要負責飛機操縱面的控制，如副翼、方向舵、水平尾翼和擾流片等，同時也對起落架、襟翼、減速板的收放以及反推控制等方面發揮著關鍵作用。鑒於液壓系統是飛機的核心系統之一，其可靠性至關重要。因此，飛機上通常會配置多個獨立的液壓系統，以確保在某一系統出現故障時，其他系統能夠繼續工作，維持液壓系統的整體功能，從而保障飛行安全。

（三）儀表系統

飛機儀表是飛機上各類儀表的總稱，其主要功能在於精準地測量、計算並自動調節飛機的運動狀態以及動力裝置的工作效能。鑒於飛航機組人員僅憑感官難以確保飛機操作的安全性和有效性，因此，儀表系統的正確指示顯得尤為重要。無論是在正常天氣、惡劣天氣還是夜間飛行等情況下，儀表系統都能為駕駛員及相關人員提供關鍵的飛行資料，如飛機姿態、航向資訊、飛機系統狀態以及自動駕駛儀等所需參數，以確保飛行的安全與順暢。

1.分類：如圖 2-16 所示，飛機儀表根據其用途可以分成飛行儀表、發動機儀表以及其他飛機系統儀表等三種類型：其中，飛行儀表，主要負責顯示與飛機飛行狀態或運動相關的參數，通常安置在正、副駕駛的儀表板上，便於駕駛員即時掌握飛行資訊。發動機儀表則聚焦於發動機工作狀態的各項資料，通常位於中央儀表板上，確保飛行員對發動機狀態有全面瞭解。而那些既不屬於飛行儀表也不屬於發動機儀表的設備，則統一歸為「其他飛機系統儀表」，這些儀表通常佈局在駕駛艙的頂板上，為飛行提供輔助信息和支援。

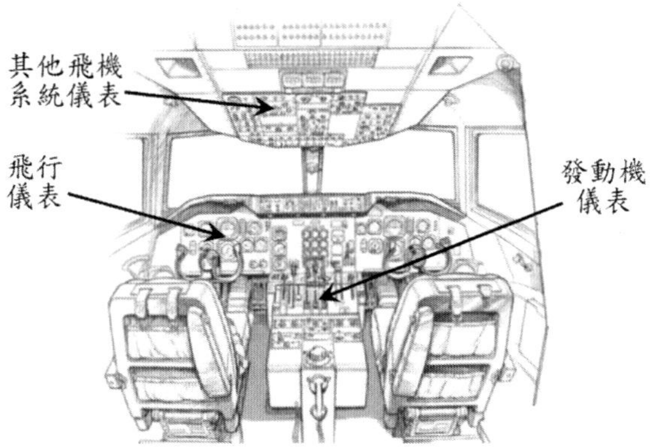

圖 2-16：飛機儀表佈局示意圖

2.Basic T 的意義：在民航飛機的座艙內，有六個最基本的飛行儀表，安排成兩排，每排三個儀表，上排從左至右依次為空速表、姿態儀和高度表，而下排則是轉彎側滑儀、航向儀和升降速度表。在這六大基本儀表中，空速表、姿態儀、高度表和航向儀被公認為飛行中不可或缺且至關重要的四個儀表。它們不僅為飛行員提供了飛行時的關鍵資料，還確保了飛行的安全和穩定性。這四個關鍵儀表的排列形式類似於字母「T」，因此得名 Basic T，如圖 2-17 所示。

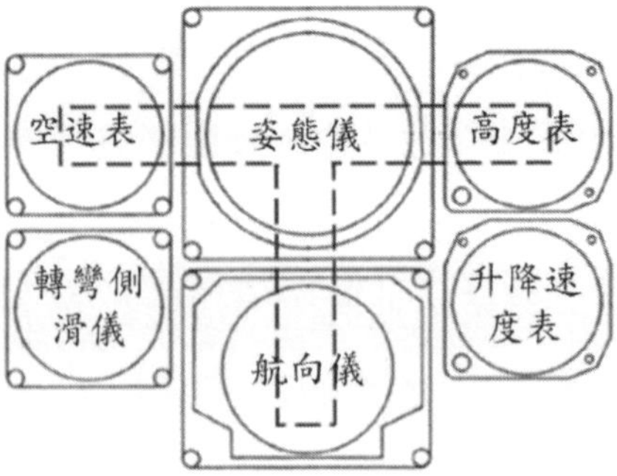

圖 2-17：Basic T 的意義的示意圖

儘管現代大型飛機在電子化程度上已達到了極高水準，且電氣設備普遍表現出卓越的可靠性。然而，為了應對電子儀表潛在的失效風險，通常都會配備四個基本的備用飛行儀表，即空速表、姿態儀、高度表和航向儀，也就是所謂的「Basic T」的備用儀表，為飛機的安全飛行提供了重要的保障，確保在緊急情況下，機組人員仍能有效控制飛機，維護飛行安全。

3.電子綜合顯示儀表時代：自 1960 年代起，隨著電子技術的快速發展，開始出現電子顯示儀表，這些先進的儀表逐步取代了傳統的指針式機電儀表，使得儀表結構步入了全新的革新紀元。到了 1970 年代中期，電子顯示儀表進一步展現出其綜合化、數位化、標準化以及多功能化的特點，形成了高度集成的電子綜合顯示儀表系統。這些系統不僅相互補充，還能實現資訊的交換顯示，極大地提升了飛行操作的便捷性和安全性。駕駛員通過控制板，可以便捷地對飛機進行精準控制與安全監督，初步實現了人機之間的智慧「對話」。如今，駕駛艙儀表、慣性導航系統、大氣資料系統、自動飛行控制系統以及飛行管理系統等已成為現代飛機不可或缺的重要航空電子設備。

（四）電氣系統

飛機電氣系統是一個綜合性稱謂，涵蓋了飛機的供電系統以及與之相連所有用電設備的綜合體系。其主要功能在於電能的產生、轉換和有效分配，這對於保障飛機各系統穩定運作以及確保飛行安全至關重要。該系統主要由三大子系統構成，即供電系統、配電系統和用電系統，如圖 2-18 所示，為飛機的正常運作提供穩定可靠的電力支援。

- 飛機電氣系統
  - 供電系統
    - 電源系統（產生、調節、控制和變換電能）
    - 輸配電系統（控制和傳輸電能）
  - 用電設備

圖 2-18：飛機電氣系統組成的示意圖

1.飛機電源系統的組成與功能：飛機電源系統主要由主電源、輔助電源、應急電源、外部地面電源以及二次電源等多個部分構成。

（1） 主電源：主電源是由飛機的主發動機直接或間接驅動的發電系統；為飛機上全部用電設備的主要能量來源，它是確保飛機正常運行不可或缺的能源來源。

（2） 輔助電源：輔助電源有航空蓄電池和輔助動力系統驅動的發電機，它是飛機在地面且主電源不工作時；或者在空中作為主電源的備用，主要用於航班前後準備與啟動主發動機等環節。

（3） 應急電源：應急電源通常包括航空蓄電池和衝壓空氣渦輪發電機等，專用於應急供電，確保飛機在緊急著陸和飛行中能夠繼續運作，僅在主電源和輔助電源同時失效的情況下啟用。

（4） 外接地面電源：外部地面電源設備，如電源車和電瓶車，主要在飛機加油、裝卸貨物、地面檢查以及啟動主發動機時提供電力。

（5） 二次電源：二次電源負責將主電源提供的電能轉換為不同形式或規格的電能，例如將高壓交流電轉換為低壓直流電。

2.輸配電系統：飛機輸配電系統，亦被稱為飛機電網，其核心組成部分包括電線、精密的配電裝置以及保護元件等。其功能在於將電源產生或轉換的電能高效、安全地傳輸至飛機的各個用電設備，確保飛機各系統的正常運作。

3.供電方式：飛機電源系統的類型主要包括低壓直流系統、變速變頻交流電源系統、恒速恒頻交流電源系統、變速恒頻交流電源系統。在供電方式上，直流供電系統普遍採用並聯供電，這種方式不僅提高了供電的可靠性，還確保了供電品質。而對於交流供電系統，既可以選擇單獨供電，也可以選擇並聯供電，以適應不同的電力需求。雖然並聯供電系統以其高可靠性和供電品質著稱，但其控制複雜度也相對較高。在實際應用中，多數飛機選擇單獨供電方式，即發動機帶動發電機向各自對應的匯流條進行供電，這種方式確保了電源的穩定供應和管理的簡便性。

4.用電設備：在飛機中，用電設備扮演著至關重要的角色，根據其用途的不同，飛機的用電設備可以分成電動機構、加熱與防冰負載、航空電子設備和照明設備等四種類型。其中，電動機構尤為關鍵。它們主導著飛機的操控系統，如襟翼／縫翼的調節、舵面力臂的微調、起落架的收放動作，以及油泵和閥門的驅動。由於飛機供電系統的作用在於保證可靠地向用電設備供電，尤其是向與安全飛行直接有關的重要用電設備提供穩定且符合要求的電能，因此，飛機供電系統的可靠性要求遠高於一般的地面供電系統。為滿足這一高標準，通常採用一系列先進技術和管理措施，包括餘度技術、故障狀態下的負載管理以及應急電源系統等，以確保飛機在各種情況下都能安全、穩定地運行。

（五）飛行操縱系統

這一系統綜合了飛機上所有用於傳遞操縱指令並驅動舵面運動的部件和裝置。其主要功能在於控制飛機的飛行姿態、氣動外形以及確保乘客的乘坐品質。飛行員能夠借助該系統精確地發出指令，控制飛機的俯仰、偏航和滾轉動作，進而實現對飛機舵面與調整片的精準操縱，從而達到對飛機飛行狀態的全面掌控。

1.飛操系統驅動舵面：根據驅動舵面類型的不同進行分類，飛操系統可以分成主操縱系統和輔助操縱系統二種類型。

（1） 主操縱系統：主操縱系統由多個關鍵元件構成，它們分別是副翼、升降舵和方向舵。其中，副翼負責橫滾操縱，確保飛行器的橫向穩定性與機動性；升降舵負責俯仰操縱，控制飛行器的升降角度；主操縱系統包括副翼、升降舵和方向舵。其中，方向舵則是負責偏航操縱；而方向舵則專注於偏航操縱，調整飛行器的航向，確保航行的準確性。

（2） 輔助操縱系統：輔助操縱系統通常包括襟翼及縫翼、擾流板和安定面。其中，襟翼與縫翼負責增升裝置操縱；擾流板負責擾流板操縱；而安定面則負責配平操縱。

2.電（線）傳飛操：根據操縱信號傳遞方式的不同，飛操系統可以分成機械操縱系統、電傳操縱系統和光傳操縱系統這三種類型，在機械操縱系統中，飛行操縱的飛行操縱信號通過鋼索、傳動杆等機械部件進行傳遞；電傳操縱系統則利用電纜作為媒介，高效傳遞飛行操縱信號；光傳操縱系統則採用光纜中的光信號作為信號傳遞手段。當前，電（線）傳飛操（Fly-By-Wire，FBW）已成為飛機操縱信號傳遞至驅動舵面的主流方式。它顯著減輕了飛行操縱系統的重量，縮小了設計體積，節省了安裝時間，同時消除了傳統機械系統中摩擦、間隙以及飛機結構變形所帶來的影響。此外，電傳飛操系統簡化了主操縱系統與自動駕駛儀的組合，允許採用小側杆操縱機構，極大地提升了飛機的操縱穩定性。然而，電傳飛操系統也存在成本較高以及易受雷擊和電磁脈衝波干擾的局限性。為了彌補這一缺陷，目前廣泛採用餘度技術，即部署多套系統／通道和監控裝置，以確保電傳飛操系統的高可靠性。值得一提的是，電傳飛操系統的概念已逐漸應用於汽車設計領域。隨著這一概念的深入應用，未來的汽車可能實現方向盤及剎車系統的電子化，為汽車駕駛帶來革命性的變革。

（六）環控系統

飛機座艙環境控制系統，通常簡稱為飛機環控系統，其主要功能在於調節飛機在多變大氣環境中飛行時，座艙與外部環境之間因高度差異而產生的環境變化。這一系統旨在確保飛機、飛行員以及乘客能舒適且安全地適應這些差異。其主要涵蓋供氣量調節裝置、座艙溫度調節裝置以及座艙壓力調節裝置等三個部分。

1.供氣量調節裝置：供氣量調節裝置的功用是提供具有一定流量、壓力和溫度的增壓空氣到用壓系統。在配備渦噴發動機或渦扇發動機的飛機上，通常都利用發動機的壓氣機作為氣密座艙的空氣增壓裝置，然而，當發動機工作狀態改變時，供氣量會產生較大的變化，這對保持座艙內適當的壓力和溫度非常不利，為此，供氣量調節裝置應運而生，它能夠自動調控進入座艙的增壓空氣量，以確保座艙環境幾乎不受發動機轉速、飛行速度及飛行高度變化的影響。

2.座艙溫度調節裝置：座艙溫度調節裝置的功用是在確保供氣量基本恒定的基礎上，精確地調整輸送到座艙內的空氣溫度，以此保證飛行過程中乘客和機組人員能夠享受到適宜的溫度環境。

3.座艙壓力調節裝置：座艙壓力調節裝置的基本任務就是保證在給定的飛行高度範圍內，座艙壓力及其變化率滿足乘員較舒適生存的需求，而且還要保證飛機結構的安全。

（七）通信系統

飛機通信系統主要用在飛行過程中飛行員和地面的航行管制人員、簽派以及地面其他相關人員的語音聯繫，同時也提供飛行員和乘務員溝通管道。民用客機的通信系統一般由甚高頻（VHF）通訊系統、高頻（HF）通訊系統、選擇呼叫（SELCAL）系統以及音頻綜合系統（AIS）等四個子系統所組成。

1.**甚高頻（VHF）通訊系統：**該系統主要在飛機起飛、著陸以及穿越管制空域時，實現飛機與地面交通管制人員之間的雙向語音通信。其通信距離相對較短，且受飛行高度的影響。

2.高頻（HF）通訊系統：作為一種機載遠端通信系統，它用於確保在遠端飛行中飛機與基地之間，以及飛機與飛機之間的通信聯絡，目前一般採用單邊帶通信技術。

3.選擇呼叫（SELCAL）系統：它是配合甚高頻（VHF）通訊系統和高頻（HF）通訊系統工作，當地面呼叫指定飛機時，通過燈光和鐘聲諧音的形式與人員進行聯絡，從而免除機組對地面呼叫的長期守候。為了實現選擇呼叫，飛機通常會設定一個特定的呼叫代碼，通常為飛機的註冊代碼。

4.音頻綜合系統（AIS）：這一系統包括飛機內部的所有通話、廣播、錄音等音頻設備，用於實現機內各類人員之間的語音交流，以及在飛機地面維護時機組人員與地勤人員之間的通信。此外，它還包括駕駛艙內的語音記錄功能。

（八）防火系統

飛機防火系統是指防止飛機發生火災所採用的全部裝置，由火警探測及滅火系統兩大組件構成。火警告示系統是在客艙和發動機艙內安裝了火警探測器，這些探測器能夠監測到區域內的溫度變化和煙霧情況。一旦檢測到明火或溫度異常，火警探測器即刻啟動，通過聲音和燈光信號在駕駛艙內發出警報，向駕駛員指示失火的具體位置和狀況。通常，火警告示系統與滅火系統協同工作。滅火系統則負責直接撲滅機艙、發動機艙及設備艙內的火焰。鑒於飛機在使用過程中可能面臨火災風險，現代飛機均配備了專門的防火系統，以便在火險發生時迅速撲滅火源。儘管防火系統在平常狀態下不工作，但在緊急情況下必須迅速回應，因此，定期對系統進行檢查和測試至關重要，以確保其能夠在關鍵時刻可靠地運作。

（九）防冰系統

飛機防冰系統的作用是防止飛機表面某些易結冰的突出部位結冰，或者在結冰情況下能夠有效清除冰層。現代大、中型旅客機的巡航高度通常在 7000-12000 米之間，由於大氣溫度持續低於 0°C，飛機的迎風面容易形成冰層。為此，現代飛機都裝備了防冰系統，以避免結冰對飛行安全造成威脅。飛機結冰會導致重量增加、空氣動力性能和發動機性能下降，進而影響飛行效率。此外，結冰還會降低飛機的穩定性和操縱性以及造成儀錶指示不準確。在極端情況下，結冰可能導致發動機熄火或損壞，以及增大人工和自動駕駛的誤差，從而對飛行安全構成嚴重威脅。飛機結冰的常見位置及其危害如表 2-1 所示。

表 2-1：常見飛機結冰位置造成危害的綜述表

項次	結冰部位	積冰的危害
一	機翼前緣、尾翼	破壞翼型形狀，導致飛機阻力增加和升力減小以及臨界攻角下降和飛機操縱性降低。
二	發動機進氣道	進氣效率下降；發動機功率降低；發動機結構損壞。
三	風檔玻璃	可能導致玻璃透明度下降從而阻礙機組人員視線。
四	儀表探頭	影響儀表測量精度或導致儀表系統失靈。
五	飛機天線	可能導致天線折斷以及通信系統和電子設備失效。
六	給排水口	可能導致給水系統功能喪失。

✈課後練習與思考

[1] 請簡述飛機各組成部分的名稱和功能為何？

[2] 請問機翼上襟翼和副翼的主要功能為何？

[3] 請簡述尾翼的組成和功能為何？

[4] 請問鴨翼設計是如何影響飛機的穩定性和操控性？

[5] 請問飛機起落架的功用有哪些？

[6] 請問飛機發動機有哪幾種類型？

[7] 請問輔助動力裝置的功用為何？

[8] 請問液壓系統的功用為何？

[9] 請問電（線）傳飛操系統主要的優點和缺點為何？

[10] 請問飛機座艙環境控制系統的功用為何？

[11] 請問飛機結冰可能造成的危害有哪些？

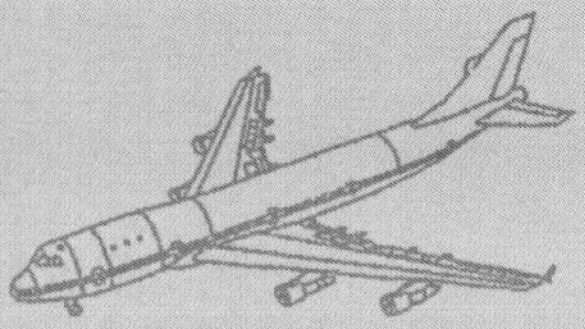

第三章

飛行環境的一般介紹

飛機在執行飛行任務時所面臨的大氣層內的各種條件構成了所謂的飛行環境（Flight Environment）。這包括飛機所在高度的空氣密度、溫度和壓力等關鍵參數。飛機的性能和氣動力學特性受到飛行環境的顯著影響，因此飛機能否維持穩定的飛行狀態以及飛行任務是否能夠成功完成，都與飛行環境有著直接的關聯。此外，飛行環境還會對飛機的使用壽命和維護費用產生影響，並在某些情況下可能對飛行安全構成威脅。因此，掌握飛行環境成為了航空領域專業人士必備的基礎知識之一。

一、飛行環境的界定

（一）大氣層

航空器所處的唯一飛行環境是地球大氣層。這一層覆蓋著整個地球，其 99.9%的大氣質量集中在 50 公里以下的區域；其中，90%的大氣質量則在距地球表面 15 公里以內；而在 2000 公里以上的高度，大氣變得極為稀薄，逐漸過渡到行星際空間。大氣層在垂直方向上的特性變化顯著，例如空氣密度和氣壓均隨高度的增加而減少。在 10 公里的高空，空氣密度僅為海平面密度的三分之一，氣壓約為海平面氣壓的四分之一；而在 100 公里的高空，空氣密度僅為地面密度的 0.00004%，氣壓僅為地面的 0.00003%。若以氣溫的變化為依據，整個大氣層可被劃分為對流層、平流層、中間層、電離層和散逸層等五個主要層次，如圖 3-1 所示。

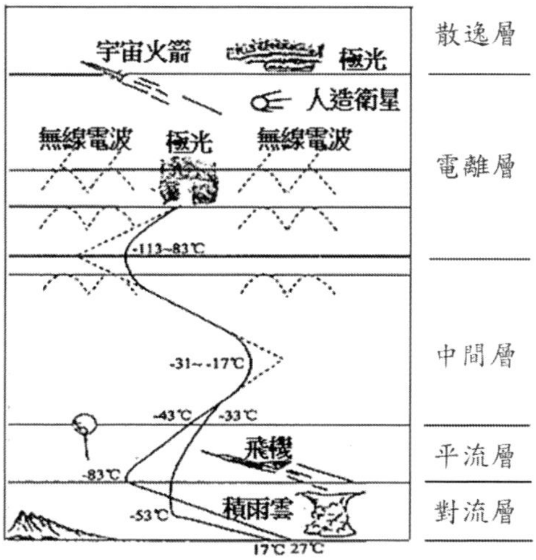

圖 3-1：大氣分層示意圖

（二）飛行環境的範圍

飛機主要在大約 25 公里以下的大氣層內進行活動，這一活動範圍主要位於對流層和同溫層之間，如圖 3-2 所示。這一特點影響了飛機設計、技術發展以及研究方向。在探討飛行環境如何隨飛行高度變化而變化時，通常將大氣視為理想氣體，並基於流體連續性假設進行分析。

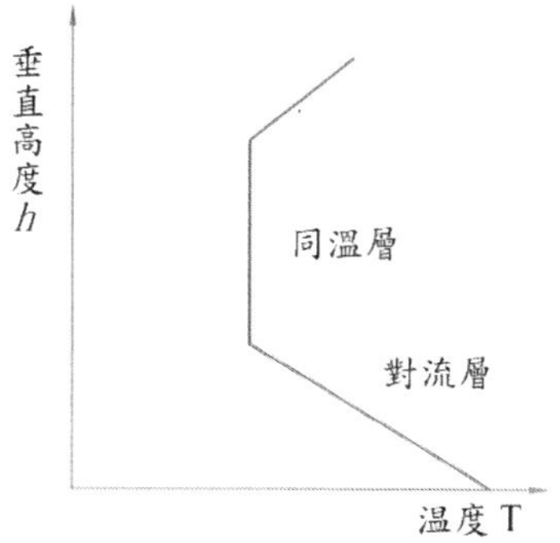

圖 3-2：飛機飛行環境內溫度隨高度變化情形示意圖

二、對流層的範圍與特性

（一）對流層的範圍與特性

對流層，作為地球大氣層中最接近地表的一層，其特點是空氣密度最大。這一層的底部與地球表面相接，而其頂部則根據地球的緯度、季節等因素有所不同。研究表明，對流層頂在赤道地區平均高度約為 17 至 18 公里，中緯度地區約為 10 至 12 公里，而在南、北極地區則約為 8 至 9 公里。鑒於我國大部分地區位於中緯度，對流層頂的高度通常在教科書中被估算為 10 至 11 公里。此外，對流層的頂部在夏季高於冬季。在這一層中，大氣中四分之三的質量和全部的水蒸氣都集中在此，而且溫度隨著高度的增加而下降，導致對流層的天氣變化極為複雜，包括雲、雨、雪、雹等多種天氣現象。地形的差異、氣溫和氣壓的變化促使空氣在水平和垂直方向上產生強烈的對流，進而引發陣風。對流層的氣候特徵對航空飛行產生了顯著影響，例如，在高空飛行時，由於氣溫較低，飛機易出現結冰現象。空氣對流會導致飛機顛簸，而雲、霧、雨、雪等天氣現象也可能對飛行造成困難，嚴重時甚至危及飛行安全。基於氣流和天氣現象的分布特徵，對流層被進一步劃分為下層、中層和上層。

1.對流層下層的描述及其特點：對流層下層指的是緊鄰地面至約 2 公里高度的區域。這一區域的地形起伏顯著，經常遭受劇烈的氣流波動，這些波動可能引發突如其來的下沖氣流和劇烈的低空風切變，從而顯著提升了飛行操控的難度。此外，該層富含水汽和塵埃，容易導致濃霧和其他能見度不佳的情況，對飛機的起降構成了嚴重的挑戰。為了確保航空安全，各個機場都針對不同類型的飛機設定了特定的起飛和著陸天氣條件。

2.對流層中層的描述及其特點：對流層中層位於對流層下層的頂部至大約離地 6 公里高度之間。這一層受地表影響較小，因此輕型運輸機和直升機等多在此層飛行。

3.對流層上層的的描述及其特點：對流層上層是從對流層中層的頂部再向上伸展到離地約 10~11 公里的高度範圍，該層的氣溫常年維持在零度左右。在中緯度和亞熱帶地區，對流層上層常常伴隨著時速超過 30 米的強風，即所謂的高空急流。飛機在急流附近航行時，常常會遭遇劇烈的顛簸，給乘客帶來不適，並可能威脅到飛行安全。在對流層上層和平流層之間，存在一個厚度在數百米至 1 至 2 公里的過渡層，稱為對流層頂。對流層頂對垂直氣流有顯著的阻擋作用，上升的水汽和微粒常常聚集於此，使得該區域的能見度較差。

（二）同溫層的範圍與特性

在地球的大氣平流層的下半部，也就是從對流層頂部向上至離地面約 25 公里的的高度，這一區域的大氣溫度保持不變，被稱作同溫層。同溫層之上，即平流層的上半部，溫度將逐漸升高，這是因為該層富含臭氧，能直接吸收太陽的輻射能量。同溫層中空氣稀薄，水蒸氣極少，通常沒有雲、雨、雪、雹等現象。空氣不會產生由上下對流引起的垂直方向的風，只有水平方向的風，所以風向穩定。同溫層的大氣能見度高、氣流平穩、空氣阻力小，非常適合飛機飛行，因此現代大型客機通常選擇在同溫層（平流層）的底部航行。

三、大氣的物理參數

所謂大氣物理參數是指用來描述大氣層內氣體平衡與運動情況的物理量，在探討氣體問題時，通常可以分成氣體性質參數、運動參數和衍生參數三種類型。其中，氣體性質參數是反映氣體當前狀態的物理量，例如：大氣的壓力、溫度和密度。運動參數則側重於描述氣體的運動特徵，例如：氣體的流速和動量。而衍生參數則是指由氣體的性質和運動參數所衍生出來的參數，例如：氣體的質流率和體流率。在飛行原理課程中所探討的運動介質是空氣，研究的重點主要集中在飛機周圍氣流流場內氣體性質和速度的變化，討論的參數主要為氣體的壓力、密度、溫度、速度和質流率，本章將針對這些參數進行簡要的介紹，為理解飛行原理提供必要的物理基礎。

（一）壓力

1.定義：壓力（pressure）是物體在單位面積上所承受正向力的大小，用符號 P 表示，如圖 3-3 所示，物體所承受的壓力是單位面積上的所受到的正向力（垂直力），也就是 $P=\lim_{\Delta A \to 0}\frac{\Delta F_N}{\Delta A}$。在式中，P 為壓力，FN 為垂直（正向）力，A 為面積。

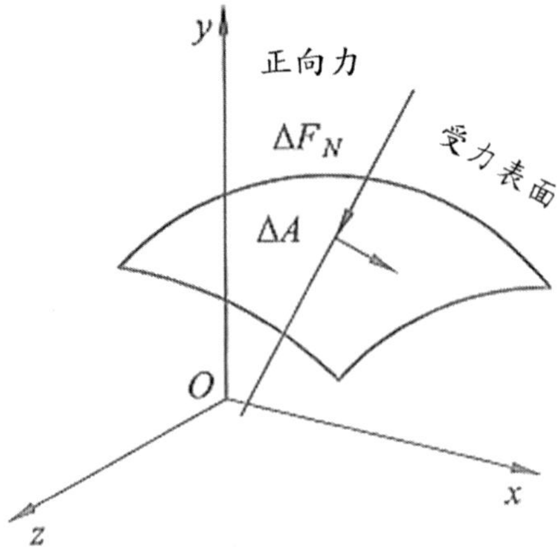

圖 3-3：壓力的定義示意圖

壓力的公制單位是 Pa 或 N/m^2，又稱之為帕斯卡（pascal）。一般而言，在地表的平均大氣壓力相當於 76 公分水銀柱的壓力，其值約為 1.013×10^5Pa 或是 1.013×10^5 N/m^2，也就是 1 個標準大氣壓力。

2.種類：常用的壓力可分為絕對壓力與相對壓力二種，絕對壓力（absolute pressure）是以壓力的絕對零值（絕對真空）為基準所量測出的壓力，用符號 P_{abs} 表示；相對壓力（relative pressure）是以當地的大氣壓力為基準所量測出的壓力，又稱為表壓（gage pressure），用符號 P_{gage} 或 P_g 表示。絕對壓力、大氣壓力與相對壓力之間關係如圖 3-4 所示。

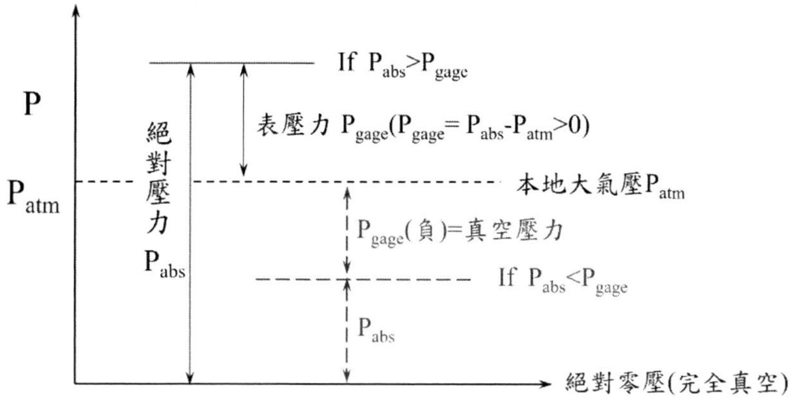

圖 3-4：絕對壓力與相對壓力之間的關係示意圖

（二）密度

氣體的密度是指單位元體積內所包含氣體的質量，用符號 ρ 表示。其公式定義為 $\rho=\lim_{\Delta V\to 0}\frac{\Delta m}{\Delta V}$ ，在公式中，ρ 為氣體的密度，m 為氣體的質量，V 為氣體所占據的體積。對於空間各點密度相同的氣體而言，$\rho=\frac{m}{V}$ 。一般而言，在地表上的平均大氣密度約為 1.225kg/m^3。但是大氣密度的值會隨著高度的上升而變小，這是因為隨著高度的上升，空氣會越來越稀薄的緣故。在研究空氣動力學和飛行原理問題時，有很多時候是用所謂氣體比容（specific volume）ν 或氣體比重量（specific weight）γ 的形式去另類的表示氣體的密度 ρ。其與氣體的密度的關係式為$\nu=\frac{1}{\rho}$和 $\gamma=\rho g$。在公式中，ν 為氣體的比容，ρ 為氣體的密度，γ為氣體的比重量，g 為重力加速度，其值約為 9.81m/s^2。

（三）溫度

所謂溫度（temperature）是用來表示物體冷熱程度的性質參數，用符號 T 表示，其定義、類型與相互關係說明如後。

1.定義與類型：溫度是衡量物體熱量狀態的物理量，它在飛行原理和空氣動力學的研究中扮演著重要角色。常用的溫度單位包括攝氏溫度（°C）、華氏溫度（°F）、凱氏溫度（K）以及朗氏溫度（°R）等四種類型。其中，攝氏溫度和華氏溫度分別是為公制單位與英制單位的相對溫度（relative temperature），而凱氏溫度和朗氏溫度則分別為公制單位與英制單位的絕對溫度（absolute temperature）。和氣體的壓力值一樣，在飛行原理和空氣動力學的公式中的溫度必須為絕對溫度的形式。所以攝氏溫度或華氏溫度在用於計算前，需要轉換為凱氏溫度或朗氏溫度。

2.轉換公式：攝氏溫度（°C）、華氏溫度（°F）、凱氏溫度（K）以及朗氏溫度（°R）四種類型的溫度可以相互地轉換，轉換公式分別為

（1） 攝氏溫度（°C）與華氏溫度（°F）的換算

$$°F=9/5×°C+32$$

（2） 攝氏溫度（°C）與凱氏溫度（K）的換算

$$K=°C+273.15$$

（3） 華氏溫度（°F）與朗氏溫度（°R）的換算

$$°R=°F+459.67$$

（四）速度

速度是用來衡量物體運動或流體流動快慢的物理量。在航空航太領域，常用馬赫數（Mach number，符號 Ma）來表述物體的運動速度或氣體流動速度。馬赫數定義為物體速度與當地音速的比值，其數學運算式為 $Ma=V/a$，其中 V 代表物體速度或氣體流動速度，a 代表音速。例如，當飛機以 0.3 馬赫數飛行時，意味著其速度是音速的 0.3 倍。

在飛行原理和空氣動力學的研究中，如果物體的速度或氣體流動速度小於 0.3 馬赫，通常可以忽略氣體的密度變化。然而，當速度超過 0.3 馬赫時，氣體的密度變化就必須被考慮。此外，當物體局部速度或氣體流場的局部流速超過音速，即局部馬赫數達到或超過 1.0 時，就需要研究震波對氣體性質的影響。

值得注意的是，地表上大氣的平均音速大約為 340 米／秒，而在離地面 10 公里的高空，即大型民航客機的典型巡航高度，大氣的平均音速降至約 300 米／秒。這表明在對流層內，隨著高度的增加，大氣的音速會逐漸減小。

（五）質量流率與體積流率

質量流率是指流體在單位時間內流經管道截面積的質量，又稱為質流率，用符號$\dot{m}$表示。而所謂體積流率是指流體在單位時間內流經管道截面積的體積，又稱為體流率，用符號$\dot{Q}$表示。在研究氣體在管道內的流動時，通常會使用質量流率來計算氣體流經管道截面的密度與速度變化，從而求出其壓力的變化。對於低速流動的氣體通常使用體積流率。質量流率（Mass flow rate）與體積流率口的計算公式分別為$\dot{m} = \rho AV$與$\dot{Q} = AV$。式中，$\dot{m}$為氣體的質量流率，$\dot{Q}$為氣體的體積流率，ρ 為流體密度，A 為流體流經管道的截面面積，V 為流體的平均流速。

四、黏性和雷諾數

（一）黏性

黏性是流體的一種基本屬性，包括氣體在內的所有流體都表現出這一特性。當氣體流動或物體在氣體中移動時，黏性會引起一個與流動或移動方向相反的阻力。在飛機飛行過程中，空氣的黏性會產生一種稱為飛行阻力的作用，這種阻力會減緩飛機的速度。在處理一些低速流體的問題時，黏性的影響可能微不足道，以至於可以忽略不計。然而，在飛行原理和空氣動力學的研究中，空氣的黏性對飛機性能的影響是至關重要的。實驗和理論研究都表明，在探討飛機外形與性能設計時，空氣的黏性是一個必不可少且極具影響力的考量因素。

（二）雷諾數

在流體力學的研究中，雷諾數是一個關鍵參數，用於判斷流體流動的特性和行為。在探討飛行原理和空氣動力學問題時，也是如此。從物理學的角度來說，氣體的雷諾數（Reynolds number）可以視為氣體流場內慣性力（Inertial force）與黏滯力（Viscous force）的比值，用符號 Re 表示。而從數學上的定義來看，氣體的雷諾數可以用計算公式 $Re=\frac{\rho VL}{\mu}$ 些來計算。式中，ρ 為氣體的密度，V 為氣體流動的速度，L 為特徵長度，μ 為氣體的動力黏度。當氣體的雷諾數較小時，黏滯力對氣體流場的影響大於慣性力，流場中氣體流動時的擾動會因為黏滯力而逐漸衰減，因此氣體質點做規則性運動，此時氣體的流動形態為層流（Laminar flow）；反之，如果氣體的雷諾數較大時，慣性力對氣體流場的影響大於黏滯力，氣體質點的運動呈現不規則性的擾動，此時氣體的流動形態為湍流（Turbulent flow）。實驗與研究均已證實，如果氣體的雷諾數高於某一個數值時，流動形態開始由層流轉換成湍流，該數值稱為臨界雷諾數（Critical Reynolds number），用符號 Re_c 表示，當氣體的雷諾數低於臨界雷諾數時，則氣體的流動形態可直接判定為層流。研究中發現，飛行器在湍流中飛行時，其受到的飛行阻力要比層流的大，因此在飛行器的設計過程中，應該盡量使流經飛行器表面的氣流保持在層流狀態。

五、國際標準大氣

飛行環境中的關鍵參數，如壓力、溫度和密度，在大氣層內會因飛機的地理位置、季節變化以及飛行高度的不同而產生變化，進而影響飛機的空氣動力學特性。例如，同一架飛機在不同的地理位置進行試飛時，可能會展現出不同的飛行性能。即使在同一地區，不同季節或時間的試飛也可能導致性能資料的差異。為了確保飛機性能資料的標準化和可比性，國際民航組織（ICAO）制定出「國際標準大氣」，作為評估和統一這些性能資料的參考基準。

（一）定義

國際標準大氣，簡稱為 ISA，是一個人為且固定不變的規定不變的大氣環境，作為計算和試驗飛機的統一標準。它是以北半球中緯度地區（北緯 35°~60°）大氣物理特性的平均值為依據，並加以適當修正而建立。

（二）內容

國際標準大氣的內容大致可以分成 3 個部分。

1.大氣被當成理想氣體。在國際標準大氣的制訂內容中，大氣層內氣體被當成靜止、相對溼度為零以及完全潔淨的理想氣體（Ideal gas 或 Perfect gas）。也就是假設氣體的狀態行為必須滿足理想氣體的狀態方程式 $P=\rho RT$。在式中，P 為絕對大氣壓力，ρ 為大氣密度，T 為絕對大氣溫度，R 為空氣的氣體常數，其值為 $R=287m^2/(sec^2K)$。

2.以海平面為基準。國際標準大氣的制訂內容是以海平面的高度為基準高度，也就是規定海平面的高度為零，並將海平面氣溫定為 T=15 ℃ =288.15 K、壓力為 P=1atm=101325 Pa 或 760 mmHg、密度為 $\rho=1.225kg/m^3$；音速是 a=341m/s。

3.對流層的溫度垂直向上遞減而同溫層的溫度保持不變。在國際標準大氣的制訂內容中，對流層的區域範圍內，溫度以遞減率 α=-0.0065K/m=-0.003560R/ft 逐漸地垂直向上遞減，而在同溫層的區域範圍內，大氣的溫度保持不變。

（三）大氣性質與高度之間的關係計算公式

根據國際標準大氣的規定內容，可以利用積分的方法求出大氣層內對流層與同溫層的壓力 P、溫度 T 與密度 ρ 隨著高度 h 變化關係式，如表 3-1 所示。

表 3-1：標準大氣計算公式一覽表

	溫度	壓力	密度
對流層（0~11km）	$T=T_1+\alpha(h-h_1)$ $\alpha=-0.0065\ \ K/m$	$\frac{P}{P_1}=\left(\frac{T}{T_1}\right)^{-\frac{g_0}{\alpha R}}$	$\frac{\rho}{\rho_1}=\left(\frac{T}{T_1}\right)^{-(\frac{g_0}{\alpha R}+1)}$
同溫層（11~25km）	T=constant	$\frac{P}{P_1}=e^{-\frac{g_0}{RT}(h-h_1)}$	$\frac{\rho}{\rho_1}=e^{-\frac{g_0}{RT}(h-h_1)}$

（四）應用

國際標準大氣的確立為飛機飛行環境、空氣動力學特性和飛行性能的研究提供了統一的參考依據，使得相關工作者能夠依據統一的標準進行調校和修正。所有飛機製造商所提供的性能資料、圖表以及飛行手冊中列出的飛行資料，均基於國際標準大氣進行計算。此外，飛機的測量儀表也是以標準大氣條件作為校準的基準。因此，飛機設計時應將國際標準大氣作為參考標準，以確定飛行性能。試飛結果也應轉換為標準大氣條件下的資料，以便在統一的標準下進行分析、比較和標準化。在實際飛行中，飛機必須根據實際大氣條件與國際標準大氣之間的差異，對飛機儀表和飛行性能進行校準（Calibration）與修正。

六、飛機的飛行高度

飛機的飛行高度是指飛機在空中相對於某一基準水平面的垂直距離。根據所採用的測量標準，飛行高度可以劃分為幾何高度和氣壓高度兩種類型。幾何高度以當地海平面作為測量基準，而氣壓高度則是以標準大氣壓下的海平面作為測量基準。如圖 3-5 所示。

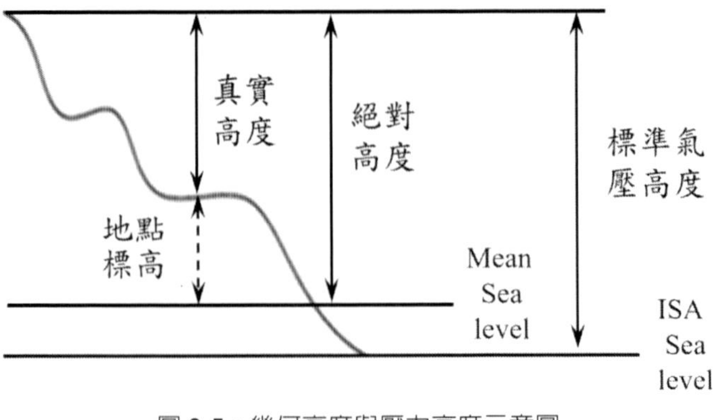

圖 3-5：幾何高度與壓力高度示意圖

（一）幾何高度

幾何高度是用標準的長度單位度量出來的高度，可以分成絕對高度、相對高度和真實高度三種類型。在航空上，認為飛機到平均海平面的垂直距離為絕對高度；飛機到某機場平面的垂直距離為相對高度；飛機到正下方的地點平面的垂直距離為真實高度。其概念如圖 3-6 所示。

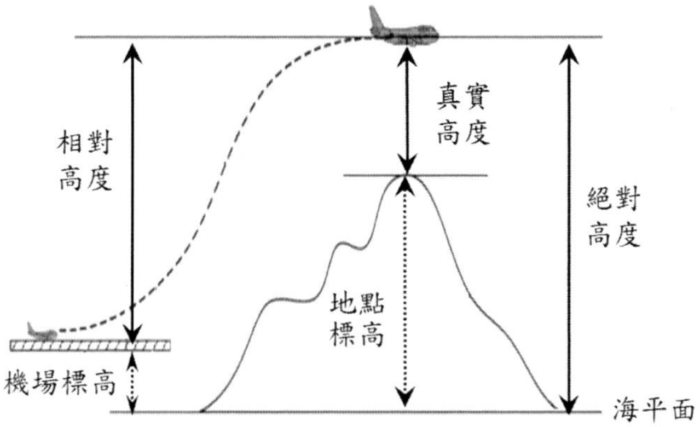

圖 3-6：幾何高度類型的示意圖

從圖 3-6 中可知，絕對高度、相對高度和真實高度的關係可用計算式表示為：

相對高度=絕對高度－機場標高。

真實高度=絕對高度－地點標高。

（二）氣壓高度

氣壓高度是通過實際測量壓力表讀數，並根據國際標準大氣（ISA）中壓力與高度的對應關係計算而得出的高度。飛機的性能手冊和圖表通常以氣壓高度及 ISA 偏差的形式提供資訊，這些測量高度可以分為標準氣壓高度（QNE）、修正海壓高度（QNH）和場面氣壓高度（QFE）三種類型。其概念如圖 3-7 所示。

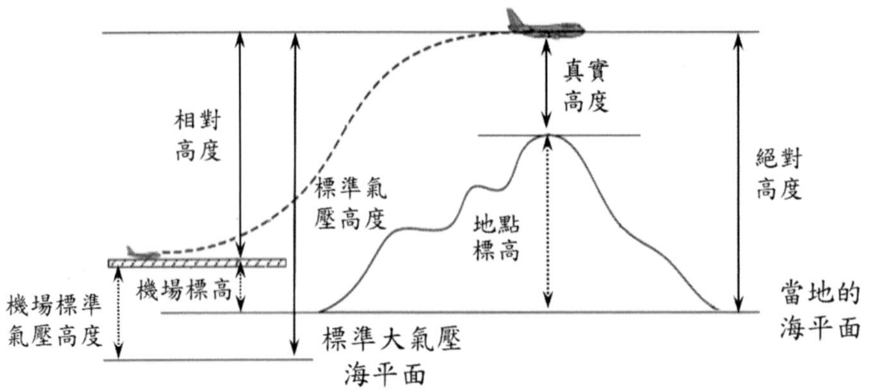

圖 3-7：壓力高度的示意圖

1.標準氣壓高度（QNE）：標準氣壓高度（Query Normal Elevation）是指飛機相對於國際標準大氣壓力基準面的垂直距離。為了確保空中飛行的飛機具有統一的高度標準，避免因高度基準不同而引發的垂直間隔問題，民航飛機在航線上飛行和軍用飛機在進行轉場飛行時，都會使用標準氣壓高度，以防止飛機相撞。

2.修正海壓高度（QNH）：修正海壓高度（Query Normal Height）是基於當地實際海平面氣壓的高度基準，表示飛機在海平面上方的實際海拔高度。在進行爬升和下降階段，飛機需要知道真實的相對高度。

3.場面氣壓高度（QFE）：場面氣壓高度（Query Field Elevation）是以機場當地海拔高度為基準面，表示飛機高度表上的讀數，即飛機相對於機場上空的相對高度。場面氣壓高度的計算公式為：場面氣壓高度＝修正海壓高度－機場標高。在飛機起飛和著陸時，必須準確知道飛機對機場的相對高度，以確保高度表能夠指示出與機場地面及地面障礙物之間的垂直距離。

七、航空氣象對飛航安全的影響

現代民航飛機具備全天候飛行的能力，然而，出於對飛行安全的嚴格考慮，飛航管理部門通常會限制飛機在極端或不理想的天氣條件下進行飛行，這意味著飛機的飛行在一定程度上仍然受到天氣狀況的影響。除此之外，大氣溼度、溫度以及大氣中的汙染物等因素，都會直接影響機體表面是否形成電解質層，以及該層的具體成分和濃度，這些因素都有可能對飛行的安全性產生影響。

（一）大氣狀態對飛行的影響

大氣物理狀態的主要參數包括氣溫、氣壓和大氣密度。

1.氣溫對飛行的主要影響：氣溫對飛機的載重能力和起飛、降落過程中的滑跑距離有著顯著的影響。氣溫上升會導致空氣密度降低，進而減少飛機產生的升力，這意味著起飛所需的滑跑距離會增加。在某些特定天氣條件下，如果跑道的長度無法滿足飛機正常載重量所需，就必須降低飛機的載重，以確保安全起飛和著陸。

2.氣壓對飛行的主要影響：大氣壓力與溫度共同決定了空氣的密度。在其他條件不變的情況下，大氣壓力下降，空氣密度也會隨之減小，進而減少飛機產生的升力。相反，大氣壓力升高，升力也會相應增大。因此，海拔較高的機場由於平均氣壓較低，需要設計更長的跑道以滿足飛機的起飛需求。而在低海拔地區的機場，跑道長度則可以相對較短。此外，由於不同地區的大氣條件存在差異，飛機上的高度表讀數需要進行適當調整，以確保顯示的是實際高度。因此，飛機的準確著陸和高層飛行都離不開場壓和標準大氣壓的準確測量（包括標準氣壓高度和場面氣壓高度）。

3.大氣密度對飛機飛行的影響：實證研究和理論分析均表明，飛機的起飛距離會隨著大氣密度的降低而相應增加。因此，在機場設計中，高海拔地區的機場通常需要配備更長的跑道，以滿足飛機起飛的需求。此外，值得注意的是，在相同的高度上，大氣密度會隨著溫度的升高而降低。因此，在不考慮風向的情況下，同一機場在夏季起飛時所需的跑道長度通常會比冬季長。

4.大氣溼度對飛機飛行的影響

（1）大氣溼度的定義：空氣具有吸收水分的特性，溼度是描述大氣潮溼程度的指標，它反映了大氣中水蒸氣的含量。大氣溼度的度量可以從三個維度來表示：含溼量、絕對溼度和相對溼度。含溼量表示大氣的空氣（溼空氣）中水蒸氣的品質與乾燥空氣

（乾空氣）品質的比值；絕對溼度表示每立方米的大氣空氣（溼空氣）中包含的水蒸氣的品質；相對溼度表示大氣空氣中的絕對溼度與相同溫度和氣壓下的飽和絕對溼度的比值，以百分比表示。在航空領域，通常用相對溼度來表示大氣溼度。當相對溼度達到 100%時，表明大氣中的水蒸氣已經達到最大限度，此時水蒸氣開始凝結，導致雲、霧、雨、雪等氣象現象的形成，此時的空氣溫度稱為露點溫度。

（2） 溼度對飛行的影響：含有水蒸氣的空氣密度會比乾燥空氣小，所以溼度越高，意味著空氣中的水蒸氣越豐富，大氣空氣的密度也就越小，這會相應地影響飛機的空氣動力學特性和推力輸出，進而影響飛機的起飛性能。在潮溼條件下起飛時，飛機通常需要更長的跑道長度，以補償因溼度增加而造成的空氣動力學性能下降。

（二）風對飛行的影響

大氣中的氣流運動稱為風（Wind），而風的速度則稱為風速（Wind speed）。根據風的作用持續時間長短，我們可以將風大致分為陣風和穩定風兩種類型。

1.陣風對飛機飛行的影響

（1） 陣風的定義：在飛機的飛行環境中，大氣層內短時間內發生的強烈空氣對流形成的擾動稱為陣風。當陣風從前方或後方與飛機的飛行方向平行吹來時，我們稱之為水平陣風；若陣風從側面吹來，則稱為側向陣風；而當陣風從垂直方向向上或向下吹來時，它被稱為垂直陣風。陣風可能會在短時間內顯著改變飛機的飛行速度和攻角，進而影響飛機所受的空氣動力，導致飛機出現顛簸，並承受額外的氣動力負荷。

（2） 陣風對飛行的影響：水平陣風只改變來流的速度，陣風速度不是很大時對飛機的飛行影響較小。側向陣風會破壞飛機側向氣動力的平衡，導致飛機側滑，造成飛機左右搖晃。一般而言，除了起飛與下降過程外，側向陣風對飛機的飛行影響不大，而垂直陣風不但改變飛機的速度，還影響飛行攻角。對於小速度大攻角的飛行而言，如果遇到速度較大的垂直向上的陣風，飛機的飛行攻角可能瞬間增大到臨界攻角，造成失速（Stall），如圖 3-8 所示。

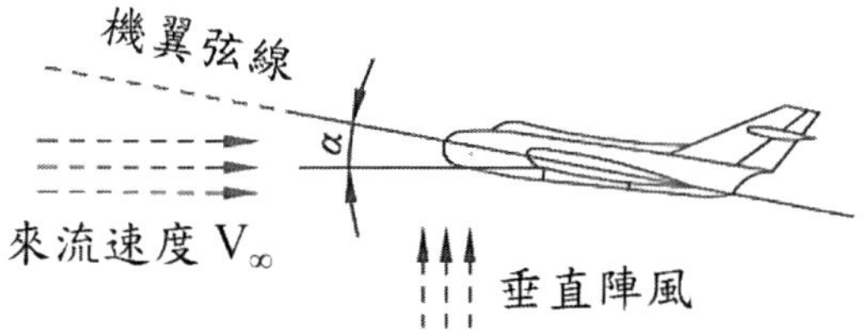

圖 3-8：垂直陣風對飛行攻角影響的示意圖

綜觀上述內容，我們可以得出結論：在風速相同的情況下，垂直陣風對飛行的影響普遍大於水平陣風。

2.穩定的風場對飛機飛行的影響：持續時間較長的穩定風場對飛機的起飛著陸與航時均有很大的影響。

（1） 順逆風向對飛機起飛和著陸的影響：飛機起飛和著陸時，風向的影響主要體現在起飛滑跑距離和著陸滑跑距離上。

①順逆風的定義：如圖 3-9 所示，順風（Downwind）指的是風的方向與飛機的行進方向一致，而逆風（Upwind）則是指風的方向與飛機的行進方向相反。在飛機的起飛和著陸過程中，如果沿著跑道的方向有風，一般應該選擇逆風條件。

圖 3-9：順、逆風定義的示意圖

②逆風起飛和著陸的用意：從相對運動原理可以發現：飛機順風時，相對氣流的速度與風的速度呈抵消關係，相對風的速

度減小，如圖 3-10(a)所示。反之，如果在逆風的情況下，來流的速度與風的速度呈疊加關係，相對風的速度增加，如圖 3-10(b)所示。起飛時採用逆風可以縮短飛機所需的滑跑距離，同時達到必要的空速，從而獲取必要的升力，這就是常言中的「逆風高飛」。反之，飛機在逆風條件下著陸，能夠增加空氣阻力，有效縮短著陸滑跑的距離。

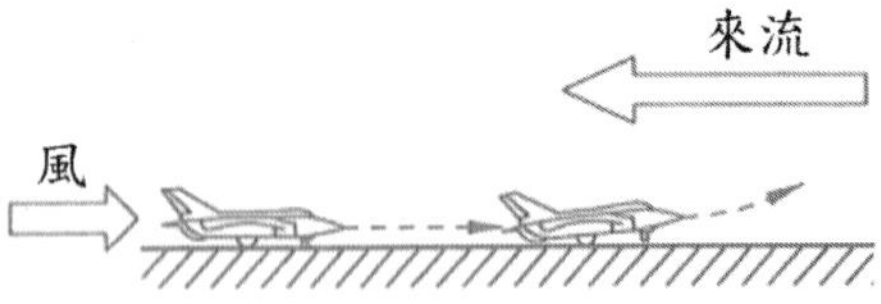

圖 3-10：順、逆風時相對氣流速度變化的示意圖

（2） 順逆風飛行對航時的影響：順風和逆風對高空飛行的航班有著顯著的影響，尤其是在燃油消耗和商務載重方面的調整。順風飛行時，飛機的地速是風速與來流速度之和；而在逆風飛行時，地速則是風速從來流速度中減去。因此，逆風飛行從一點到另一點的航時會更長，這意味著需要更多的燃油。相應地，為了補償燃油的增加，商務載重必須減少，這可能會降低整體的成本效益。

（3） 側風時對飛機起飛和著陸的影響：在起飛或著陸時，側風會使飛機產生漂移，偏離跑道或機體產生傾斜，危及飛行安全，如圖 3-11 所示。

圖 3-11：側風時對起飛和著陸影響的示意圖

飛機在起飛和飛行過程中，通常通過調整航向來進行修正。而在著陸進近階段，側滑技術則被用來進行修正。當執行側滑著陸時，飛行員需要同時操作副翼和方向舵來防止飛機發生偏移。具體來說，飛行員會使用方向舵將飛機的飛行方向對準跑道，同時通過副翼來保持飛機在跑道中心線上，直到飛機完全降落。通常情況下，大型飛機對側風的變動影響較小，但它們對變化的反應速度較慢；相反，輕型飛機對側風的變動較為敏感，但它們對變化的反應速度較快。

3.低空風切對飛行造成的影響：風切變，這一大氣現象，指的是風速在水平和垂直方向上的急劇變動。在航空領域，低空風切變被普遍認為是最具威脅的因素，因為它不僅可能導致飛機航跡的偏移，甚至可能使飛機失穩。如圖 3-12 所示，低空風切（Low altitude wind shear）是指離地約 500m 高度以下風速在水平和垂直方向的突然變化，致使飛機的姿態和高度發生突然變化。飛機在低高度飛行時，這種影響可能帶來災難性的後果，因此，它是飛機起飛和著陸階段的一個重要風險因素。

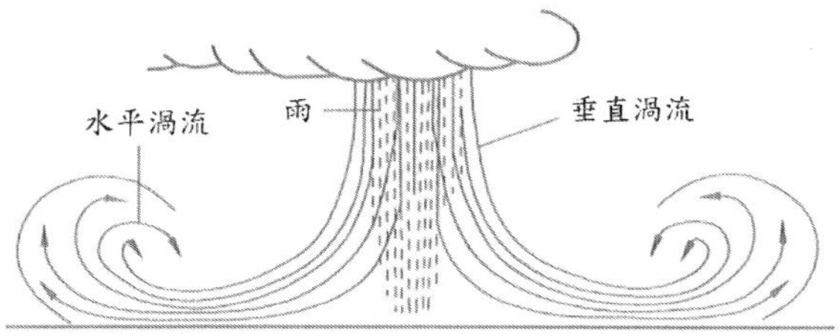

圖 3-12：低空風切的外觀示意圖

強烈的低空風切變對起飛與著陸的飛機危害極大，飛機在起降時會因為低空風切變在水平和垂直方向的氣流改變，導致飛機相對氣流速度與攻角的改變，從而會造成飛機操作上的困難，甚至引發空難事件，如圖 3-13 所示。

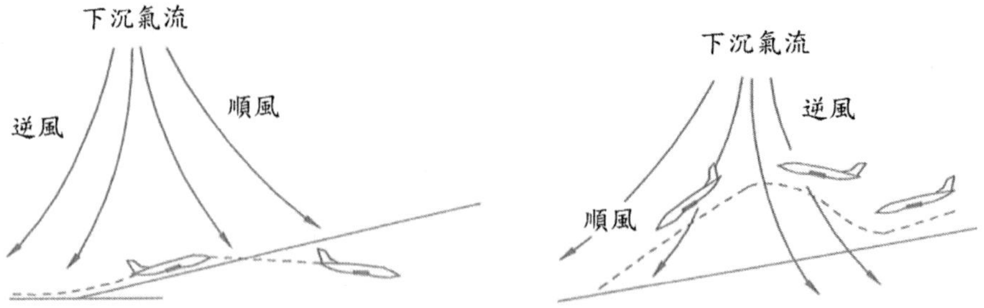

圖 3-13：低空風切對飛機起降影響

4.晴空亂流對飛行造成的影響：在距離地面約 11 至 15 公里的高空，對流層頂部的氣溫和風向風速的劇變，會導致飛機受到來自上下方的劇烈垂直氣流的影響，使得飛機機身產生顛簸，給乘客帶來不適感和暈機反應。這一區域常常出現強烈的風切變，是晴空亂流頻發的地帶。由於這些亂流發生在晴朗無雲的天空，因此被稱為晴空亂流（Clear-air turbulence）。晴空亂流之所以難以預防和規避，是因為其產生沒有明顯的先兆，且在晴朗的天氣條件下，沒有微小顆粒供氣象雷達探測。因此，飛行員在起飛前必須仔細研究氣象專家提供的圖表資料，以瞭解亂流的大致位置和高度，並盡可能避開這些區域。在必要時，飛行員還需調整飛行高度，以確保飛行的平穩與安全。

（三）雲層對飛機飛行造成的影響

雲層若是過於低矮，會妨礙飛行員遵循標準程序進行目視著陸。在穿越雲層時，如果飛行員未能及時進行目測調整或未能精確判斷，可能會導致飛機無法正確對準跑道進行著陸。此外，隨著溫度的降低，雲層中的水蒸氣可能達到飽和並形成積雨雲，進而引發閃電、雷鳴等天氣現象。在穿雲過程中，飛機還可能遇到積冰的情況。積冰可能會損害飛機的氣動特性，導致穩定性和操控性下降，同時可能影響發動機的正常工作或導致飛行儀表故障，這些情況均可能對飛行安全構成威脅。

（四）降水對飛行活動造成的影響

降水是指雲霧中的水滴或冰晶落到地面的自然現象，包括雨、雪、冰雹等。在飛機的起飛和著陸階段，降水會改變道面的摩擦係數，進而影響滑行距離。根據跑道的乾燥程度和降水量，跑道狀態可分為乾跑道、溼跑道和汙染跑道三種。此外，根據汙染物對飛行性能的不同影響，跑道上的汙染物被分為硬質汙染物和軟質（液態）汙染物兩類。

1.跑道的類型

（1）乾跑道（Dry runway）：乾跑道是指適合飛機正常起飛和著陸的跑道，其表面在飛機所需的起降距離和寬度範圍內沒有汙染物，或者僅有難以察覺的潮溼跡象。此外，那些經過鋪設或施工，具備溝槽或多孔摩擦材料處理的跑道，即使在潮溼條件下也能保持良好的剎車效應，因此也被視為乾跑道。

（2）溼跑道（Wet runway）：溼跑道定義為表面覆蓋著不超過 3 毫米厚度水層，或者等效厚度不超過 3 毫米的融化雪、溼雪、乾雪，以及表面僅存在溼氣而沒有積水的跑道。

（3）汙染跑道（Contaminated runway）：這是指在飛機起降所需的距離內，表面可用的長乘寬區域超過 25%的部分存在深度超過 3 mm 的積水，或者等效厚度超過 3 mm 的融雪、溼雪、乾雪，以及被壓實雪或冰等汙染物覆蓋的跑道。若跑道的重要區域，如起飛滑跑的高速段、起飛抬輪或離地段的表面被這些汙染物所覆蓋，該跑道同樣被視為汙染跑道。

2.跑道汙染物的種類及其影響：當跑道因降水過多或排水系統不暢而積水時，飛機輪胎與道面之間會形成一層微薄的水膜，導致摩擦力大幅降低，進而增加飛機著陸所需的滑跑距離，引發所謂的「滑水（Water skiing）」現象。在結冰跑道上，不僅摩擦係數減小，而且控制方向也更為困難；積雪跑道則會導致飛機無法起飛或著陸。根據道面條件，這些汙染物可分為硬質和軟質（液態）兩類。硬質汙染物，如壓實雪或冰，僅影響飛機的減速能力，而對加速能力無影響。軟質（液態）汙染物，如融雪、超過 3 mm 厚的積水、溼雪和乾雪，則會同時影響飛機的加速和減速能力。當積水深度或等效厚度的融雪、溼雪和乾雪等汙染物超過 13mm 時，飛機將無法起降。統計顯示，近年來，起降階段的事故主要類型是飛機衝出跑道，而這些事故大多數發生在溼跑道或汙染跑道上著陸時，幾乎每次衝出跑道事故都與跑道積水和汙染物密切相關。因此，跑道積水和汙染物問題被視為飛行安全研究與改進的關鍵項目之一。

（五）濃霧和低能見度對飛行活動的影響

能見度是指正常視力的人能夠清晰看到的最遠距離。對於飛行員而言，最關鍵的是著陸能見度，即飛機在降落過程中飛行員能夠看到跑道的最遠距離。雖然影響能見度的因素眾多，但主要受大氣透明度（如雲、霧、煙、沙塵和水滴等）和夜間燈光亮度的影響。為確保飛行安全，飛行員在所有天氣條件下都必須能夠清晰看到跑道。由於濃霧會減少人眼可見的距離，因此機場和飛機配備了先進的導航設備以輔助起降，同時由航空氣象部門提供低能見度的資料。如果能見度低於起降標準，機場將暫時關閉。待濃霧散去，能見度恢復，機場將重新開放，以保障航空安全。

（六）飛機積冰對飛行的影響

當飛機穿越冷卻的雲層或遇到雲雨地帶時，機翼、尾翼、螺旋槳或其他部位容易累積冰晶。特別是在 0°C 至 9.4°C 的低溫高空飛行時，飛機表面結冰的情況尤為嚴重。飛機結冰會導致整體重量的增加；而機翼與尾翼積冰可能造成飛機的氣動性能變壞、穩定性和操縱性變差。此外，螺旋槳或噴氣發動機的進氣口積冰可能會導致動力系統失效，而飛機的剎車和起落架結冰也可能損害其正常運作。儀表和天線積冰還可能引起測量信號的失真。儘管現代飛機配備了加溫系統來應對這些問題，但仍然需要儘量避免飛越結冰區域，以防加溫系統反應不及導致的瞬間結冰，從而潛在地威脅飛行安全。

（七）大氣條件對飛機腐蝕的影響

實踐和研究表明，大氣中的溼度、溫度以及有害物質對飛機機體的腐蝕有顯著影響。空氣中的 SO_2、HCl 氣體，以及粉塵和顆粒均會對飛機造成腐蝕。溫度和溫差會影響金屬腐蝕的速度，其中溫差的影響甚至超過了溫度本身。溫差不僅導致水分的凝結，還影響水膜中氣體和鹽類的溶解度。通常情況下，溫度升高會加速腐蝕過程。研究發現，大氣對不同金屬都有一個特定的臨界相對溼度值。當大氣相對溼度低於這個臨界值時，金屬腐蝕的速度非常緩慢；而當相對溼度超過這個臨界值時，會在金屬表面形成一層電解液膜，導致腐蝕類型從化學腐蝕轉變為電化學腐蝕，從而使腐蝕速度急劇加快。

八、跡線、流線和煙線

為了更清晰地闡述流體的運動情況，本節將引入跡線、煙線和流線的概念，這些概念的具體含義可通過圖 3-14 進行理解。

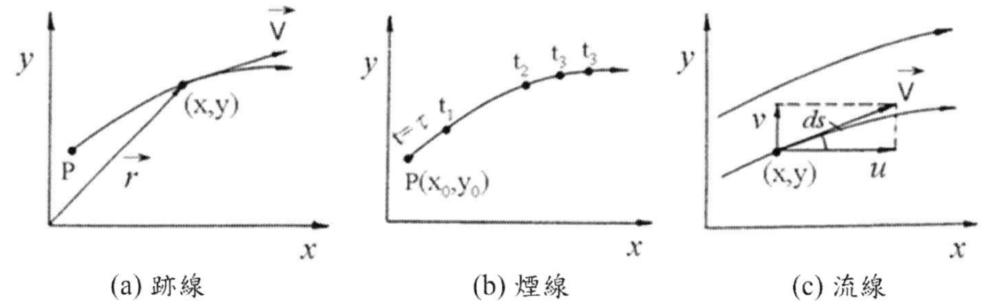

圖 3-14：跡線、煙線與流線的概念示意圖

（一）跡線的概念

跡線（path line）是指某個特定流體質點在流體運動過程中的具體軌跡，它忠實地記錄了該質點隨時間的推移所經歷的各個空間位置及其運動方向，如圖 3-14(a)中所示。

（二）煙線的含義

煙線（streakline）描述的是那些先後穿過某一固定點的流體質點形成的軌跡。以噴氣式飛機留下的尾跡為例，這些尾跡就是同一時刻內，從飛機噴嘴噴出的空氣分子形成的煙線，如圖 3-14(b)所示。

（三）流線的解釋

流線（stream line）定義為在任一給定時刻，與流體質點速度向量相切的點構成的軌跡，如圖 3-14(c)所示。流線清晰地描繪了流體在運動過程中的流動方向，因為在流線上的每一點，其速度向量都與流線本身相切，如圖 3-15 所示。

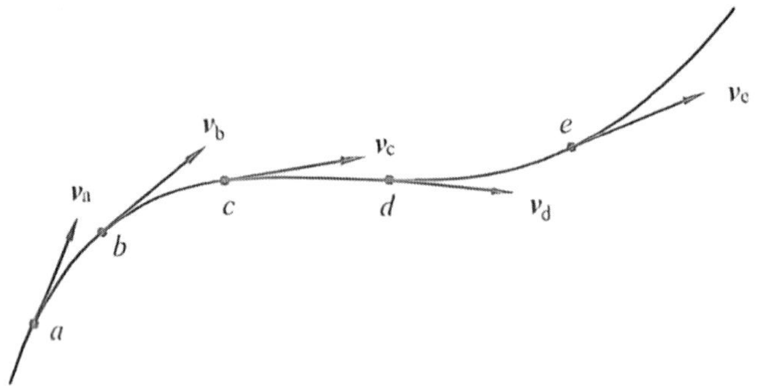

圖 3-15：流線與流速關係示意圖

流體的流線不僅直觀地展示了流體的運動方向，而且在流場中，流線的密度分布還能反映出流速的快慢：流線稀疏處流速較慢，而流線密集處流速則較快。值得強調的是，流線是隨時間變化而變化的，因此在不同的時間點，可以觀察到不同的流線。

（四）重合的時機

在非穩態流場中，流體速度隨時間而變化，導致不同時刻的流線有所區別，因此流線與質點的跡線不會完全重合。同樣，單個流體質點的跡線也不會與流場的煙線一致。通常情況下，非穩態流場中的流線、煙線和跡線是分離的。然而，在穩態流場中，由於流體速度是恒定的，不隨時間變化，所以流線、煙線和跡線三者會重合。

✈課後練習與思考

[1] 請問大型客機在平流層底處做巡航飛行的原因為何？

[2] 請問對流層和平流層的氣象特性為何？

[3] 請問絕對壓力和相對壓力的關係為何？

[4] 請問國際標準大氣的訂定原因和內容為何？

[5] 請簡單地繪出並說明三種幾何高度之間的關係為何？

[6] 請問跡線、流線與煙線在何種狀態下會重合？

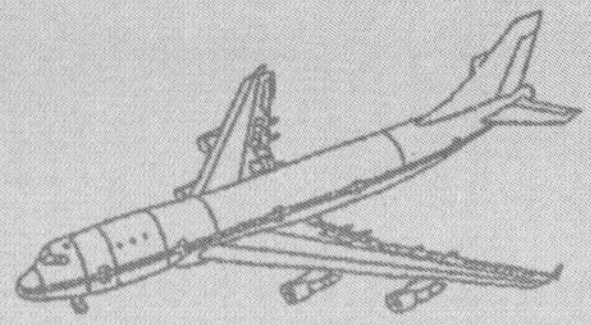

第四章

基本的空氣動力學

眾所周知，空氣動力學作為航空科技發展的基石，其重要性不言而喻。它不僅與飛機的創造和進步緊密相連，更是推動航空工業持續發展的核心動力。在傳統意義上，空氣動力學主要聚焦於飛行器的氣動力特性，但隨著科技的飛速進步，其應用範圍已經變得極為廣泛。由於空氣動力學在探究飛機飛行時的氣動力特性及性能方面發揮著至關重要的作用，因此，它被認為是研究飛行原理以及推動航空專業發展不可或缺的理論基礎。

一、基本概念介紹

（一）空氣動力學的涵義

空氣動力學是一門研究於氣體在靜止與運動狀態下，氣體流動場內的性質變化、運動規律，以及氣體與流動場中物體之間的相互作用力的工程科學。在工程實踐中，空氣動力學與氣體動力學這兩個名詞雖然常常混用，但需要注意的是，氣體動力學的研究並不限於空氣這一單一介質。例如，在發動機研究中，探討的氣體通常是燃料與空氣的混合物；而在飛機飛行原理的探討中，主要關注的是空氣這一介質。

（二）空氣動力的定義

飛機在飛行中受到重力（W）、推力（T）、升力（L）和阻力（D）等四種作用力的影響，如圖 4-1 所示。

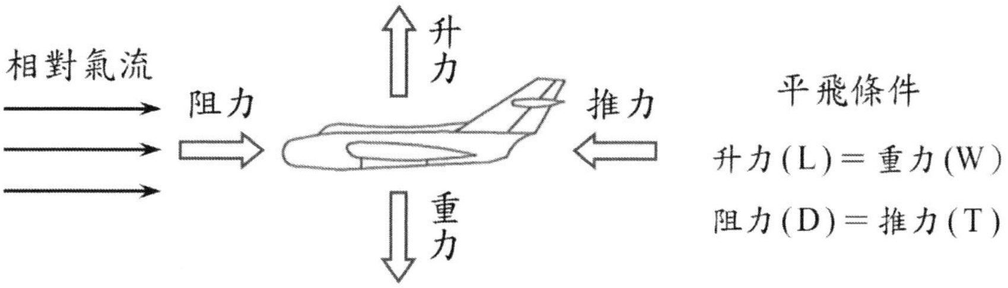

圖 4-1：飛機平飛時受力情況示意圖

在圖 4-1 中，重力是指由地球引力所引起的垂直向下的作用力；推力則是由飛機的動力裝置所產生的向前驅動力；升力主要是由飛機飛行時空氣流經機翼所產生用以支撐飛機重力的力量，而阻力則是指空氣阻止飛機前進的阻滯力。其中，升力與阻力又被合稱為飛機的空氣動力。

（三）相對運動原理

實驗與理論均證明，作用在飛機上的空氣動力取決於飛機和空氣之間的相對運動情況，而與所採用的參考座標無關，這就是相對運動原理的定義。換言之，飛機以速度 V_∞在無風的條件下飛行時，其受到的空氣動力與遠處的空氣以同樣速度 V_∞流過靜止飛機時所產生的空氣動力完全相同，此一相對於靜止飛機的運動氣流稱為相對氣流（Relative airflow），又稱為來流（Inflow），如圖 4-2 所示。

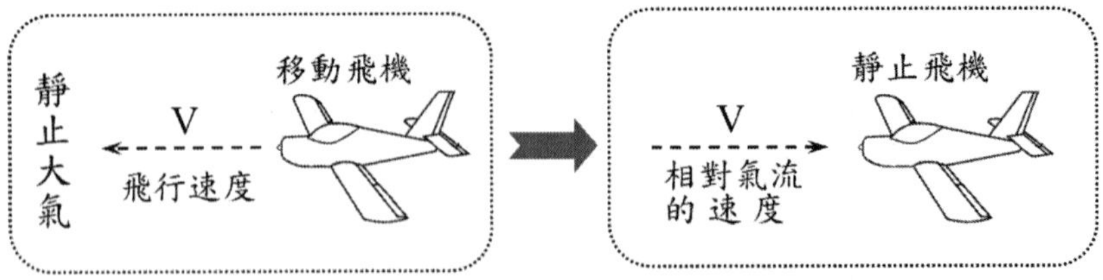

圖 4-2：相對氣流轉換的觀念示意圖

在航空領域，當探討氣體流動特性的變化規律時，通常先採用相對氣流的概念進行轉換後，隨後才對探討現象進行研究。

（四）攻角和側滑角

物體與空氣進行相對運動時，作用在物體上的力，稱為空氣動力，簡稱為氣動力，飛機飛行時所產生的升力與阻力就是空氣動力。為了描述飛機的氣動力狀態和特性，我們通常運用相對運動原理，並通過飛機與相對氣流之間的角度來進行表示，其中的角度即為攻角和側滑角。

1.攻角：如圖 4-3 所示，攻角（Attack angle）又稱為迎角（Incident angle），它是指飛機飛行時，機翼弦線與來流之間的夾角，用符號 α 表示，並以機翼弦線在來流的上方為正。

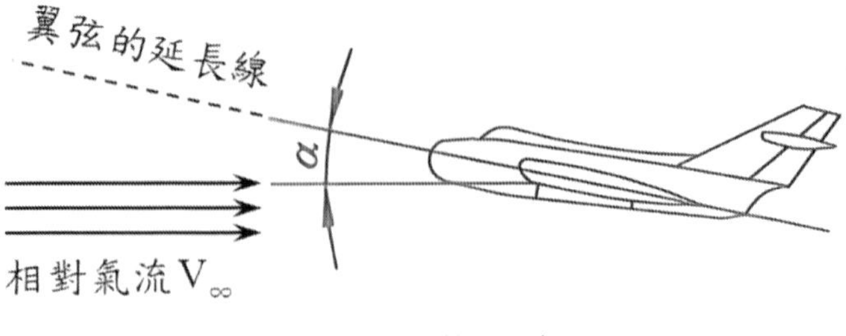

圖 4-3：攻角定義的示意圖

飛機飛行時攻角的改變會造成升力和阻力也隨之改變，且當飛機攻角超過一定範圍時，飛機的升力急速下降。此時，容易造成機毀人亡的慘劇，這種現象稱為飛機失速。

2.側滑角：如圖 4-4 所示，側滑角（Sideslip angle）是來流方向與飛機縱向對稱平面之間的夾角，用符號 β 表示，並以氣流從機身右側吹來為正。

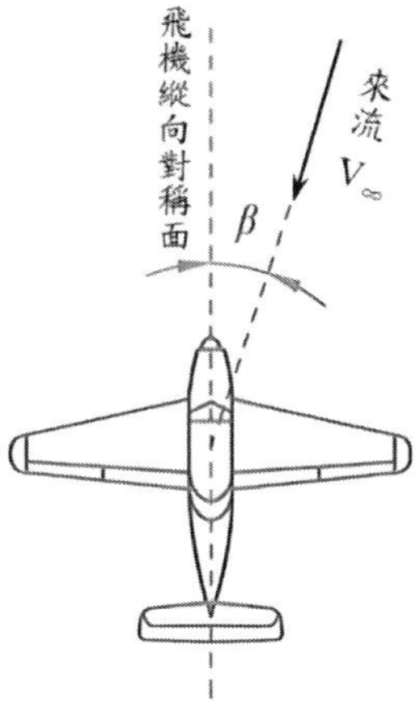

圖 4-4：側滑角定義的示意圖

飛行時有許多情形會造成飛機的航向突然改變，例如飛機受到突如其來的側風擾動，縱向對稱面與來流不再平行。如果來流從飛機縱向對稱面的右側前方吹來，我們稱之為右側滑；如果從左側前方吹來，稱為左側滑。在起飛與降落時產生的側滑會使飛機偏離跑道，危及飛行安全。

（五）音速與馬赫數

在航空領域的問題研究中，氣體的速度多用馬赫數來描述，也就是使用物體的運動速度或氣體的流速對音速的比值來表示氣體的流速與討論其相關物理現象。

1.音速的定義與計算：所謂音速是指聲音或弱擾動在氣體中傳播的速度，因為聲音的傳播過程可以視為是一個等熵過程，從理論推導中可以發現：音速$a=\sqrt{\frac{dP}{d\rho}}=\sqrt{\gamma RT}$，在公式中，γ 為等熵指數、R 為空氣的氣體常數與 T 為絕對溫度。從音速與溫度的關係計算式$a=\sqrt{\gamma RT}$中，可以推得：音速只與溫度有關，而與其他因素無關。當氣體的溫度越高，音速越快；反之，當氣體的溫度越低，音速也就越慢。在地球表面下方 10 至 11 公里的高度區間內（即對流層），隨著高度的增加，大氣溫度逐漸降低，因此音速也會相應地減緩。在航空領域，常用的兩個音速參考值是地表音速，大約為 340 米／秒，以及離地面 10 公里高度處的音速，這一高度通常是大型民用客機巡航的高度，對應的音速約為 300 米／秒。

2.馬赫數的定義：飛機飛行的速度通常用馬赫數（Mach number）來表示，馬赫數是飛行的速度與音速的比值，也就是 $M_a \equiv \frac{\text{空速}}{\text{音速}} = \frac{V}{a}$。式中，Ma 為馬赫數，V 為物體的運動速度或氣體的流速，a 為音速。

3.馬赫數與流場的分類：馬赫數是空氣動力學中一個很重要的參數，依據馬赫數的不同，可以將氣體流場分成不可壓縮流場、次音速流場、音速流場以及超音速流場四種形式。

（1） 不可壓縮流場：當流場中的氣體流速均小於 0.3 馬赫（Ma）時，氣體密度的變化可以忽略不計。因此，我們通常將氣體密度視為恒定值，即密度 ρ 為常數。在這種條件下，氣體的流動被稱為不可壓縮流（Incompressible flow），該流場即稱為不可壓縮流場（Incompressible flow field）。

（2） 次音速流場：當流場中的氣體流速介於 0.3 馬赫（Ma）和 1.0 馬赫（Ma）之間時，則該氣體的流動稱為次音速流（Subsonic flow），而該流場即稱為次音速流場（Subsonic flow field）。由於該流場內氣體的流速均大於 0.3 馬赫且小於當地的音速，我們不可以將流場內氣體密度變化忽略不計，通常使用理想氣體方程式 $P=\rho RT$ 來描述氣體流動性質的變化。一些學者也將不可壓縮流場歸類為次音速流場，即在次音速流場內，氣體流速在 0 到 1.0 馬赫之間。

（3） 音速流場：當流場內氣體流速均等於當地的音速時，則該氣體的流動稱為音速流（Sonic flow），該流場即稱為音速流場（Sonic flow field）。研究表明，當氣體的流速等於音速時，震波開始出現。因此，音速是氣體產生震波的臨界速度。當氣體流速達到或超過 1.0 馬赫時，我們必須考慮震波對氣流場的影響。

（4） 超音速流場：當流場內氣體流速超過當地音速時，則該氣體的流動稱為超音速流（Supersonic flow），該流場即稱為超音速流場（Supersonic flow field）。在超音速流場中，震波對氣體流動性質和流速有顯著影響，因此必須加以考慮。

飛機飛行時有飛行馬赫數和局部馬赫數的區別，前者是飛行速度與音速的比值，後者是相對氣流流經飛機表面局部的速度與音速的比值，由於飛行時的局部速度並不一定等於飛行速度，例如飛機飛行時，流過機翼表面各處的氣流速度就不等於飛行速度，因此，為了研究和分析的方便，需要對飛機的飛行速度範圍進行特定的劃分。

4.臨界馬赫數的概念：根據相對運動原理，當飛機以速度 V 飛行時，產生的空氣動力效應等於以同樣流速 V 的來流流過靜止飛機表面，來流流經機翼上表面的突起會造成流管收縮，從而導致局部氣流速度大於飛行速度，如圖 4-5 所示。

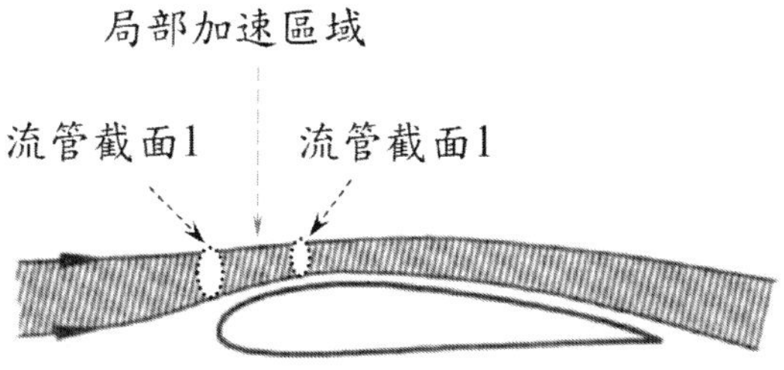

圖 4-5：飛機上翼面局部氣流加速的示意圖

由於局部氣流的加速性，次音速飛行時，流經機翼的氣流仍可能超過音速，且因為氣流上折的緣故而產生震波，所以我們定義當飛機的飛行速度導致流經飛機機翼上翼面的局部氣流到達音（聲）速時的馬赫數為臨界馬赫數（critical Mach number），用符號 Ma_{cr} 表示，如圖 4-6 所示。

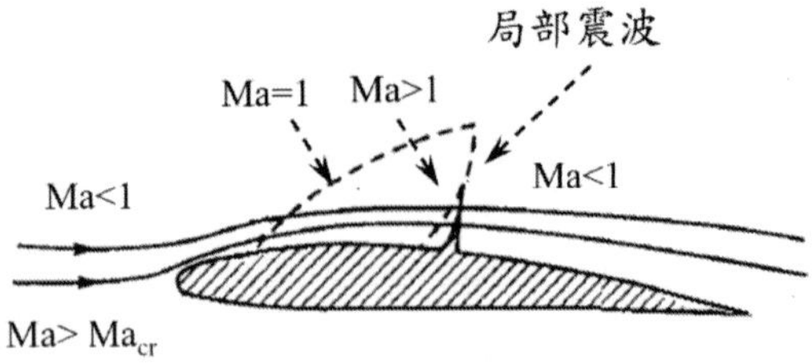

圖 4-6：機翼產生局部震波原理的示意圖

5.飛機飛行的速度區域：飛機的飛行速度區間是根據飛機周圍的氣流是否產生局部震波來劃分的，以便空氣動力學家能夠更便捷地研究飛機的空氣動力學特性。當飛機接近臨界馬赫數時，局部震波現象會出現。基於這一現象，飛機的飛行速度被分為三個主要區間：次音速流、穿音速流和超音速流。

（1） 次音速流的速度區間（$0<Ma<Ma_{cr}$）：當飛行速度小於臨界馬赫數 Ma_{cr} 時，流經飛機表面來流一定都小於音速，此區域為次音速流的速度區域（Subsonic velocity interval）。飛機在次音速流區域內飛行，流場不會有局部震波，不需要考慮音障與波阻問題。

（2） 穿音速流的速度區間（$Ma_{cr}<Ma<1.2$）：當飛行速度大於臨界馬赫數 Ma_{cr} 時，流經機翼的氣流就會產生局部震波，因此流場同時存在次音速氣流與超音速氣流，在飛行速度超過大約 1.2 馬赫（Ma）時，次音速氣流才會消失。因此我們稱 Ma_{cr} 到 1.2 速度範圍為穿音速流的速度區間（Transonic flow velocity interval）。因為流場混合的緣故，飛機在穿音速區間飛行時，機翼會產生劇烈的振動，曾經甚至發生過機毀人亡的慘劇。

（3） 超音速流的速度區間（$1.2<Ma_{cr}$）：當飛機的速度超過 1.2 馬赫（Ma）時，流過飛機表面的氣流均成為超音速流動。因此，我們將馬赫數大於 1.2 的速度範圍定義為超音速流的速度區間（Supersonic velocity interval）。在這種情況下，飛機周圍的流場完全由超音速流組成，不再包含次音速流區域。

（六）理想流體的假設

在探討飛行原理和空氣動力學時，針對那些速度很低（馬赫數 Ma＜0.3）的氣體流動問題，我們通常做出如下假設：氣體流動速度對密度的變化影響相對較小，而氣體黏性係數 μ 對流動的影響也相對微弱，因此，在氣體流動過程中，密度的變化和黏性的影響都可以被忽略。這種假設同時涵蓋了「不可壓縮流體」和「無黏性流體」的概念。

（七）等熵流動的假設

1.等熵流動的定義：等熵流動是指氣體流動過程同時符合「可逆過程」和「絕熱過程」的特性。為了深入理解等熵流動的概念，我們首先需要清楚地理解可逆過程與絕熱過程分別代表的意義。

2.可逆過程的定義：所謂可逆過程是指一個過程發生後，只要系統與外界環境都能夠通過任何方式，遵循能量守恆定律，完全恢復到過程開始前的狀態，則該過程就被稱為可逆過程。反之，則該過程就被稱為非可逆過程。

3.絕熱過程的定義：所謂絕熱過程是指一個過程進行時，系統與外界環境之間沒有熱量交換的發生。則該過程稱為絕熱過程。反之，則該過程稱為非絕熱過程。

4.等熵流動的特點：在等熵流動中，由於不存在能量損耗和熱功交換。根據假設，氣體在等熵流動過程中的總壓 P_t 和總溫 T_t 都保持不變，即它們是一個恒定的值。

5.等熵流動在工程上的應用：儘管在實際的氣體流動中，等熵過程是難以實現的，它僅僅是一個理論上的理想化模型。但在工程領域的計算中，這一假設仍被廣泛採用，因為它能顯著簡化問題分析的複雜度。所以對於要求高精度的工程計算中，例如航空發動機性能的類比，等熵過程的假設可能需要根據實際情況對計算公式進行調整，以確保結果與實際工作條件或所需計算精度相符。

（八）牛頓三大定律

1.牛頓第一運動定律：亦稱為慣性定律，闡述的是當一個物體受到的外力為零時，該物體的加速度也為零。換言之，當物體所受到的外力為零時，靜止的物體將保持靜止狀態，而運動的物體將維持其恆定的速度做等速直線運動。

2.牛頓第二運動定律：亦稱為作用力與加速度定律，表述為：若一個物體受到的不平衡的作用力，將導致物體產生一個與作用力同向且大小與作用力成正比的加速度。這一定律確立了質點加速度運動與其作用力之間的關係，也就是：$\vec{F}=m\vec{a}$。當物體所受合力為零時，根據牛頓第二定律，將得出與第一定律相同的結果：物體不產生加速度，因此其速度保持不變。

3.牛頓第三運動定律：亦稱為作用力與反作用力定律，其指出：兩個質點之間的作用力與反作用力，兩者大小相等、方向相反，並作用於同一直線上。

4.牛頓三大定律在航空界上的應用

（1）牛頓第一運動定律在航空領域的應用：如圖 4-7 所示，飛機在巡航時，受到升力、重力、阻力和推力四種力的作用。由於升力與重力相等，阻力與推力相等，飛機所受的外力合力也因此為零。根據牛頓第一運動定律，由於沒有外力的作用，飛機不會產生加速度，因此能夠維持恒定的速度飛行。

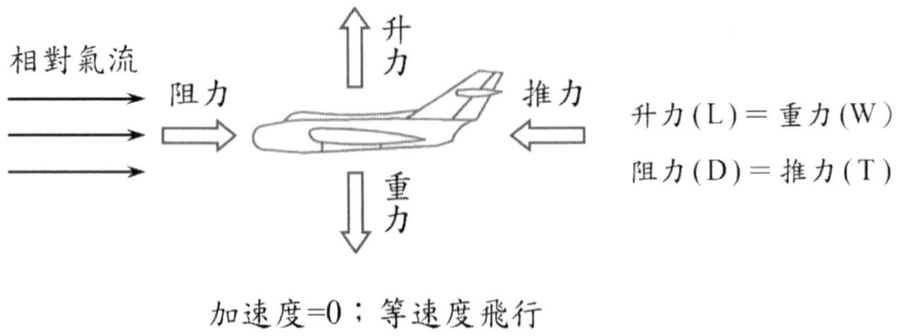

圖 4-7：飛機巡航時的受力示意圖

（2） 牛頓第二運動定律在航空領域的應用：如圖 4-8 所示，當飛機在滑行時，若推力超出阻力，飛機將受到一個向前的淨作用力。根據牛頓第二運動定律，這個不平衡的力將導致飛機加速前進。

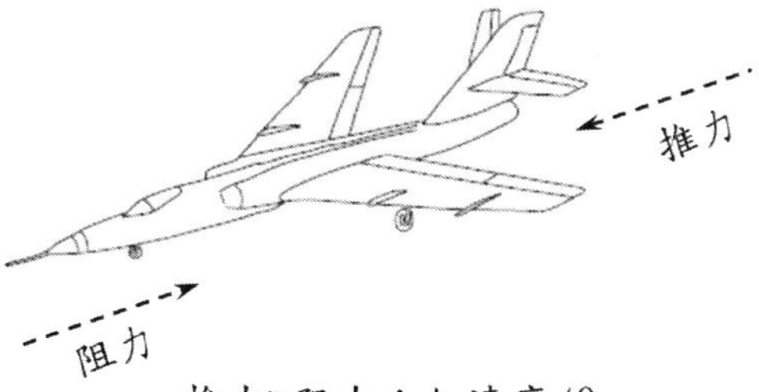

圖 4-8：飛機加速滑行時的受力示意圖

（3） 牛頓第三運動定律在航空領域的應用：如圖 4-9 所示，飛機的發動機向後噴射氣流，對空氣施加了一個向後的作用力。根據牛頓第三運動定律，空氣會對飛機產生一個大小相等、方向相反且在同一直線上的向前推力。這個推力是飛機前進的動力來源。

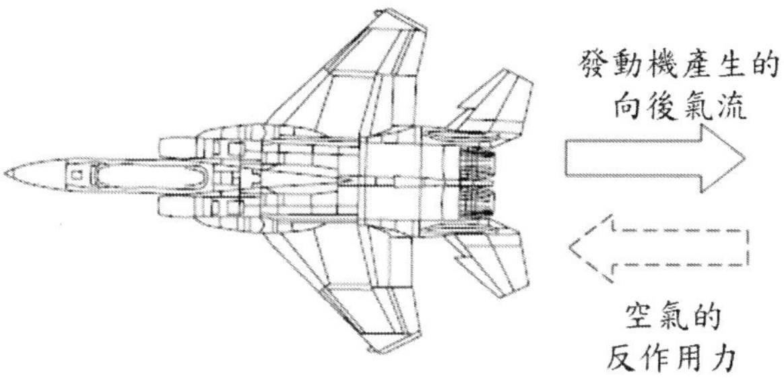

圖 4-9：飛機推力由來的示意圖

二、氣流的基本特性

（一）易流性

易流性是固體和流體（包括液體和氣體）間的最大不同，也是流體基本定義的起源。通常的情況下，在固體的彈性範圍內，當受到剪應力時，固體會產生一定限度的彈性變形以對抗剪應力。一旦剪應力消失，固體的變形部分或全部得以恢復。然而，對於液體和氣體來說，即使剪應力再小，它們也會產生連續性的永久變形，且剪應力移除後，它們無法回歸到原來的狀態，此一特性稱為流體的易流性。

（二）連續性

氣體的連續性是假設氣體是連續而沒有間隙的介質，也就是將氣體視為連續介質（Continuous medium）或者是連續體（Continuum）來看待。此一假設是建立在液體或氣體分子間的運動距離遠小於研究物體的特徵尺寸的基礎上，由於在探討飛行原理或空氣動力學時，通常並不去討論個別氣體分子的微觀行為，而是從宏觀角度去分析氣體流動的整體運動情況。因此，連續介質的概念得以適用。使用連續介質的好處是可以將流體流動性質與流速表示為位置和時間的函數，並且使用微積分的方法去處理流體靜止或流動時的性質變化。在實際應用和研究中，我們發現在超過離地 40 公里以上的高空或空氣過於稀薄的情況下，連續介質的假設將不適用。由於目前飛機的最大飛行高度通常不超過 40 公里，因此在研究飛機飛行時，通常會將航空大氣視為連續介質。然而，對於高空火箭和真空技術領域的研究，連續介質的概念則不再適用。

（三）壓縮性

氣體的壓縮性是指氣體受壓力、溫度和速度等因素作用時密度變化的影響程度。實驗和研究表明，對於液體或低速流動的氣體，也就是對於流速低於 0.3 馬赫的氣體而言，氣體的密度受流速影響所產生的變化通常可以被忽略，對於中高速流動的氣體，也就是流速高於 0.3 馬赫的氣體而言，氣體的密度受流速影響所產生的變化不可以被忽略，而且流速越高，這種影響就越劇烈。通常情況下，對於中高速流動的氣體，除非特別說明，否則會將氣體當做理想氣體處理。

（四）黏滯性

流體的黏滯性是指流體（包括液體和氣體）在流動或是物體在流場運動時，流體本身會產生一個阻滯流體流動或物體在流體中運動力量的特性。這一特性通常被簡稱為黏性，其中液體的黏性顯著高於氣體。在工程領域中，流體黏性通常通過動力黏度和運動黏度等參數來描述。通常情況下，液體的動力黏度（絕對黏度）會隨著溫度的升高而降低，而氣體的動力黏度則會隨著溫度的升高而增加，兩者黏度隨溫度變化的趨勢剛好相反。在工程研究中，除非有特殊需求或明確指出，流體通常被當做牛頓流體處理。

三、常用的基本方程

（一）流率守恆公式

流率守恆公式是根據流體在穩態一維流動狀態下的質量守恆定律推導而得。該定律在流體力學、熱力學以及低速空氣動力學領域中常用於計算管道出入口的質量流率、體積流率，以及系統或裝置在研究區域內的流體流速變化。

1.質量流率與體積流率的定義：所謂質量流率（mass flow rate）是指在單位時間內流過管道某一截面的流體的質量，用符號 $\dot{m}$ 表示，其公式定義為 $\dot{m} = \rho AV$ ，而其單位為 kg/s。所謂體積流率（volume flow rate）是指在單位時間內流過管道某一截面的流體的體積，用符號 Q 表示，其公式定義為 $Q=AV$，而其單位為 m^3/s。在定義公式中，ρ 為流體密度、A 為管道的截面積以及 V 為流體的平均流速。

2.流率守恆公式的物理定義與計算公式：流率守恆公式物理定義為

「流體在穩態流場中流進管道的質量流率總和等於流出管道的質量流率總和」。根據這一個定義，可以得到流率公式的計算方程為 $\sum \dot{m}_i = \sum \dot{m}_e$，在公式中，$\sum \dot{m}_i$ 是流進管道的總質量流率以及 $\sum \dot{m}_e$ 是流出管道的總質量流率。如圖 4-10 所示，$\dot{m}_1$ 為流入管道的質量流率，$\dot{m}_2$ 與 $\dot{m}_3$ 為流出管道的質量流率，根據流率守恆公式，$\dot{m}_1$、$\dot{m}_2$ 與 $\dot{m}_3$ 的關係為 $\dot{m}_1 = \dot{m}_2 + \dot{m}_3$。

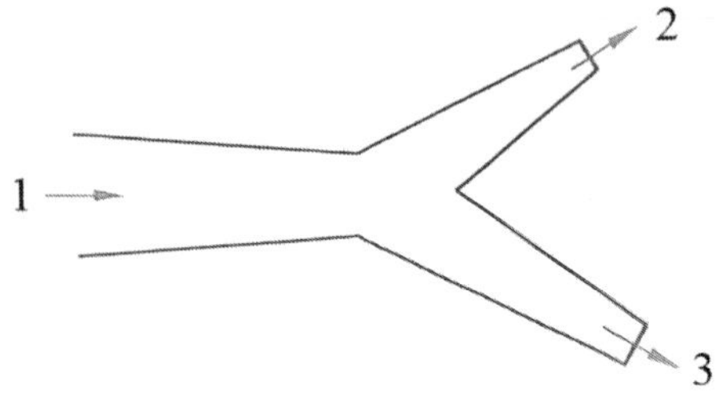

圖 4-10：分歧管路的示意圖

對於液體和馬赫數 Ma<0.3 的低速氣體流動問題，可以將密度變化忽略不計，因此可以將 $\dot{m}_1 = \dot{m}_2 + \dot{m}_3$ 的關係式簡化為 $Q_1=Q_2+Q_3$，其中 Q_1 為流入管道的體積流率，Q_2、Q_3 為流出流出管道的體積流率。根據前面的結果，可以做進一步的推導：在低速流動條件下，同一流管的流動，如果只有單一的進口與出口，則流體流過任意截面的體積流率都相同，也就是 $Q＝A\ V＝constant$。因此，對於低速流動的流體，流體的流速與截面面積成反比，如圖 4-11 所示。

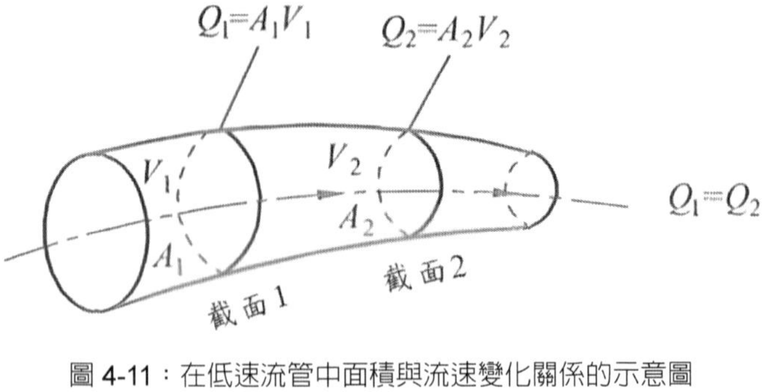

圖 4-11：在低速流管中面積與流速變化關係的示意圖

（二）伯努利原理

在日常生活中，我們常見到流體速度變化時，其壓力也隨之變化。比如，當我們向兩張平鋪的紙片中間吹氣，紙片並不會相互推開，反而會靠得更近；同樣，兩艘平行行駛的船隻在水中也會逐漸靠近。從這些現象可以看出，流場的壓力隨著流體流速的改變而發生變化。在研究液體或低速氣體的流動問題時，經常使用伯努利方程式計算流體壓力與速度變化的關係。

1.使用條件：伯努利方程式（Bernoulli equation）是流體力學和空氣動力學中能量守恆原理的具體體現，它的形式簡單，意義明確，在工程領域得到了廣泛的應用。該方程適用於處於穩態、不可壓縮、無熱交換和無功交換的流場，且假設流體為無黏性。在低速流動的情況下，利用伯努利方程分析壓力與速度的變化，其預測結果與實際測量的差異通常很小，可以被忽略。然而，當處理高速氣流，即速度超過 0.3 馬赫的情況時，使用伯努利方程所預測的壓力與速度變化與實際測量值之間的差異變得顯著，且隨著流速的增加而增大。因此，對於高速氣流、黏性流體或對精度要求極高的工程問題，必須對伯努利方程進行適當的修正。

2.公式介紹：伯努利方程式是假設在流體的流速非常小，以致不考慮流體流動所造成的密度變化與能量損耗。在此情況下，流場內流體壓力與速度的變化變化關係會滿足 $P_1 + \frac{1}{2}\rho V_1^2 = P_2 + \frac{1}{2}\rho V_2^2 = \text{constant}$ 或 $P + \frac{1}{2}\rho V^2 = P_t$ 的關係式，在公式中，P_1、P_2 與 P 是流動流體在該點所承受的靜壓，ρ 為流體密度，V_1、V_2 與 V 是流動流體在該點的流速，而 P_t 則是流動流體的總壓。

3.靜壓、動壓與總壓的物理定義：要瞭解伯努利方程式的物理意義，首先必須瞭解方程式中各項的物理意義，也就是靜壓、動壓與總壓的物理定義。

（1） 靜壓的物理定義：在伯努利方程式 $P + \frac{1}{2}\rho V^2 = P_t$ 中，我們稱 P 為靜壓（static pressure），它是指流動流體的研究質點在流場中所承受到靜止流體的壓力。

（2） 動壓的物理定義：在伯努利方程式 $P+\frac{1}{2}\rho V^2=P_t$ 中，我們稱 $\frac{1}{2}\rho V^2$ 項為動壓（dynamic pressure），它是因為流體流動所產生的壓力，也就是因為流體流速所產生的壓力。

（3） 全壓的物理定義：在伯努利方程式 $P+\frac{1}{2}\rho V^2=P_t$ 中，我們稱 Pt 項我們稱之為全壓（total pressure），它是靜壓與動壓的總和。

所以伯努利方程式的物理意義是假設流體在穩態、不可壓縮與無黏性的低速流場內，靜壓與動壓的總和保持不變。因此流體在流速快的地方壓力小，而在流速慢的地方壓力大，這就是伯努利定理的基本內容。

4.空速計的設計原理：空速計（Airspeed indicator）是利用伯努利原理來測量飛機飛行速度的裝置，如圖 4-12 所示。其設計原理是利用空速管迎氣流的管口來收集氣流的總壓以及利用空速管周圍的一圈小孔來收集大氣的靜壓，總壓與靜壓間的差值，就是飛機飛行速度產生的動壓。

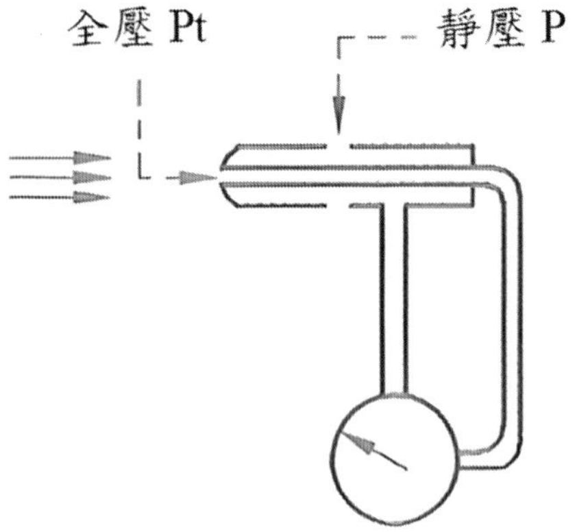

圖 4-12：空速計設計原理的示意圖

因此我們可以根據伯努利方程式 $P+\frac{1}{2}\rho V^2=P_t$，求得飛機飛行速度的計算公式 $V=\sqrt{\frac{2(P_t-P)}{\rho}}$。值得注意的是，空速計所用的速度計算公式是基於伯努利方程得出，這一計算結果會因流體流動的速度和黏性而與實際飛行速度存在偏差。這種誤差會隨著飛行速度的增加而逐漸變大。因此，當飛機高速飛行時，計算得出的飛行速度必須做進一步的修正，關於這一修正方法的具體介紹，將在本書後續章節中詳細闡述。

（三）理想氣體方程式

理想氣體（Ideal gas），亦稱為完全氣體（Perfect gas）。當氣體的流速高於 0.3 馬赫（Ma）時。除非有特別說明，氣體密度隨溫度變化的關係一般採用理想氣體方程式來表示，也就是將氣體的行為當成理想氣體處理。

1.定義：氣體的壓力 P、密度 ρ 與溫度 T 是主要的氣體狀態參數，三者之間互相影響。所謂理想氣體是假設氣體在高溫、低壓以及分子量非常小的情況下，氣體的壓力 P、密度 ρ 與溫度 T 的關係可以用理想氣體方程式（Ideal gas equation）來表示，即 P=ρRT。其中，R 為氣體常數，空氣的氣體常數 $R=287\ m^2/(s^2K)$。值得注意的是，氣體的壓力與溫度要用絕對壓力與絕對溫度。

2.類型：常用的理想氣體方程式有 $P = \rho RT$ 、$Pv = RT$ 以及 $PV = mRT$ 三種形式，這三種公式看起來似乎形式有所不同，其實只是密度（ρ）、比容（v）、體積（V）與質量（m）之間的定義關係轉換（$\rho = \frac{m}{V}$；$v = \frac{V}{m}$ 以及 $\rho = \frac{1}{v}$）而已，這三種形式的計算公式表達的物理意義是相同的。

3.適用條件：通常情況下，當氣體流速不超過 5 倍音速時，我們可以使用理想氣體方程式來研究氣體的壓力 P、密度 ρ 與溫度 T 之間的關係，將氣體的行為視作理想氣體進行處理。在這種情況下，理想氣體方程式的計算結果與實際氣體行為之間差異不大。然而，當氣體流速超過 5 馬赫時，就必須考慮到真實氣體的狀態，此時需要使用如凡德瓦方程等更精確的方程式來描述氣體的狀態。

（四）等熵過程

在探討氣體的弱擾動過程或分析高速氣體在管道中流動的問題時，我們常常將氣體狀態的變化假設為等熵過程，並應用理想氣體方程 **P=ρRT** 來計算。

1.定義：等熵過程（Isentropic process），亦稱可逆絕熱過程（Reversible adiabatic process），它是假設過程的進行時同時滿足可逆和絕熱這兩個條件。因此，等熵過程的定義可表述為：「在一個過程中，若系統與外界無熱量交換，並且過程結束後，系統與外界能夠通過能量守恆定律以任意方式恢復至初始狀態，則該過程稱為等熵過程。」

在等熵過程的假設條件下，假定工作過程中不存在能量損失且不發生熱功交換。對於高速氣流，這一假設意味著氣體的總壓 P_t 和總溫 T_t 將恒定不變。然而，實際上，氣體的黏性會導致能量損失，且只要氣體溫度與外界環境存在差異，熱量傳遞就不可避免。因此，等熵過程純屬理論上的理想化假設，在現實世界中無法實現。儘管如此，由於高速流動中壓力 P、密度 ρ 和溫度 T 等流動特性變化複雜，研究者常常需要借助一系列假設來簡化問題。因此在處理氣體弱擾動過程或者高次音速氣流問題時，通常使用等熵過程假設來找出氣體流動規律或做粗略估算。

但對於那些對工程精度要求較高的計算問題，等熵過程的假設可能不再足夠適用，此時需要根據實際情況對模型進行適當的修正。

2.計算公式：在等熵過程，也就是可逆絕熱過程中，氣體的壓力（P）與密度（ρ）之間的關係可以使用計算公式 $P=C\rho^{\gamma}$ 來描述，此一公式即為等熵方程式（Isentropic equation）。在公式中，P 與 ρ 分別表示氣體的壓力與密度，γ 為等熵指數，其值約等於 1.33~1.4 之間，而 C 為某一個特定的常數。

3.壓力、溫度與密度變化的關係：根據等熵方程式 $P=C\rho^{\gamma}$ 與理想氣體的狀態方程式 $P=\rho RT$，我們可以得到在等熵過程中壓力、溫度與密度的關係計算公式 $\frac{P_2}{P_1}=(\frac{T_2}{T_1})^{\frac{\gamma}{\gamma-1}}=(\frac{\rho_2}{\rho_1})^{\gamma}$，在公式中，$P_1$ 與 P_2、T_1 與 T_2 以及 ρ_1 與 ρ_2 分別表示在等熵過程中狀態 1 與狀態 2 的壓力、溫度與密度。

（五）滯止參數的定義及其與馬赫數的關係

滯止參數（Stagnation parameter）是用於描述在穩態、一維和等熵流動條件下，氣體處於停滯狀態時的流動特性。這一參數也常被稱為總參數

（Total parameter）。研究滯止參數或總參數時，重點關注等熵流動中氣體的停滯溫度、停滯壓力和停滯密度等關鍵參數。在工程應用中，使用得最多的是探討滯止參數與馬赫數（Mach number）之間的關係。

1.計算公式：在等熵過程中，氣流的停滯溫度 T_t、停滯壓力 P_t和停滯密度 ρ_t與氣流的溫度 T、壓力 P 和密度 ρ 以及氣流的馬赫數 Ma 彼此之間的關係分別為 $\frac{T_t}{T}=1+\frac{\gamma-1}{2}Ma^2$ 、 $\frac{P_t}{P}=(1+\frac{\gamma-1}{2}Ma^2)^{\frac{\gamma}{\gamma-1}}$ 和 $\frac{\rho_t}{\rho}=(1+\frac{\gamma-1}{2}Ma^2)^{\frac{1}{\gamma-1}}$ 。在公式中，γ 為等熵指數，其值約等於 1.33~1.4 之間。

2.特性與應用：由於在等熵流動過程的假設中，氣體不發生能量損耗，因此氣體的總壓（P_t）和總溫（T_t）保持恒定。基於此一特性，空氣動力學研究者可以利用其來推算出兩個不同測試點的壓力（P）和溫度（T），從而進行相關的空氣動力學分析。

（六）渦噴發動機推力計算

在航空工程領域，渦輪噴氣（射）發動機的推力公式是常用的動量守恆方程式。這個公式是基於雷諾輸運定理中的動量守恆方程，再加上非均勻壓力場和平均流速的概念獲得。

1.渦輪噴氣（射）發動機的推力源自牛頓第三運動定律，即作用力與反作用力定律。發動機產生向後的氣流，對空氣施加作用力，空氣隨即以等大反向力作用於飛機上。這種相互作用產生了推動飛機前進的力，如圖 4-13 所示。

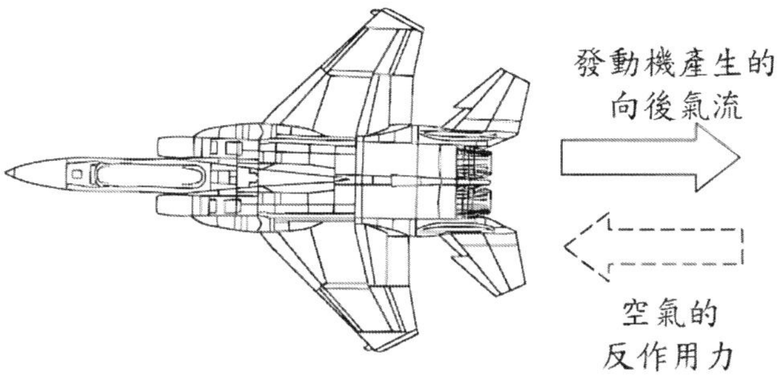

圖 4-13：渦輪噴氣（射）發動機推力產生示意圖

2.計算公式：在航空工程中，所討論渦輪噴氣發動機的推力公式包括淨推力公式與總推力公式，淨推力公式為$T_n = \dot{m}_a(V_j - V_a) + A_j(P_j - P_{atm})$，而總推力公式為$T_g = \dot{m}_a(V_j) + A_j(P_j - P_{atm})$。在公式中，$T_n$、$T_g$、$\dot{m}_a$、$V_j$、$V_a$、$A_j$、$P_j$與 P_{atm} 分別表示淨推力、總推力、空氣的質量流率、噴射速度、飛行空速（飛機的飛行速度）、出口面積以及發動機噴嘴出口的壓力與大氣壓力。

3.公式計算結果相同的必要條件：比較渦輪噴射發動機推力公式中淨推力公式$T_n = \dot{m}_a(V_j - V_a) + A_j(P_j - P_{atm})$與總推力公式$T_g = \dot{m}_a(V_j) + A_j(P_j - P_{atm})$，可以發現：「只有在當飛行空速 Va 等於 0 時，渦輪噴射發動機淨推力公式計算所得的結果才會與總推力公式計算所得的結果相等」。由於噴氣飛機在維修過程中的地面試車階段時會使用鋼繩固定在噴氣飛機的尾部防止飛機突然向前衝出，造成人員、裝備以及飛機本身的損傷，飛行速度自然為 0。把噴氣（射）發動機拆下來放在試車臺上測試，當然也不會有飛行速度，因此在地面試車或試車臺試車時，渦噴發動機的淨推力等於總推力。

四、膨脹波與震波

膨脹波和震波是超音速氣流特有的重要現象，它們主要由超音速氣流通過凹凸壁面所產生。一般而言，超音速氣流在加速時會形成膨脹波，而在減速時會形成震波。隨著飛機和航空發動機技術的不斷進步，膨脹波和震波的研究對航空工程設計而言是非常重要且不可或缺的一環。

（一）膨脹波的形成原因與特性

1.形成原因：膨脹波是超音速氣流在經歷膨脹變化過程中產生的一種物理現象，它會導致氣流的流速提升和壓力下降。具體來說，當超音速氣流穿越膨脹波時，氣體會出現壓力、溫度和密度的降低以及流速增加的情況。如圖 4-14(a)所示，當超音速氣流流經一個外凸壁面時，如果轉折角是一個微小的角度（dδ），將產生一個微小的膨脹波。研究表明，超音速氣流通過膨脹波後，速度增大，壓力、溫度與密度都減小，但是這些流動性質與流速的變化量都很小，所以膨脹波是一個弱擾動波，且其形成過程可視為等熵過程（Isentropic process）。當超音速氣流流經一個有限大小的角度 δ 的轉捩點，它會產生無數條從同一點（O 點）出發的膨脹波並形成扇形膨脹區，如圖 4-14(b)所示。當超音速氣流流經一個有限大小角度的外凸壁面時，氣流方向的改變並不是一次性完成的，而是經過無數條膨脹波而改變的，且壓力、溫度與密度都有一定量的降低，這些變化是連續、漸變的，所以我們仍然可以將此膨脹過程視為等熵過程，也就是可逆絕熱過程。

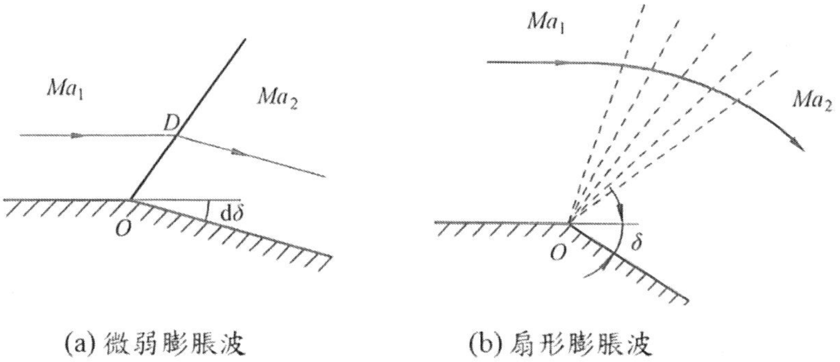

圖 4-14：膨脹波形成的示意圖

超音速氣流除了流經外凸壁面能夠產生膨脹波外，在其他一些情況下也會產生膨脹波。例如，超音速氣流從噴管流出，如果出口截面氣流壓力均高於外界氣體壓力，為了使氣流壓力降低到與外界氣體壓力相等，從而滿足邊界條件，噴管出口上下邊緣 A 和 B 處就會產生兩束膨脹波，如圖 4-15 所示。

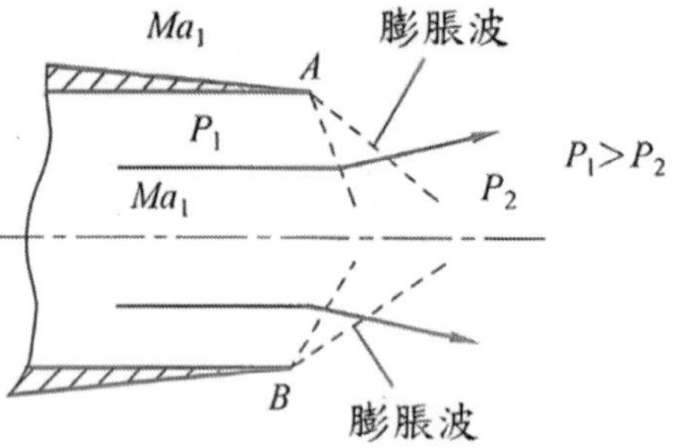

圖 4-15：超音速氣流在噴嘴產生膨脹波的示意圖

2.氣流特性：超音速氣流因為流動通路擴張，例如壁面外折一個角度或者因為流動的條件規定必須從高壓區過渡到低壓區，從而導致氣流加速或降壓都會出現膨脹波。氣流通過膨脹波後，氣體的流動性質與流速的變化量都微小，因此可以將膨脹波視為弱擾動波，且氣流流經膨脹波的過程視為等熵過程，也就是可逆絕熱的過程。

（二）震波的形成原因與特性

1.形成原因：當超音速氣流流經一個具有微小轉折角 dδ 的內折壁面時，在壁面的折轉處產生一道微弱壓縮波。研究表明，超音速氣流流經微弱壓縮波後，氣體的壓力、溫度與密度將變大，而流速則降低。不過這些氣體的流動性質與流速變化都非常小，所以微弱壓縮波是一個等熵過程，也就是可逆絕熱過程，如圖 4-16 所示。

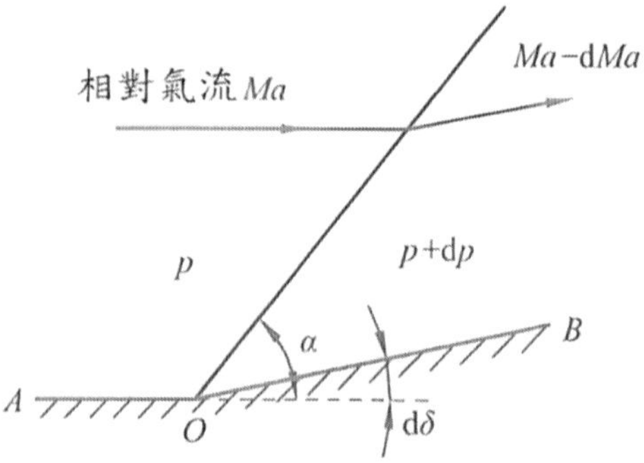

圖 4-16：單一微弱壓縮波形成的示意圖

如果超音速氣流沿著流動的方向在 O_1、O_2、O_3……O_n 的壁面處逐漸地向內偏折一個細微的內凹角度 θ_1、θ_2、θ_3……θ_n，則都產生一道微弱壓縮波。氣流流過這一系列的微弱壓縮波，流速逐漸降低，而其壓力、密度和溫度逐漸升高，因此氣流的馬赫數 Ma 逐漸減小，而馬赫角 α 逐漸增大，如圖 4-17(a)所示。由此推知，超音速氣流沿著內凹的彎曲壁面相當於沿無限多個向內偏折角度壁面的流動，在內凹的彎曲壁面每一點都會產生一道微弱壓縮波，因此超音速氣流流經內凹彎曲壁面時，氣體的流動性質、流速與折轉角都產生有限量的變化且往下遊延伸的所有微弱壓縮波系會逐漸聚攏，如圖 4-17(b)所示。在超音速飛機發動機中，擴壓進氣道的內壁有時設計成內凹曲壁面形式，因為如此氣流的減速增壓過程最接近於等熵過程，氣體的總壓損失最小。超音速飛機發動機內的壓縮機組件中的葉柵剖面，也有一段設計成內凹的彎曲壁面形式以減少氣流的動能損失，從而提高發動機壓縮機組件的效率。

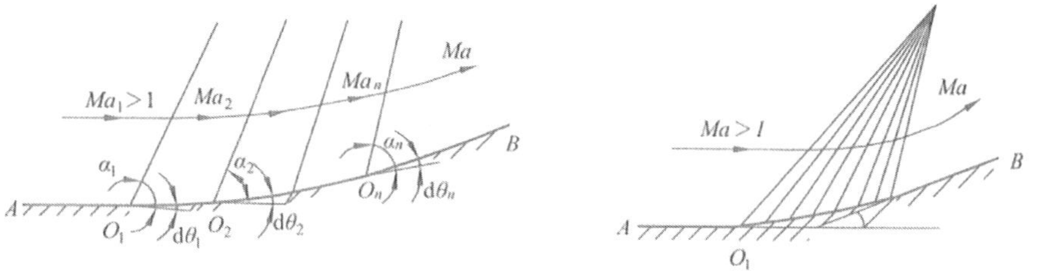

(a)多個微弱壓縮波形成的過程　　(b)微弱壓縮波系形成的過程

圖 4-17：微弱壓縮波系形成過程的示意圖

超音速氣流流經內凹彎曲壁面時，氣流接連向內折轉，往下游延伸的所有微弱壓縮波系會逐漸聚攏，當這些微弱壓縮波系產生的壓縮效應聚集到某一程度時會形成一定程度的斜震波（Oblique shock wave）。此時氣體的流動性質與流速產生一定程度的變化，氣流流經斜震波的過程不再視為等熵過程，如圖 4-18(a)所示。如果超音速氣流流經某一有限大小的角度 δ 的內凹壁面，當壁面突然地向上轉折對氣流產生的壓縮作用大到某一個程度時，也會產生斜震波，如圖 4-18(b)所示。

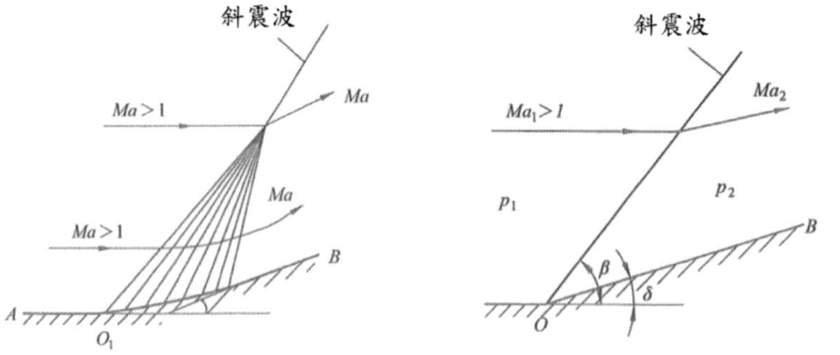

(a)超音速氣流流經內凹彎曲壁面時形成斜震波　(b)超音速氣流流經有限角度內凹壁面時形成的斜震波

圖 4-18：斜震波形成原因的示意圖

斜震波與超音速氣流方向之間的夾角稱為震波角（Shock wave angle），用符號 β 表示，其大小與斜震波的強度有關。由於超音速氣流造成氣體壓力陡增、速度驟減，因此我們在研究氣流流經斜震波過程時不可以視之為等熵過程。

2.氣流特性：對於超音速氣流而言，震波角越大則斜震波的強度越強，也就是超音速氣流流經斜激（震）波後，氣體流速的減少量與壓力的增加量也就最多。由此推知：當震波角 $\beta=\dfrac{\pi}{2}$ 時，斜震波的波面會與相對氣流方向垂直，此時的震波稱為正震波（normal shock wave），正震波是超音速氣流在相同流速下強度最高的震波。而當斜震波的震波角為 $\beta=\sin^{-1}\dfrac{1}{Ma}$ 時，斜震波會退化成馬赫波（Mach wave），馬赫波所對應的夾角即為馬赫角（Mach angle）。馬赫波的強度最弱，它是一種弱壓縮波，所以斜震波角 β 的範圍是 $\sin^{-1}\dfrac{1}{Ma}<\beta\leq\dfrac{\pi}{2}$ 。

（三）震波離體的發生原因

實驗發現，超音速氣流在一個固定的相對流速下，當氣流流經內折壁面的角度 δ 大到一定程度，震波會產生離體現象。同樣地，對於一個固定的 δ，當超音速氣流的流速達到某一定值時，震波也會發生離體。離體震波的形狀是弓形，位於物體前方的震波接近於正震波，沿著氣流流向的後方延伸時逐漸變為斜震波，而延伸到後方某個位置時震波退化成馬赫波，如圖 4-19 所示。

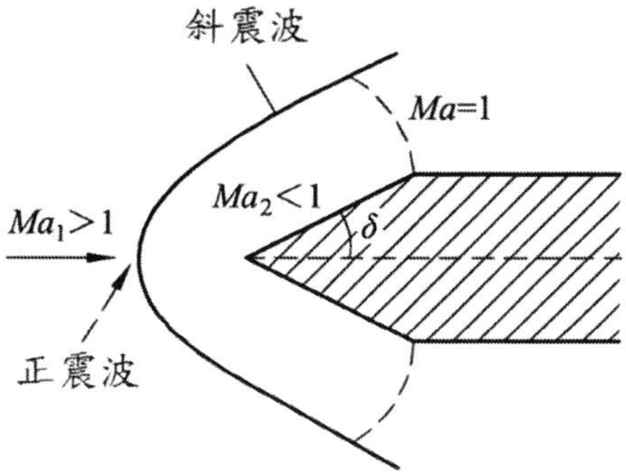

圖 4-19：震波離體的示意圖

研究表明，在超音速飛行中，如果飛機的機頭和機翼具有較大的偏折角（即鈍頭形狀），將形成離體震波。由於正震波產生的壓縮效應會比斜震波更為強烈，因此，當飛機形成離體震波時會遭遇更大的飛行阻力。基於這一發現，超音速飛機的設計應傾向於使用尖頭和薄翼配置，以防止離體震波的形成，從而減少阻力，提高飛行效率。

（四）震波的分類和特徵

根據震波的幾何形態，震波可分為三類：正震波（Normal shock wave）、斜震波（Oblique shock wave）和曲線震波（Curve seismic wave，又稱為弓形震波）。如圖 4-20 所示。若根據震波與物體接觸與否來分類，則可將震波劃分為附體震波（Attached shock wave）和離體震波（Extracorporeal shock wave）。

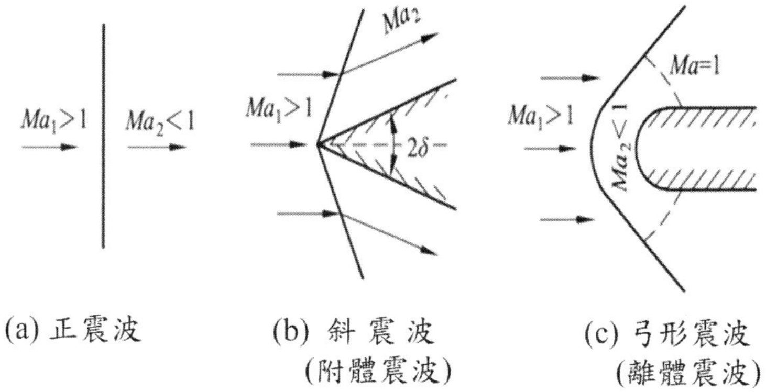

圖 4-20：震波分類的示意圖

正震波的波面與相對氣流的方向垂直，也就是震波的震波角$\beta = \frac{\pi}{2}$，它是一種強壓縮波（Strong compression wave）。超音速氣流流經正震波後，波後的氣流一定是次音速流。斜震波的波面與相對氣流方向的夾角小於 90°，也就是震波角$\beta < \frac{\pi}{2}$。超音速氣流流經斜震波後，波後的氣流可能是超音速，也有可能是次音速，視斜震波的強度而定，只有遇到較強的斜震波時，波後才是次音速流。如果超音速氣流流經過大的內折表面，震波會產生脫體現象，此時物體前方的震波為正震波，而沿著氣流流向的後方逐漸變為斜震波。

五、超音速管流的加減速特性

在管道中流動的低速流體，其流速與管道橫截面積成反比關係，這一規律在高次音速氣流中同樣成立。然而，對於超音速氣流，其流速與管道橫截面積的變化規律和次音速氣流顯著不同，這一差異導致了次音速和超音速管道設計之間產生巨大的差異，例如在飛機發動機噴嘴設計中的應用。

（一）噴管面積法則

1.定義：根據質量守恆微分方程式、動量守恆微分方程式以及音速 a 的計算公式可以求出氣流在管道內的面積和速度的關係式$\frac{dA}{A} = (M_a^2 - 1)\frac{dV}{V}$，該關係式即稱為噴管面積法則。在關係式中，dA/A 是指面積的相對變化量；dV/V 是指速度的相對變化量，而 Ma 是氣流的平均流速，用馬赫數表示。

2.物理定義：噴管面積法則是穩態一維的氣流流經管道時，截面積的變化量與流速的變化量和馬赫數（Ma）之間的關係式。如果氣流的流速為次音速流，即氣流的流速 Ma＜1.0，$M_a^2 - 1$是負值，則管道的截面面積變大造成管內氣體的流速降低；反之，管道的截面面積變小造成管內氣體的流速增加。如果氣流的流速為超音速流，也就是氣體的流速高於音速，即氣流的流速 Ma>1.0 的話，$M_a^2 - 1$是正值，則管道的截面面積變大造成管內氣體的流速增加；反之，管道的截面面積變小造成管內氣體的流速減小，這與低速管流的流動規律相反，如圖 4-21 所示。

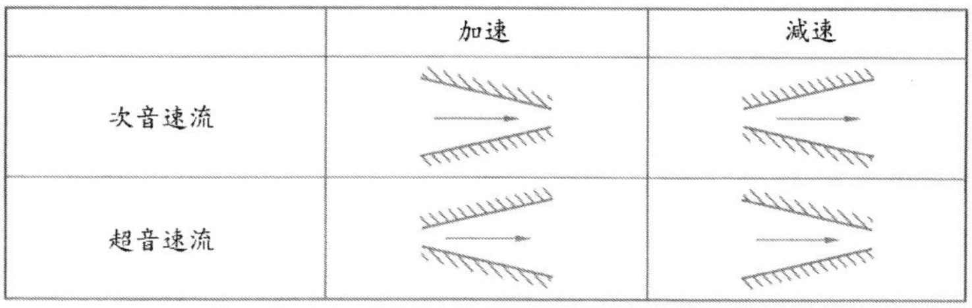

圖 4-21：氣體流經管道時流速隨著面積變化的示意圖

（二）航空上的應用

從噴管面積法則中可以看出流經管道時產生超音速氣流的必要條件之一是管道的截面必須先收縮後擴張。也就是要產生次音速氣流，發動機必須使用漸縮噴管（Converging nozzle），而產生超音速氣流，必須使用細腰噴管（Convergeing-diverging nozzle，或稱拉瓦爾噴管）。兩種噴管的示意圖如圖 4-22 所示。

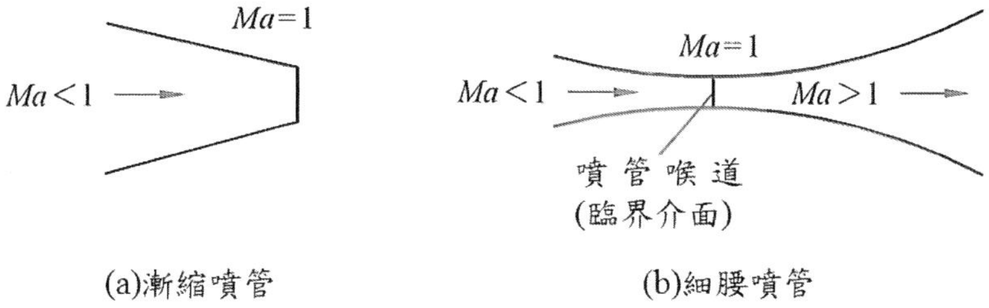

圖 4-22：飛機發動機噴管的示意圖

✈課後練習與思考

[1] 請問理想流體和理想氣體的假設為何？

[2] 請寫出渦噴發動機的推力公式，並說明推力與密度的關係為何？

[3] 請問伯努利方程的使用假設和計算公式為何？

[4] 請問在工程中會有過程滿足等熵要求嗎？試論述其理由。

[5] 請問震波的形成原因是什麼？

[6] 請簡單地描述拉瓦爾噴管內速度的變化情形。

[7] 請寫出噴管面積法則中面積和速度的關係式。

第五章

飛機機翼的基礎認知

儘管飛機是由機翼、機身與尾翼等多個部件所構成。然而，在飛行過程中，其空氣動力特性主要是受到機翼所影響。機翼的形狀與關鍵參數不僅和飛機的氣動力特性密切相關，而且還直接關係到其飛行速度和性能表現。正因如此，進一步地探討機翼的結構與設計對於理解飛行原理以及推動航空科技發展顯得尤為重要。因此，本書在本章中將針對機翼的幾何形狀、關鍵幾何參數以及與之相關的氣流特性做簡要的介紹和說明。

一、機翼的結構與組成

如圖 5-1 所示，機翼是飛機產生升力的主要部件，它的結構是由翼根、前緣、後緣和翼尖所構成。

圖 5-1：機翼結構示意圖

機翼主要由副翼和襟翼構成，部分機型還在其上裝備了擾流板或減速板等設備，以便調節升力和阻力，如圖 5-2 所示。此外，機翼還承擔著搭載發動機、起落架等飛機關鍵設備的功能，其內部空間在密封處理後，還能有效地作為儲存燃油的油箱使用。

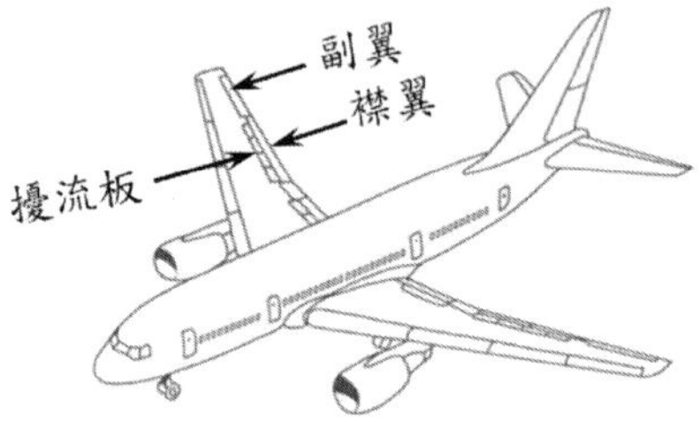

圖 5-2：機翼結構示意圖

二、機翼的幾何外形與參數定義

一般而言，機翼的幾何外形可以分為機翼平面和翼型剖面的幾何外形，兩者的幾何外形依靠其幾何形狀和幾何參數加以描述。

（一）機翼的幾何形狀與幾何參數

1.機翼平面形狀的定義：如圖 5-3 所示，本章以梯形翼飛機的機翼為例來對機翼平面形狀的定義加以說明，所謂機翼的平面形狀是指從飛機的上方向下看去，機翼在地平面上的投影形狀。

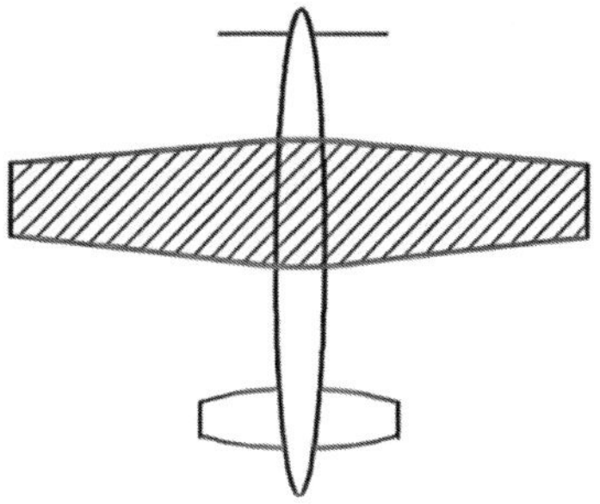

圖 5-3：機翼平面形狀定義的示意圖

一般而言，機翼依據其意義可以分成全機翼（full wing）與淨機翼（net wing；又稱為外露機翼）二種類型，所謂全機翼是從飛機的上方向下看去，包含機身的投影部份，也就是圖 5-3 所示的機翼平面形狀，淨機翼是真實機翼所占機翼投影的部份，也就是全機翼的投影形狀扣除機身的投影部份。全機翼是航空界通用的參考面積，飛機說明書上所指的機翼面積往往指的是全機翼面積。而淨機翼是真實機翼所占面積，也就是氣流真實流過所產生空氣動力的面積。

2.常見的幾種機翼平面形狀：早期的飛機，機翼的平面形狀大多做成矩形，雖然其製造簡單，但是飛行阻力較大。為了適應提高飛行速度的要求，所以後來又製造出了橢圓翼和梯形翼。矩形翼，橢圓翼和梯形翼統稱為平直翼。隨著航空科技與製造技術的進步，飛機的飛行速度逐漸接近或超過音速，因此相繼出現了後掠翼與三角翼等類型的機翼，各種常見的機翼平面形狀如圖 5-4 所示。

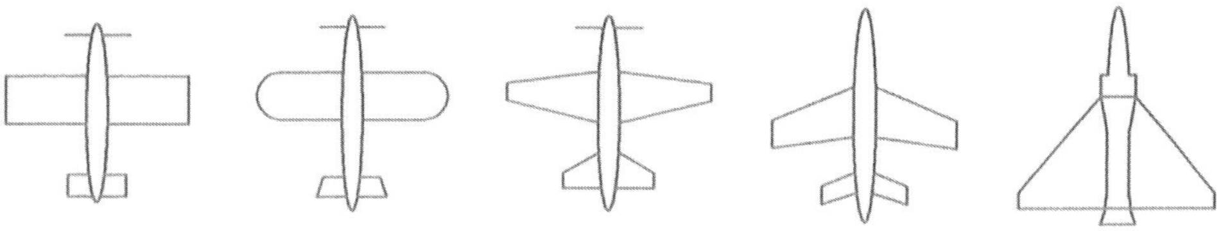

圖 5-4：機翼平面形狀定義的示意圖

飛機按機翼的分類主要是依據機翼的平面形狀與機翼數量和位置來做分類，其分類如圖 5-5 所示，本章在此介紹機翼平面形狀的分類模式。

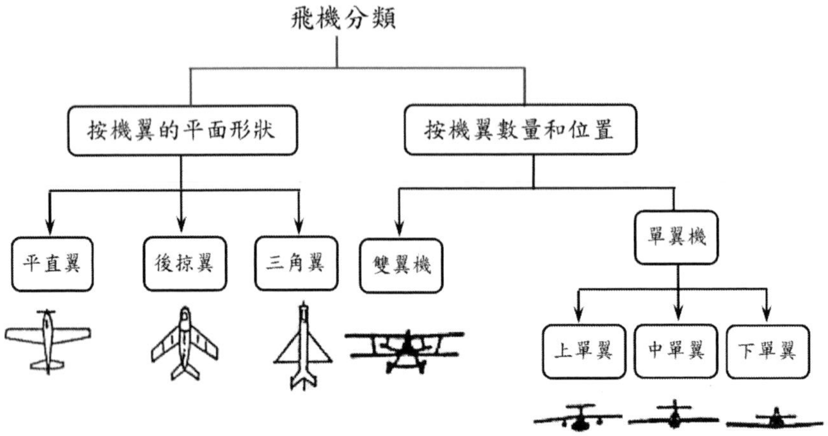

圖 5-5：飛機按機翼型式分類的示意圖

飛機的速度往往取決於機翼的外形，矩形機、橢圓翼與梯形翼為低、中次音速飛機所使用的機翼，飛行速度最多不會超過 0.75 馬赫（甚至更低）。現代民航大型客機則採用後掠機翼。例如波音 747，它的巡航速度大約是 0.85 馬赫，為了提高飛機的臨界飛行速度（臨界馬赫數），使飛機在較高速度不受機翼所產生的局部震波的影響下飛行，其採用的就是後掠機翼。如果要突破音障，飛機必須採用新的空氣動力外形。其中多選用三角翼以及細長流線型的細腰機身，以便飛機快速地通過穿音速流區域，避免音障的影響。1950 年代以來，陸續出現了由上述基本平面形狀發展或組合而成的複合機翼，如雙三角翼、邊條翼與變後掠翼等類型，如圖 5-6 所示。

圖 5-6：雙三角翼、邊條翼與變後掠翼的機翼外形示意圖

變後掠翼飛機在改變後掠角的同時，也可改變機翼展弦比，使飛機不僅可以超音速飛行，更可以在高空以高次音速巡航，還可以在有限的場地上用較低的速度安全起飛和著陸，所以變後掠翼飛機同時有良好的高速和低速以及高空和低空的飛行性能。為徹底擺脫飛機對機場的依賴，人們一直在研究製造垂直起落的飛機，目前已取得了不錯的進展。

3.描述機翼平面形狀的主要參數：對於機翼平面形狀的特性，一般用是機翼面積（S）、翼展長度（b）、梯度比（λ）、展弦比（AR）以及後掠角（θ）等參數來描述。這裏仍然以梯形翼為例，描述機翼平面幾何形狀的各種參數，如圖 5-7 所示。

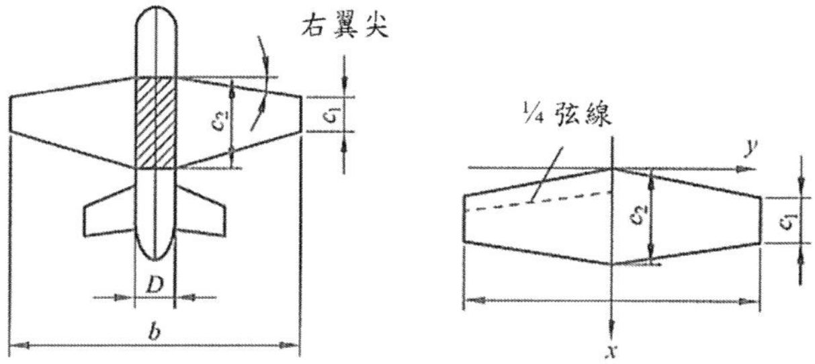

b-翼展長；C_1-翼尖弦長；C_2-翼根弦長

圖 5-7：梯形翼幾何外形的示意圖

（1）機翼面積：當前緣襟翼、襟翼與副翼等裝置全收時，機翼在水平面內的投影，稱為機翼面積，用符號 S 表示。如果沒有特別說明，則所指的機翼面積是包括機身所占據的那一個部分面積，也就是指全機翼面積（total wing area）。

（2）翼展長度：機翼左右二翼尖之間的橫向距離，叫做翼展長度（span length），又稱展長，用符號 b 表示。

（3）弦長：機翼前緣至後緣的距離，稱為弦長（Chord length），用符號 C 表示。如果機翼的形狀不是矩形，在機翼各處的弦長都不相同，機翼的弦長，是展向位置 y 的函數。此時，必須採取平均弦長（Mean chord length）的概念來描述機翼平面形狀的特性，而平均弦長又可以分為幾何平均弦長與平均空氣動力弦長。

①幾何平均弦長的定義：機翼弦長在翼展（span）上的長度平均值被稱為幾何平均弦長（Geometric mean chord length），用符號$\overline{C}$表示。其計算式為：$\overline{C}=\frac{S}{b}$，在式中，$\overline{C}$為幾何平均弦長，S 為機翼面積，b 為翼展長度。

②平均空氣動力弦長的定義：與實際機翼面積相等，氣動力矩特性相同的當量矩形機翼的弦長稱為平均空氣動力弦長（Mean aerodynamic chord length），用符號 C_A 表示，它是計算空氣動力中心位置與縱向力矩係數所常用的一種基準弦長，其計算公式為 $C_A=\frac{2}{S}\int_0^{\frac{b}{2}}C^2(y)dy$。在式中，$C_A$ 為平均空氣動力弦長，S 為機翼面積，b 翼展長度，y 為展向位置的參數，C（y）是表示弦長為展向位置 y 的函數。

（4） 梯度比：飛機機翼上之翼尖弦長與翼根弦長的比值稱為梯度比（Taper ratio），用符號 λ 表示。其計算公式為 $\lambda=\frac{C_1}{C_2}$。在式中，λ 為梯度比，C_1 為翼尖弦長，而 C_2 為翼根弦長。對於一般機翼而言，其梯度比的範圍是 0~1。

（5） 展弦比：飛機機翼的翼展長度與飛機機翼的幾何平均弦長的比值被稱為展弦比（Aspect ratio），用符號 AR 表示，其計算式為 $AR=\frac{b}{\overline{c}}=\frac{b^2}{b\overline{c}}=\frac{b^2}{S}$。在式中，AR 為展弦比，b 為翼展長度，$\overline{C}$ 為幾何平均弦長，而 S 為飛機的機翼面積，其值為飛機的翼展長度與幾何平均弦長乘積，也就是 $S=b\times\overline{C}$。對於一般機翼而言，其展弦比的範圍是 2~12。

（6） 後掠角：機翼前緣、後緣以及 1/4 翼弦點連線與 y 軸之間的夾角被稱為後掠角（Sweepback angle），用符號 θ 表示。現代民航大型客機機翼均採用梯形及後掠角的設計，其目的是為了延遲臨界馬赫數，減少或避免震波阻力所帶來的影響。

（二）機翼翼型的幾何外形

1.機翼翼型的定義：機翼橫切面所得的剖面形狀稱為機翼翼型（wing airfoil），又被稱為機翼剖面或翼剖面，而機翼翼型的前緣與後緣的連線被稱為機翼翼型的弦線（chord line），如圖 5-8 所示。

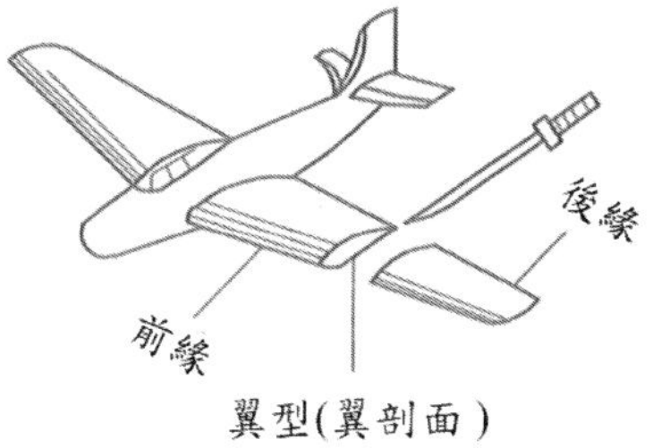

圖 5-8：機翼翼型的定義示意圖

2.常見幾種翼型的形狀：人們通過觀察鳥類飛行的現象，製造出早期飛機的弓形翼型，弓形翼型就像飛鳥翅膀的剖面，但是由於這種翼型阻力較大，而且結構複雜，不易製造。所以後來經過不斷地研究，發展出各種不同形狀的翼型，常用翼型的形狀有平凸形翼型、雙凸形翼型、對稱形翼型、圓弧形翼型、菱形翼型等，20 世紀後期，為了消弭震波阻力對機翼翼型的影響，起陸續出現了高次音速翼型，例如超臨界翼型，如圖 5-9 所示。

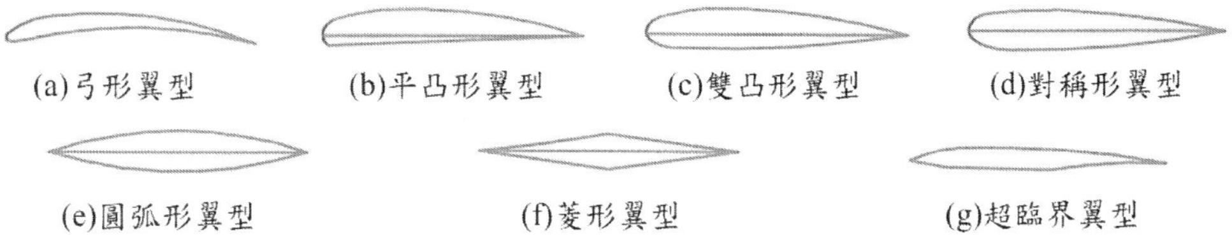

圖 5-9：常見幾種不同形狀的機翼翼型

現代低次音速飛機的機翼大多採用平凸或雙凸翼型，部分的現代高低次音速飛機的機翼和各尾翼採用對稱翼型。超音速戰鬥機一般為對稱翼型，高超音速飛機要求薄翼型且具有尖銳的前緣，如雙弧形與菱形翼型等，而低超音速飛機由於兼顧各個速度範圍的氣動特性，目前仍採用小鈍頭對稱翼型。

3.描述翼型形狀的主要參數：機翼翼型的幾何形狀，一般使用弦線、中弧線、厚度、彎度、最大厚度位置以及最大彎度位置等參數描述，如圖 5-10 所示。

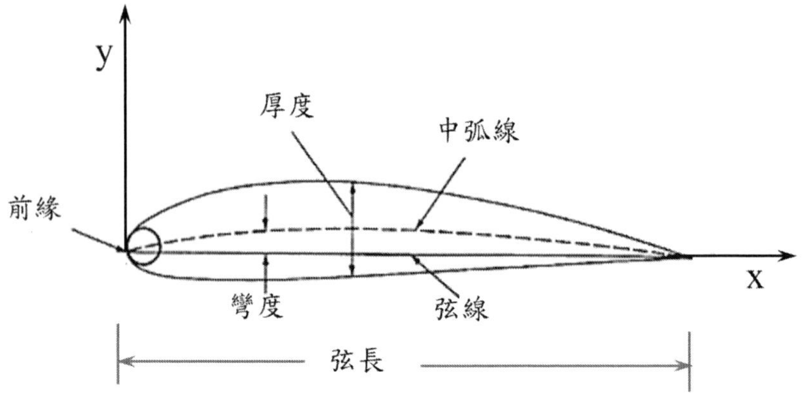

圖 5-10：翼型（翼剖面）名詞定義示意圖

（1） 弦線：翼型最前端的一點叫翼型的前緣，最後端的一點叫翼型的後緣。從翼型前緣至後緣的連線稱為弦線（Wing chord line），也叫翼弦。翼型前緣至後緣的距離，也就是弦線的長度，稱為幾何弦長（Geometric chord length），簡稱弦長（Chord length），用符號 C 表示。

（2） 中弧線：翼型上下表面垂直線中點的連線稱為中弧線（Mean camber line）。

（3） 厚度：翼型上下表面在垂直於翼弦方向的距離，稱為翼型的厚度（Thickness），用符號 t 表示。在翼型弦向，也就是在圖中 x 軸方向，厚度最大者稱該為翼型的最大厚度（Maximum thickness），用符號 t_{max} 表示。

（4） 彎度：翼型的中弧線與弦線在 Y 軸方向之間的距離稱為彎度（Camber），用符號 h 表示，在翼型弦向也就是在圖中的 x 軸方向，彎度最大者稱為該翼型的最大彎度（Maximum camber），用符號 h_{max} 表示。如果以翼型的弦線作為分界線，弦線之上的翼型表面稱為上翼面（Upper wing surface），弦線之下的翼型表面稱為下翼面（Lower wing surface）。如果上翼面與下翼面相互對稱，則稱為對稱翼型（Symmetrical airfoil）。在對稱翼型中，翼型的中弧線與弦線彼此重合，所以翼型的彎度 h 與最大彎度 h_{max} 均為 0。反之，如果翼型的上翼面與下翼面不是相互對稱，則稱為不對稱翼型（Asymmetric airfoil），又稱非對稱翼型。在不對稱翼型中，翼型的中弧線與弦線不重合，所以翼型的彎度 h 與最大彎度 h_{max} 都不為 0，例如弓形翼型、平凸形翼型以及雙凸形翼型均為不對稱翼型。

（5） 相對厚度：翼型最大厚度 t_{max} 與弦長 C 的比值被稱為該翼型的相對厚度（Relative thickness），通常以百分比表示，也就是翼型的相對厚度為 $\frac{t_{max}}{c}\times 100\%$ 。

（6） 最大厚度位置：翼型的最大厚度與翼型前緣在 x 軸方向之間的距離被稱為該翼型的最大厚度位置（Maximum thickness position），用符號 $x_{t\max}$ 表示，通常用最大厚度位置 $x_{t\max}$ 與機翼弦長 C 比值的百分比來加以表示，也就是翼型的最大厚度位置為 $\frac{x_{t\max}}{c}\times\%$ 。

（7） 相對彎度：機翼翼型最大彎度 h_{max} 與弦長 C 的比值被稱為該翼型的相對彎度（Relative camber），通常以百分比表示，也就是翼型的相對彎度為 $\frac{h_{max}}{c}\times\%$ 。因為在對稱翼型中，機翼翼型的中弧線會與弦線重合，所以相對彎度為 0。由於現代中高速飛機的翼型通常是對稱或微彎的翼型，所以相對彎度大約為 0%~2%。

（8） 最大彎度位置：機翼翼型最大彎度與翼型前緣方向之間的距離被稱為該翼型的最大彎度位置（Maximum camber position），

用符號 $x_{h\,max}$ 表示。通常用最大彎度位置 $x_{h\,max}$ 與機翼弦長 C 的比值來加以表示，也就是翼型的最大厚度位置為 $\frac{x_{h\,max}}{c}\times\%$ 。

航空小常識

在低次音速飛機的設計中，翼型多為具有一定彎度的雙凸形，其相對厚度範圍通常介於 12%至 18%之間，而最大厚度通常位於約 30%的弦長位置。隨著飛行速度的提高，翼型的相對厚度會逐漸減小，同時最大厚度的位置也向後移動。現代運輸飛機所採用的翼型相對厚度大約在 8%至 16%，其最大厚度位置一般位於 35%至 50%的弦長處。在低速飛行器上，翼型的彎度較大，相對彎度介於 4%至 6%，最大彎度位置靠前。然而，隨著速度的提升，為了降低阻力，高速飛機往往選用幾乎無彎度的對稱翼型。

三、翼型系列的命名方式

翼型形狀的幾個幾何參數中，以相對彎度、最大彎度位置以及最大厚度對翼型的氣動特性影響最大。因此美國國家航空諮詢委員會（NACA）〔現改名為美國國家航空航天局（NASA）〕在 20 世紀初根據它們對翼型命名，分為四位數與五位元數命名兩種方式。本章在此以舉例說明的方式，針對此二種常用的命名的方式做簡單介紹。

（一）四位元數翼型系列的命名方式

以 NACA1315 為例，如果以四位元數的方式命名，其規則說明如下。

1.第一個數字代表的意義：在四位元數翼型系列的命名方式中，NACA 後第一個數字代表的意義是翼型的相對彎度，以百分比表示，所以第一個數字為 1，即表示翼型的相對彎度為 1%。

2.第二個數字代表的意義：在四位元數翼型系列的命名方式中，NACA 後第二個數字代表的意義是翼型的最大彎度位置，以弦長的 10 分數比表示，所以第二個數字為 3，即表示翼型的最大彎度位置是弦長的 3/10 倍，也就是 0.3 倍弦長。

3.第三與第四個數字代表的意義：在四位元數翼型系列的命名方式中，NACA 後第三與第四個數字代表的意義為翼型的相對厚度，以弦長的百分比表示，所以第三數字為 1、第四個數字為 5，代表此翼型的相對厚度是 15%。

（二）五位元數翼型系列的命名方式

以 NACA23012 為例，如果以五位元數的方式命名，其規則說明如下。

1.第一個數字代表的意義：和四位元數翼型命名方式相同，在五位元數翼型系列的命名方式中，第一個數位代表的是翼型的相對彎度，但不表示具體的幾何參數，而是通過設計升力係數來表達，此數乘以 2/3 等於設計升力係數的 10 倍，即 NACA23012 的設計升力係數為 $2 \times 3/20 = 0.3$。

2.第二與第三個數字代表的意義：在五位元數翼型系列的命名方式中，NACA 後第二個與第三個數字代表的是翼型的最大彎度位置，以弦長的 200 分數表示。第二個數位是 3，第三個數字是 0，所以翼型的最大彎度位置是弦長的 30/200 倍，也就是 0.15 倍弦長。

3.第四與第五個數字代表的意義：在五位元數翼型系列的命名方式中，NACA 後第四與第五個數字代表的是翼型的相對厚度，所以在 NACA 後第四數字是 1、第五個數字是 2，代表此翼型的相對厚度是 12%。

四、翼型攻角的概念

攻角是飛機飛行最重要的氣動力角，與飛行性能息息相關，甚至影響飛機的飛行安全，這裏再次做重點介紹。

（一）攻角的定義

如圖 5-11 所示，攻角是翼型的弦線與來流方向之間的夾角，用符號 α 表示。

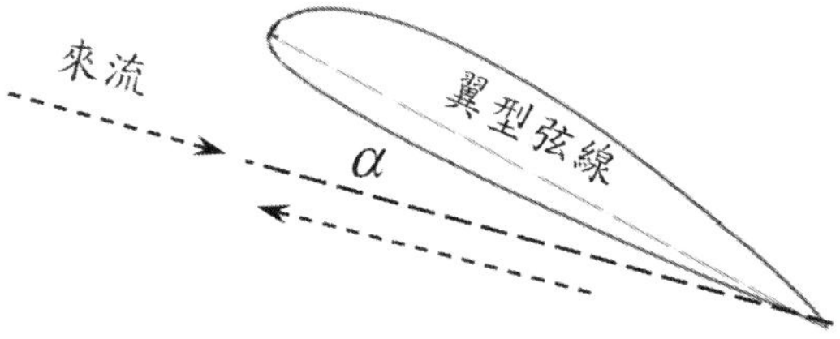

圖 5-11：翼型攻角示意圖

（二）攻角角度的正負定義

根據翼型的弦線與來流的位置關係，攻角可以分為正攻角、零攻角和負攻角。如果弦線在來流之上，此攻角稱為正攻角，如圖 5-12(a)所示。翼型的弦線與來流重合時，攻角為 0，稱為零攻角，如圖 5-12(b)所示。如果弦線在來流之下，此攻角稱為負攻角，如圖 5-12(c)所示。

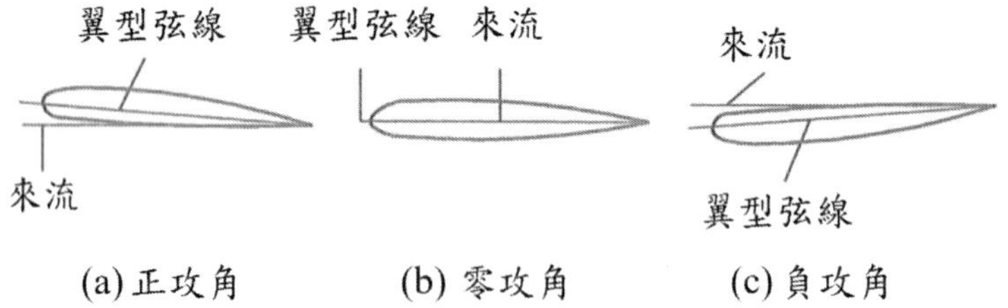

圖 5-12：攻角正負定義的示意圖

飛機在正常飛行時，翼型的攻角一般為正值，且在一定的範圍內升力隨著攻角的增加而增加。但是當攻角增加到某一個臨界值時，飛機的升力急速下降，因而產生飛行上的危險，此現象稱為飛機失速（Stall）。開始失速時對應的攻角稱為臨界攻角（Critical angle of attack），臨界攻角是飛機飛行性能與飛行安全的一個重要指標。

五、翼型表面的壓力分布

翼型是機翼的基本構造，其升力的產生一直是空氣動力學研究的重點。研究指出，升力是由翼型上下表面產生的壓力差導致。為了瞭解翼型的升力來源與特性，探討翼型上下表面壓力分布情況是必要的，其相關實驗方式與實驗結果敘述如下。

（一）翼型表面壓力分布實驗介紹

空氣流過翼型上下表面所導致的壓力變化，可以通過壓力分布實驗得到，如圖 5-13 所示為翼型上下表面壓力分布實驗裝置。

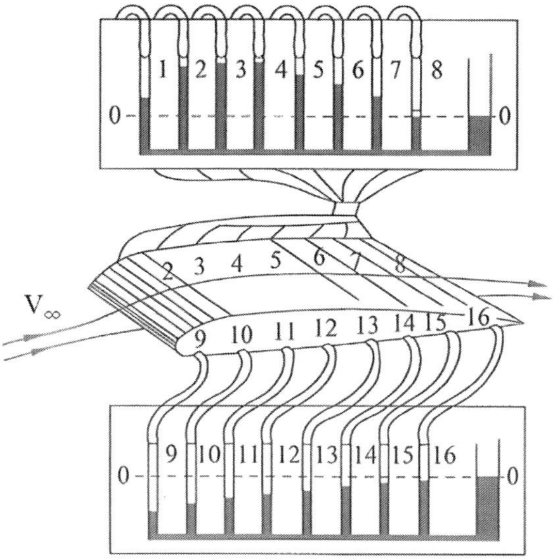

圖 5-13：翼型表面壓力分布實驗裝置的示意圖

在翼型上下表面沿著氣流方向各鑽一些小孔作為測量點，用軟管分別連到多管壓力計上。進氣氣流的流速為零（$V_\infty = 0$）時，在翼型各測量點的壓力相同，壓力計測得的是當時的大氣壓力（P_∞），每個壓力管的液柱高度都在 0–0 線的位置。氣流流經翼型，每個測量點的連接壓力管感受到翼型表面壓力的變化，壓力管的液柱高度有所升降。此時根據各壓力管液柱的高度變化，就可以得出測量點的靜壓（P）的變化。

（二）翼型表面壓力分布的實驗結果分析

因為在測量點壓力差的公式為 $\Delta P = P - P_\infty = -\rho g \Delta h$，在公式中，P 為在翼型表面某量測點的靜壓，$P_\infty$為低速進氣氣流的靜壓，從實驗中可以看出其值為當時的大氣壓力，也就是 $P_\infty = P_{atm}$，ρ 為壓力計所用液體的密度，g 為重力加速度（g=9.81m/s），Δh 為壓力管內的液柱與 0-0 線的高度差。如果測量點壓力計的液柱高度升高（$\Delta h > 0$），表示該翼型表面量測點的靜壓小於低速進氣氣流的靜壓（P_∞）。倘若測量點壓力計的液柱高度降低（$\Delta h < 0$），表示該翼型表面量測點的靜壓大於低速進氣氣流的靜壓（P_∞）。從實驗可以看出，當空氣氣流流經具有一定正攻角的機翼翼型時，在上翼面各量測點的壓力計液柱的高度都是升高（$\Delta h > 0$），而在下翼面各量測點壓力計液柱的高度都是降低，說明在機翼翼型上翼面各測量點的靜壓普遍小於低速進氣氣流的靜壓，而在機翼翼型下翼面的各測量點的靜壓普遍大於低速進氣氣流的靜壓。由於機翼上下翼面的壓力差，從而使機翼翼型產生升力。

（三）翼型表面壓力分布的表示法

為了方便分析機翼翼型各部分對升力貢獻的大小，必須要根據翼型的壓力分布的實驗繪出翼型表面的壓力分布圖，而描繪機翼翼型表面的壓力分布圖的方法有兩種表示方法，一種是向（矢）量表示法，另一種是座標表示法，然而不論是使用向（矢）量表示法或座標表示法，都必須使用無因次的壓力係數來表示其壓力分布的情況。

1.壓力係數的定義：壓力係數是指流經翼型表面上的氣流與進氣氣流的靜壓差對進氣氣流動壓的比值，也就是$C_P = \dfrac{P - P_\infty}{\frac{1}{2}\rho_\infty V_\infty^2}$，在公式中，$C_P$ 為壓力係數，P 是在機翼翼型表面上量測點的靜壓，P_∞為進氣氣流的靜壓，通常被設定為當時的大氣壓壓力，也就是 $P_\infty = P_{atm}$。而 ρ_∞為進氣氣流的密度，因為是在低速風洞所做的實驗，流經翼型表面的氣流流速都小於 0.3 馬赫，所以氣流的密度可以被視為不可壓縮流體，也就是將氣流的密度定為 ρ_∞，通常我們會將氣流的密度設為 ρ_∞=1.225kg/m^3，也就是標準大氣的密度值，V_∞為進氣氣流的流速。因為不可壓縮流體的假設且氣流的密度被定為 ρ_∞，根據伯努利方程式 $P_\infty + \frac{1}{2}\rho_\infty V_\infty^2 = P + \frac{1}{2}\rho_\infty V^2$ 與壓力係數的定義公式 $C_P = \dfrac{P - P_\infty}{\frac{1}{2}\rho_\infty V_\infty^2}$，可以求出各測量點上的氣流與進氣氣流的靜壓差為 $P - P_\infty = \frac{1}{2}\rho_\infty V_\infty^2 - \frac{1}{2}\rho_\infty V^2 = \frac{1}{2}\rho_\infty (V_\infty^2 - V^2)$，並獲得壓力係數的計算公式為 $C_P = \dfrac{P - P_\infty}{\frac{1}{2}\rho_\infty V_\infty^2} = \dfrac{\frac{1}{2}\rho_\infty V_\infty^2 - \frac{1}{2}\rho_\infty V^2}{\frac{1}{2}\rho_\infty V_\infty^2} = 1 - \dfrac{V^2}{V_\infty^2}$。在計算式中，V 是流經翼型表面上各測量點的氣流流速，V_∞為進氣氣流的流速。根據壓力

係數的計算公式，我們可從各個測量點連結壓力管與參考壓力管的液柱差，求出靜壓差，從而求得在各個測量點上的壓力係數值，並且也能夠從壓力係數值求得在各個測量點的氣流流速值，這樣不僅可以獲得翼型表面壓力分布的情況，也能夠瞭解翼型表面氣流的流速變化。

2.翼型表面壓力分布的向（矢）量表示法：根據上述實驗，用帶箭頭的線段表示壓力係數，將實驗中各個測量點的壓力係數畫成翼型測量點的法向線，箭頭的方向從翼面指向外表示負壓力係數（$C_P<0$），箭頭自外指向翼面則表示正壓壓力係數（$CP>0$），線段的長度表示壓力係數的大小，然後各個量測點的壓力係數向（矢）量外端用平滑的曲線連接起來，就是用向（矢）量法表示的翼型表面壓力分布圖，如圖 5-14 所示。

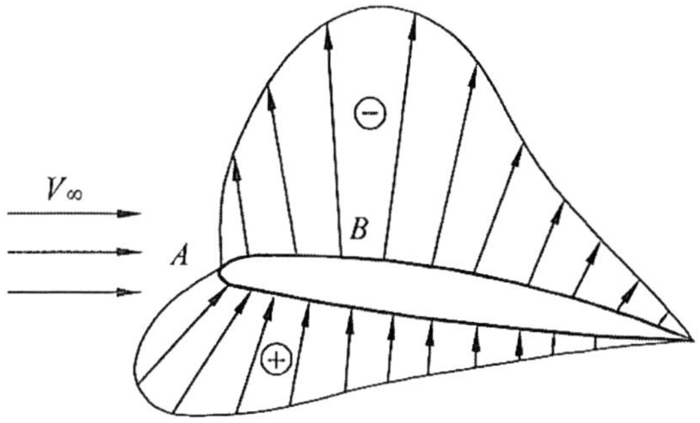

圖 5-14：用向（矢）量法表示翼型表面壓力分布的示意圖

在圖 5-14 中，負壓力係數最大的點是最低壓力點，如圖中的 B 點所示。在前緣附近，流速為零，根據壓力係數公式 $C_P = 1 - \frac{V^2}{V_\infty^2}$，$C_P = 1$，稱為前駐點，如圖中的 A 點所示，前駐點也是壓力最高的點。

從實驗結果可以發現，機翼翼型要產生升力一定滿足以下 3 個條件。

（1） 翼型攻角必須小於臨界攻角：由於當翼型的攻角 α 在到達與大於臨界迎攻角 $\alpha_{critical}$ 時，機翼的翼型會產生失速現象，從而導致升力迅速下降，甚至會發生飛安事故。

（2） 上翼面各點的壓力係數為負值：翼型要產生升力，在上翼面各量測點的靜壓必須要小於或等於進氣氣流的靜壓。根據壓力係

數的定義公式 $C_P = \dfrac{P - P_\infty}{\frac{1}{2}\rho_\infty V_\infty^2}$ ，所以其壓力係數必定要小於或等於 0，也就是 $C_{P\,上翼面} \leq 0$ 。

（3） 下翼面各點的平均壓力系數值必須大於上翼面：翼型要產生升力，在下翼面的平均壓力必定要大於上翼面的平均壓力。而根據壓力係數的定義公式 $C_P = \dfrac{P - P_\infty}{\frac{1}{2}\rho_\infty V_\infty^2}$ ，可以推得：在下翼面各點的平均壓力系數值 $\overline{C}_{P下翼面}$ 大於在上翼面各點的平均壓力系數值 $\overline{C}_{P上翼面}$ ，即 $\overline{C}_{P下翼面} > \overline{C}_{P上翼面}$。

3.翼型表面壓力分布的座標表示法：根據翼型表面的壓力分布實驗，以測量點與前緣的橫向距離 x 與翼弦弦長（c）的比值 $\bar{x}$（$\bar{x} = \dfrac{x}{c}$）為橫座標，量測點所量測出的壓力係數為縱坐標，將翼型各測量點投影在座標平面上的壓力係數值畫出，正壓力係數（$C_P>0$）畫在橫坐標下方，表示下翼面的壓力係數。負壓力係數（$C_P<0$）畫在橫坐標上方，表示上翼面的壓力係數，將各個測量點的壓力系數值用平滑的曲線連接起來，就是用座標法表示的壓力分布圖，如圖 5-15 所示。研究指出，當氣流以低於臨界攻角的正攻角流經機翼翼型時，翼型的升力係數為 $C_L = \int_0^1 (C_{P,下翼面} - C_{P,上翼面}) d\bar{x}$ 。

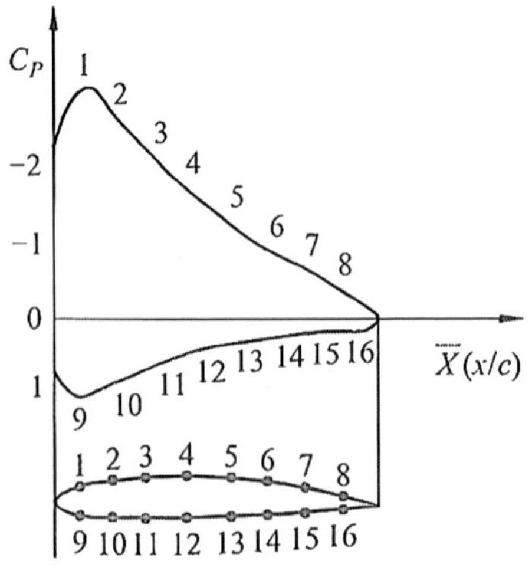

圖 5-15：用座標法表示翼型表面壓力分布的示意圖

（四）普蘭特－葛勞爾特定理

在空氣動力學的研究中，由於高速風洞價格昂貴且操作時常因安全的問題發生意外，所以通常利用普蘭特－葛勞爾特定理將低速風洞的實驗資料轉換成高速風洞的研究結果。

1.目的：如果 Ma 低於 0.3 時，氣流可以視為不可壓縮，ρ=常數。但是 Ma 高於 0.3 時，不能不考慮壓縮性，氣流必須當作可壓縮流。根據普蘭特－葛勞爾特定理可以建立相同翼型在不可壓縮流與可壓縮流中氣動力參數之間的關係，進而得到氣流的壓縮性或流速對相同翼型的影響。

2.公式：根據普蘭特－葛勞爾特定理，在翼型攻角低於臨界攻角與氣流流速低於臨界馬赫數的情況下，也就是不考慮翼型失速與局部震波所造成影響的狀況下，薄翼翼型在中小攻角可以用 $C_{P,\text{可壓}}=\dfrac{C_{P,\text{不可壓}}}{\sqrt{1-M_a^2}}$ 做近似計算。此一計算公式即稱之為普蘭特－葛勞爾特公式（Prandtl-Glauert Equation）。在公式中，$C_{P,\text{可壓}}$ 為在可壓縮流中，翼型表面上各點的壓力係數，$C_{P,\text{不可壓}}$ 為在不可壓縮流中，翼型表面上各點的壓力係數，而 Ma 為氣流馬赫數。

3.推論：根據普蘭特－葛勞爾特公式，可進一步地推論翼型升力係數 C_L 在可壓縮流與不可壓縮流的關係為 $C_{L,\text{可壓}}=\dfrac{C_{L,\text{不可壓}}}{\sqrt{1-M_a^2}}$。

六、升力係數與阻力係數

翼型的升力係數與阻力係數是描述翼型空氣動力常用的兩個無因次係數，其定義如下。

（一）升力係數的定義

翼型升力係數的定義公式為 $C_L=\dfrac{L}{\frac{1}{2}\rho V_\infty{}^2\times C\times 1}$，在公式中，$C_L$ 為機翼翼型的升力係數，L 是機翼在單位翼展長度面積時的升力，$\frac{1}{2}\rho V_\infty{}^2$ 是

相對氣流所產生的動壓，C 為翼型的弦長，而 1 為單位翼展長度，所以 C×1 為在單位翼展長度時的機翼面積。

（二）阻力係數的定義

翼型阻力係數的定義公式為 $C_D = \dfrac{D}{\frac{1}{2}\rho V_\infty{}^2 \times C \times 1}$ ，在公式中，C_D 為機翼翼型的阻力係數，D 是機翼在單位翼展長度面積時的阻力。

（三）機翼的升力與阻力公式

從翼型的升力係數與阻力係數的定義公式可進一步推知：$L = \frac{1}{2}\rho V_\infty{}^2 C_L S$ 與 $D = \frac{1}{2}\rho V_\infty{}^2 C_D S$ 。前者稱為升力公式，後者稱為阻力公式。式中，S 為機翼面積。從升力與阻力公式中，可以看出升力和阻力與氣流密度、飛行速度、機翼的面積成正比。升力增加，阻力也增加，所以機翼升力與阻力息息相關。

（四）機翼的設計原則

根據升力公式 $L = \frac{1}{2}\rho V_\infty{}^2 C_L S$ 與阻力公式 $D = \frac{1}{2}\rho V_\infty{}^2 C_D S$ ，飛機的飛行速度 V_∞越低，升力與阻力越小，而飛機的飛行速度 V_∞越高，升力與阻力越大。輕小型飛機（低次音速飛機）因為速度低，所以在設計機翼時，必須確保飛機飛行時能夠獲得足夠的升力。但是隨著航空科技的發展，飛機所能達到的飛行速度越來越高，獲得飛行所需的升力已經不成問題，因此在設計高次音速飛機機翼時，一般設計的重點不是放在如何確保升力，而是著重在如何減少阻力，藉以增加飛機飛行的速度、提升飛機的性能或是減少飛機飛行時的耗油率。

七、機翼與機身的安裝角度與位置

機翼是飛機產生升力的主要部件，安裝在機身上，機翼的翼根就是飛機機翼和機身相連接的部分。翼尖就是機翼的最外沿部分，也就是機翼末端最窄的部分，如圖 5-16 所示。

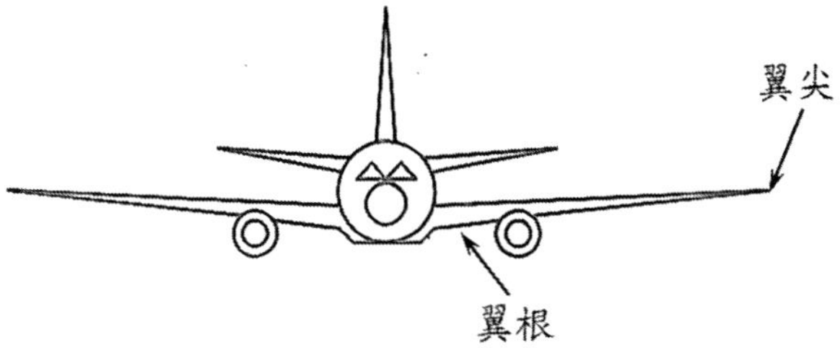

圖 5-16：機翼翼尖與翼根位置的示意圖

翼根承受著機身的重力和機翼升力產生的彎矩，是機翼受力最大的部位，也是結構強度最大的部分。機翼與機身用接頭連接，由於機翼兩端都由若干個相等的緩衝片組成的，如果直接焊接，緩衝片就不能自如進行上下的緩衝、保持機身的平衡和平穩。翼根處有整流罩，不僅能夠減少飛行阻力，而且整流罩內的空間可用來安置起落架、空調等設備。機翼和機身的相對角度，可用安裝角、上下反角以及扭轉角來描述，依照機翼和機身安裝的相對位置可將飛機分成上單翼、中單翼與下單翼三種類型。

（一）機翼相對於機身的角度

機翼和機身的相對角度與位置主要是使用安裝角、上下反角以及扭轉角來表示。

1.安裝角：如圖 5-17 所示，機翼安裝在機身上時，翼根的翼型弦線與機身軸線之間的夾角，稱為安裝角（Mounting angle），用符號 φ 表示。

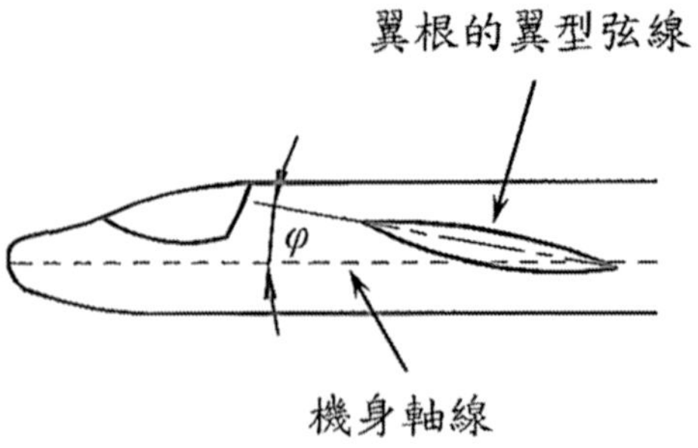

圖 5-17：機翼安裝角定義的示意圖

安裝角的大小應依照飛機最主要的飛行姿態來確定。例如以巡航姿態為主的運輸機，考慮到減小阻力，安裝角一般約取 3°~4°左右。

2.上下反角：如圖 5-18 所示，將機身水準放置，機翼基準面與水平線的夾角，我們稱為機翼與機身的反角，用符號 Ψ 表示。從飛機側面看去，如果翼尖上翹，就叫上反角，Ψ 為正，也就是 Ψ>0。反之，如果翼尖下垂，就叫下反角，Ψ 為負，也就是 Ψ<0。

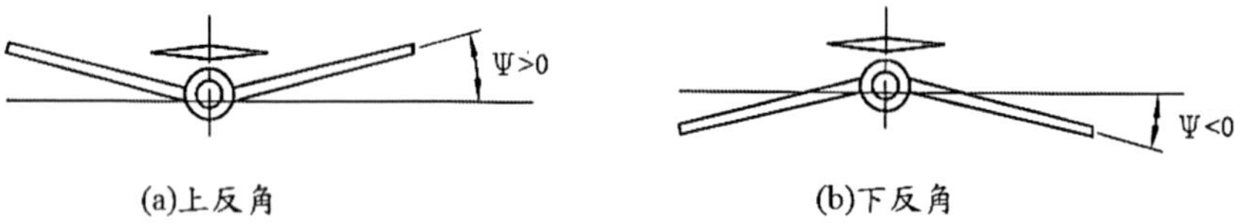

圖 5-18：上下反角的示意圖

3.扭轉角：如圖 5-19 所示，在飛機機翼中，從翼根到翼尖的翼展方向可以做許多的剖面，也就是說飛機的機翼是由許多翼型（翼剖面）所構成的。

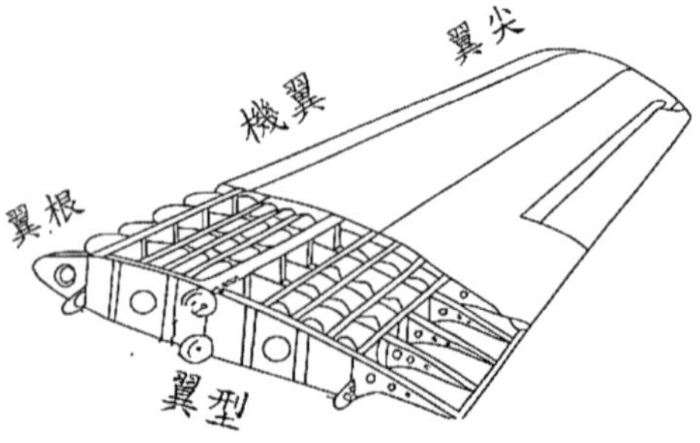

圖 5-19：機翼和翼型組成示意圖

翼型扭轉是一種比較常見的機翼設計，其主要目的是為了降低誘導阻力改善升力分布，防止翼尖失速的現象（梯型機翼或後掠機翼的飛機飛行時，在翼尖處開始局部失速的情形），根據機翼扭轉的方式可以分為幾何扭轉和氣動扭轉二種方式。

（1） 幾何扭轉：如圖 5-20 所示，如果機翼中各翼型的弦線不在同一平面內，該機翼稱為幾何扭轉機翼（Geometrically twisted wing），翼型弦線與翼根翼型弦線之間的角度稱為機翼的幾何扭轉角（Geometric angle of twist），用符號 Φ 表示。在圖中，如果翼根的攻角大於翼型的局部攻角，則此翼型的扭轉角為正。反之，如果翼根的攻角小於翼型的局部攻角，則此翼型的扭轉角為負。如果沿翼展方向的局部攻角從翼根到翼尖是減少的，則此機翼扭轉稱為外洗，機翼扭轉角為負；反之，機翼扭轉為內洗，機翼扭轉角為正。在後掠機翼上，通常將翼尖相對於翼根向下扭轉，使翼尖的局部攻角減少，也就是負扭轉，這樣使得翼尖部分的升力降低，從而防止翼尖先失速。

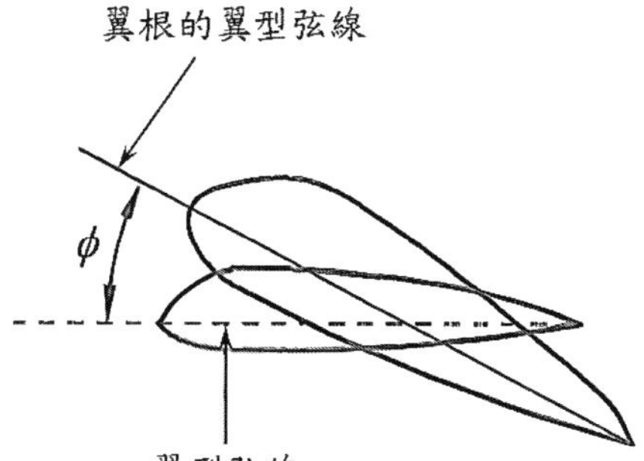

圖 5-20：機翼幾何扭轉的示意圖

（2） 氣動扭轉：有的機翼，雖然各翼型的翼弦都在同一平面上，也就是機翼上並沒有幾何扭轉，但是沿著機翼翼展方向卻採用了不同彎度的非對稱翼型。從空氣動力的角度看，它實際上與幾何扭轉的作用相同，也具備控制翼展方向升力分布的功能，以防止翼尖先行失速，這種設計方式稱為氣動扭轉（Pneumatic torsion）。氣動扭轉機翼中翼型氣動扭轉角（Pneumatic torsion angle）的定義為該翼型的零升力攻角（Zero lift angle of attack）與翼根翼型的零升力攻角間的差值。實際機翼常見的是氣動扭轉，或者與幾何扭轉合併使用。

（二）機翼相對於機身的位置

根據機翼安裝在機身的上下位置不同來做分類的話，通常可以將飛機分成上單翼、中單翼與下單翼三種類型的飛機，如圖 5-21 所示。

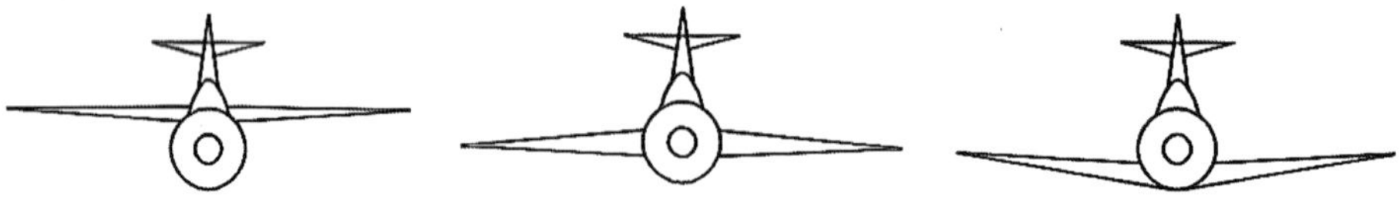

(a)上單翼飛機　(b)中單翼飛機　(c)下單翼飛機

圖 5-21：上、中、下單翼飛機的示意圖

一般而言，中單翼飛機由於機翼和機身的連接時，機翼的翼梁會穿過機身，這不僅占據了機身體積，也削弱了飛機的載貨能力，因此不被民用機採用。民用客機基本選擇下單翼設計，這種佈局有助於遮罩發動機所發出的巨大的噪音，從而降低機艙內的噪音，提供給乘客較舒適的飛行環境。此外，機翼靠近地面，便於維修人員進行發動機的檢查和維護。然而，下單翼設計也存在一些不便，如機身離地較高，不便於乘客和貨物的裝卸，且發動機靠近地面，可能在起降時吸入跑道表面的砂石或冰雪，導致發動機產生外物損傷，同時對地面人員也構成安全隱患。為此，軍用和貨運飛機傾向於採用上單翼設計，這種設計便於貨物的裝卸，減少了吸入異物的風險，並且提供了更大的翼下空間，以適應更大尺寸的發動機。

✈課後練習與思考

[1] 如何描述機翼的幾何外形？

[2] 全機翼（Full wing）與淨機翼（Net wing）的定義與差異是什麼？

[3] 請問梯度比和展弦比的定義為何？

[4] 請問弦線、中弧線與彎度的定義為何？

[5] 請問五位元數翼型系列 NACA23012 代表的意義是什麼？

[6] 請問機翼扭轉設計的主要目的為何？

[7] 請問翼型攻角的正負如何判定？

[8] 請問使用普蘭特－葛勞爾特定理轉換的目的與假設是什麼？

[9] 運輸機一般採用上單翼設計的理由是什麼？

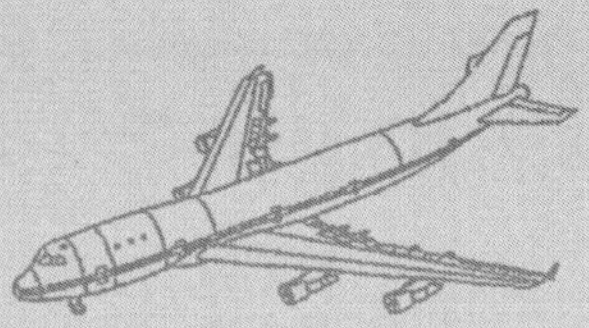

第六章

機翼翼型的空氣動力

飛機的升力與阻力統稱為空氣動力，它是評估飛機飛行性能的主要依據，同時也是理解和分析飛機平衡、穩定和操縱原理的重要基礎。儘管飛機由機翼、機身與尾翼等多個部件組成，但在飛機飛行的過程中，機翼對飛機的空氣動力特性產生了決定性影響。翼型作為機翼的基礎結構，其空氣動力特性不僅直接決定了飛機的飛行表現，而且與飛機的飛行性能、操控性和穩定性緊密相關。因此，在本章中將針對翼型的空氣動力特性進行探討，並提供相關的簡要說明。

一、翼型的空氣動力與力矩

（一）翼型空氣動力理論

翼型空氣動力理論又稱為二維機翼空氣動力理論，它是假設氣體流過無限翼展的矩形機翼所得到的研究結果。在翼型空氣動力學中，風洞是研究的主要實驗裝置，其裝置示意圖如圖 6-1 所示。

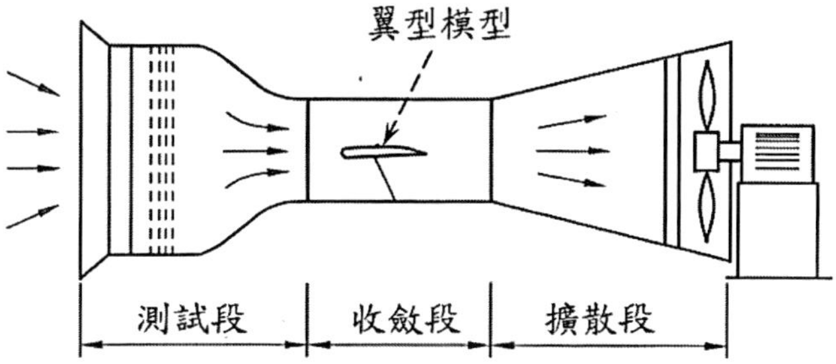

圖 6-1：風洞實驗裝置示意圖

（二）空氣動力分量

翼型上的空氣動力是由分布在翼型上、下表面的壓力與表面剪切應力產生，其合力用符號 R 表示，如圖 6-2 所示。從圖中可以看出，翼型的空氣動力 R 可以分解為垂直於弦線方向的法向力 N 與平行於弦線方向的軸向力 A，也可以分解成垂直於相對氣流方向的升力 L 和平行於相對氣流方向的阻力 D。通常使用升力和阻力描述翼型、機翼與飛機的空氣動力特性。

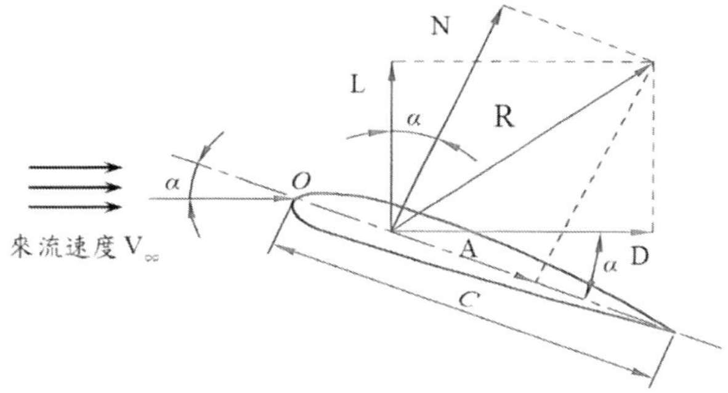

圖 6-2：翼型的空氣動力與力矩的示意圖

（三）空氣動力力矩

翼型的空氣動力力矩是空氣動力（升力和阻力）相對於翼型某點的力矩。比較常見的是對翼型前緣取力矩，稱為前緣力矩（Leading moment），如圖 6-2 中，O 點所受力矩，用符號 M_{LE} 表示。這裏依據慣例規定順時針方向，也就是使翼型抬頭向上的力矩為正；逆時針方向，也就是使翼型低頭向下的力矩為負，所以圖中 M_{LE} 的箭頭方向為正向。飛機在飛行時，使飛機機頭上仰或下俯的力矩稱為俯仰力矩（Pitching moment），與前緣力矩一樣，使機頭上仰的為正，反之為負。空氣動力力矩（簡稱力矩）是飛行控制的重要參數，在研究飛機平衡、穩定與控制時，通常必須使用這個運動參數。

二、翼型的壓力中心與空氣動力中心

實驗與研究指出，空氣動力特性取決於翼型的壓力中心和空氣動力中心位置以及兩者隨著攻角的變化。

（一）壓力中心的意義

實際上，氣流流過翼型時，在翼型上的每一點都會受到空氣動力的作用，它們所產生的合力稱為總空氣動力 R。總空氣動力 R 的作用點，稱為壓力中心（Center of pressure），用符號 CP 表示。由於總空氣動力 R 作用在壓力中心上，所以空氣動力分布載荷施加在壓力中心的力矩總和為零。因此我們定義壓力中心為總空氣動力的作用點，在此點的空氣動力力矩為 0，如圖 6-3 所示。

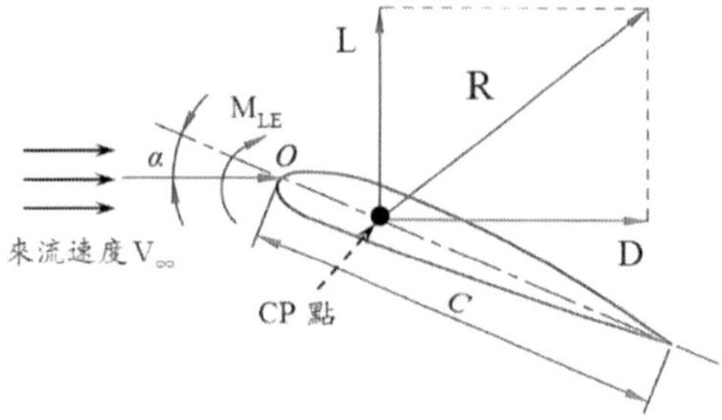

圖 6-3：翼型壓力中心的示意圖

（二）攻角對壓力中心位置的影響

如圖 6-4 可以看出相同的低速流經翼型表面時，不同的攻角對壓力中心的位置變化情形。

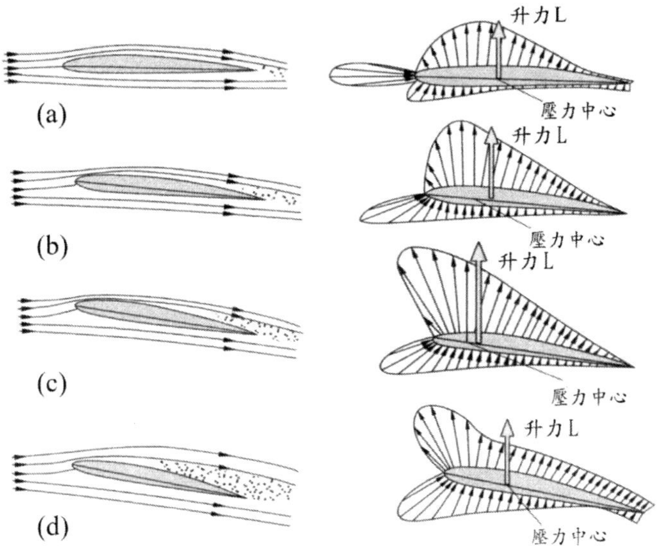

圖 6-4：不同攻角的壓力中心位置變化

從圖中可以看出：當攻角小於臨界攻角時，相同的低速流經翼型表面時，壓力中心的位置隨攻角的增大向前移動，翼型的升力係數 C_L 也隨之增加。當攻角增加到特定值，翼型的升力係數達到最大，此時的攻角叫作臨界攻角（Critical attack angle），當攻角值超過臨界攻角，翼型的後緣會產生流體分離的現象，升力係數迅速降低，壓力中心位置不僅不再往前，而且向後移動。此時，升力迅速下降的現象稱為失速現象。

（三）空氣動力中心的意義

翼型的壓力中心隨著攻角而改變，也就是壓力中心的位置並非固定不變，因此在空氣動力學中壓力中心並不總是很方便的概念（並非定值）。實驗和理論發現，如果不考慮翼型失速，存在一個固定點，在較大攻角範圍內，空氣動力在該點的力矩保持不變，該固定點稱為空氣動力中心（Aerodynamic center），又稱焦點，用符號 AC 表示，如圖 6-5 所示。

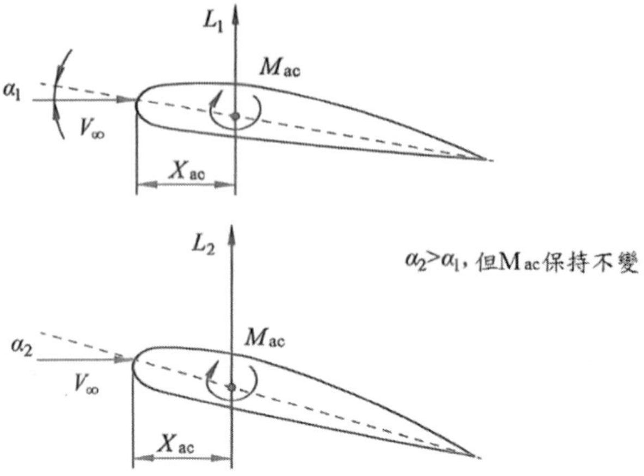

圖 6-5：翼型空氣動力中心的示意圖

從圖中可知，以空氣動力中心為作用點時，作用點的力矩大小與攻角無關。因此可以 $\frac{dM_{ac}}{d\alpha}$ 的特性，求出空氣動力中心。在公式中，M_{ac} 為在空氣動力中心時的力矩，α 為翼型弦線與相對氣流的夾角，也就是攻角。在低速風洞實驗中，如果翼型的攻角小於臨界攻角，也就是在不產生失速現象時，空氣動力中心的位置大約在機翼翼型前緣後方 1/4 弦長處的附近（約為 0.23~0.27 左右）。當然，在實際的應用上，翼型的空氣動力中心的位置取決於翼型具體的實際情況且與飛機飛行的速度區間和流動條件（尤其是雷諾數）有密切的關係。

（四）攻角對空氣動力中心與壓力中心相對位置的影響

一般人以為壓力中心就是空氣動力中心（焦點），這是錯誤的觀念。實際上，對於一般正彎度翼型，壓力中心位於空氣動力中心（焦點）之後。它會隨著翼型的攻角 α 增加（或是升力係數 C_L 增大）而前移，並逐漸向空氣動力中心（焦點）靠近，如圖 6-6 所示。

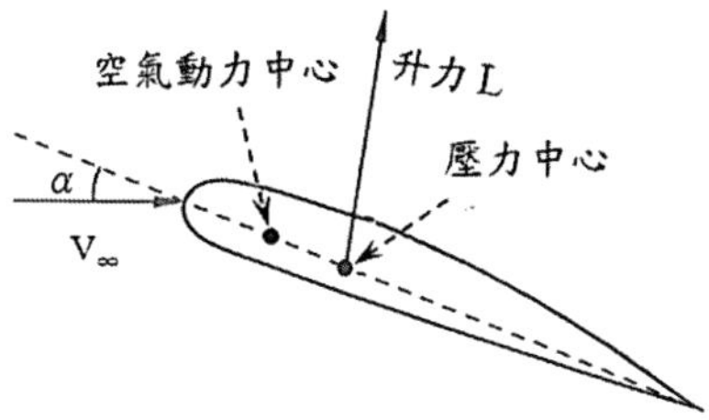

圖 6-6：壓力中心與焦點相對位置的示意圖

三、翼型升力的解釋方式

低速氣體流過翼型形成升力原因的解釋主要是利用體流率守恆公式和伯努利方程式的解釋方式與利用庫塔條件和凱爾文定理的解釋方式兩種類型解釋。超音速氣體流過翼型形成升力原因，則由氣體通過上下翼面斜震波的壓力變化解釋。可以視實際狀況，任選一種說明飛機升力的形成。

（一）利用體流率守恆公式和伯努利方程式的解釋方式

如圖 6-7 所示，以雙凸翼型為例，定性說明機翼翼型升力的產生原理。從圖中可以發現，氣流分成上下兩股氣流沿著翼型的上下表面流動。由於有一定的正攻角，上表面又比較凸，所以，上翼面的流線彎曲大，流線變密。流管變細，流經上翼面時的氣流流速變快，從而導致氣流壓力變小。下翼面的流線變疏，流管變粗，流經下翼面時的氣流流速減慢，從而導致氣流壓力增大。翼型上下表面出現壓力差，且下翼面的壓力比上翼面的壓力大，因此就產生翼型升力 L。

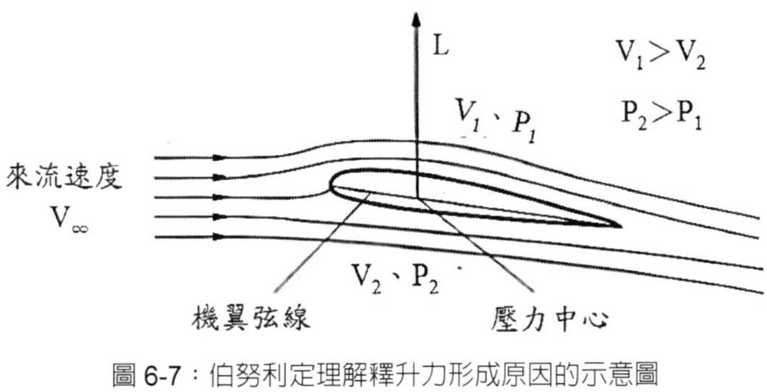

圖 6-7：伯努利定理解釋升力形成原因的示意圖

（二）利用庫塔條件和凱爾文定理的解釋方式

1.庫塔條件：如圖 6-8 所示，對於尖銳尾緣的翼型，低速氣流無法由翼型的下表面繞過尾緣而跑到上表面，所以流經上下翼面的氣流必定會在後緣會合。如果翼型的後緣夾角 θ 不為 0，則對同一點，沿流線方向不可能有兩個速度方向，所以該點的速度必須為 0，也就是該點為滯止點，又稱為後駐點。如果後緣夾角 θ 為 0，也就是翼型呈平板形狀，因為尾緣位置同一點的壓力相等，則 $V_1=V_2\neq0$。

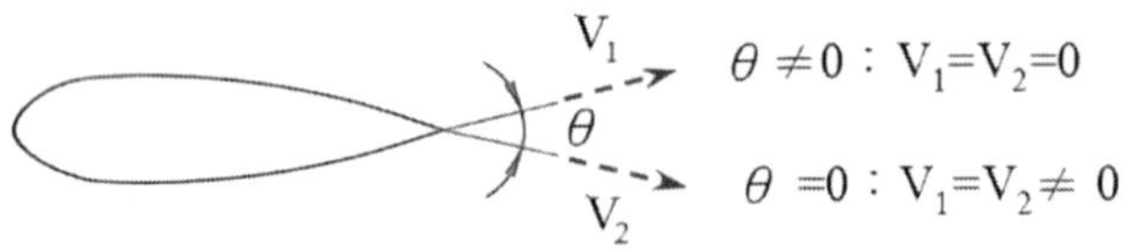

圖 6-8：庫塔條件說明的示意圖

2.凱爾文定理條件：對無黏性流體而言，渦流速度環流量的強度 Γ 不會隨著時間發生變化，也就是 $d\Gamma/dt=0$。

3.翼型升力形成的過程：基於庫塔條件，空氣流過翼型，被分成兩股氣流分別沿著上下翼面流動，並於翼型的尾端會合。對於正攻角，流經翼型的流體無法長期忍受在尖銳尾緣的大轉彎，見圖 9(a)，因此流動會脫體，形成逆時針的渦流，見圖 9(b)，這樣流體不會從下表面繞過尾緣而跑到上表面，我們稱此渦流為起始渦流（Starting vortex）。隨著時間的增加，渦流逐漸地散發至下游，見圖 9(c)，而翼型下方產生平滑的流線，在渦流被吹離時也遠離翼型，見圖 9 (d)，這樣升力就完全產生了。

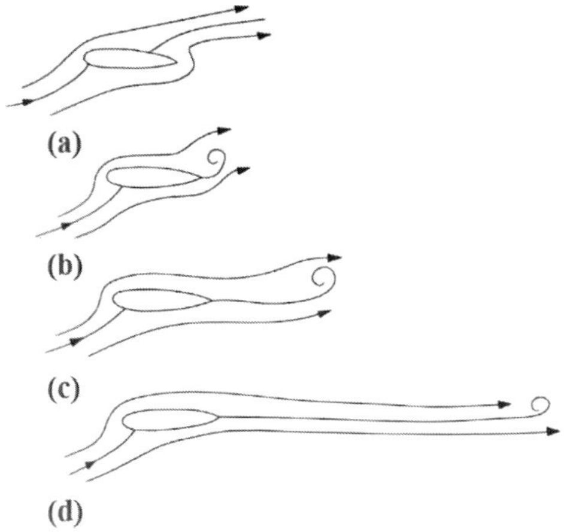

圖 6-9：翼型升力形成過程示意圖

（三）氣體流過上下翼面斜震波壓力變化的解釋方式

如圖 6-10 所示，超音速氣流經過翼型前緣，相當於繞內凹角流動，會產生兩道附體斜震波，使氣流壓縮減速。在通過斜震波後，沿翼型表面流動，相當於繞外凸曲面流動，會產生膨脹波，使氣流膨脹加速。上下翼面的超音速氣流到達後緣時，由於上下氣流指向不一致，壓力也不相等，故又產生兩道斜震波，使匯合後的氣流具有相同的指向和壓力。在正攻角的條件下，下翼面比上翼面氣流轉折角大，震波強度強，波後馬赫數小，壓力大。因此，上下翼面會形成壓力差，從而產生升力。

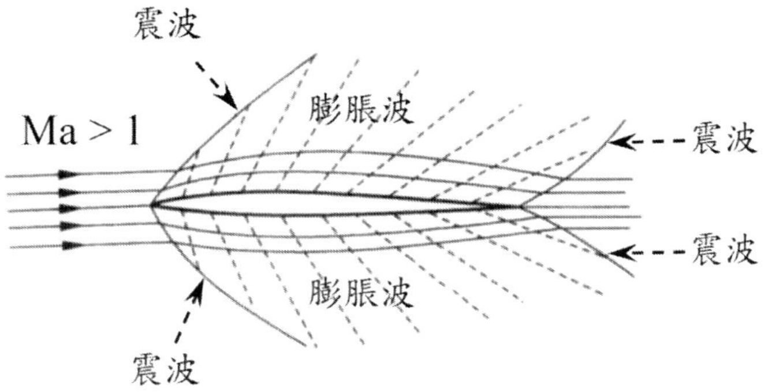

圖 6-10：超音速氣流流過對稱薄翼型的流線譜

四、翼型的升力係數理論

機翼的升力計算公式為 $L=\frac{1}{2}\rho V_{\infty}{}^{2}C_{L}S$ ，在公式中，L 為機翼的升力，C_L 為升力係數，$\frac{1}{2}\rho V_{\infty}{}^{2}$ 是相對氣流所產生的動壓，S 是機翼面積。從公式中可以看出：飛機升力的影響因素為飛機飛行時空氣的密度、升力係數、飛機的飛行速度以及機翼面積。飛機在飛行時的空氣密度與飛機的飛行高度有關，飛機的飛行速度以及機翼的面積取決於飛機的類型。如果飛機的類型與飛行高度確定時，影響飛機升力的因素幾乎就只有升力係數 C_L 這個無因次參數。

（一）機翼翼型的選擇

低速飛機因為飛行速度比較小，為了得到足夠的升力，所以必須採用升力係數較大的機翼翼型，所以低次音速飛機多採用相對厚度與相對彎度較大，而且最大厚度位置靠前的翼型，例如平凸型翼型或雙凸型翼型等不對稱翼型。隨著飛行速度的提高，升力的獲得已不再是問題，所以翼型的選擇必須側重在減少阻力，所以現代高速飛機，多採用相對厚度較小與最大厚度位置靠後的機翼翼型或是相對彎度為零的對稱薄翼翼型。

（二）翼型升力係數理論

在飛行原理與空氣動力學問題時，通常使用二維機翼升力係數理論（Two-dimensional airfoil lift coefficient theory）和薄翼理論（Thin airfoil theory）來描述翼型的升力係數與翼型外形間的關係。

1.二維機翼升力係數理論

（1） 假設條件：翼型升力係數理論又稱二維機翼升力係數理論（Two-dimensional airfoil lift coefficient theory），它是以氣流流過無限翼展的矩形機翼為假設基礎，也就是假設機翼內所有翼型的形狀以及所受的空氣動力特性均相同，並且忽略了機翼扭轉和翼尖效應等因素所造成的三維效應（Three-dimensional effect）。除此之外，在探討升力係數理論時，首先必須是在不考慮失速現象的假設下才能夠成立，也就是升力係數理論公式翼型的攻角必須小於臨界攻角。由此可知：二維機翼升力係數理論（翼型升力係數理論）是在忽略機翼的三維效應與不考慮翼型失速條件下獲得。

（2） 升力係數計算公式：二維機翼升力係數理論公式是用來計算翼型的升力係數、攻角與相對彎度的關係，其計算公式為 $C_{L,理論} = 2\pi \sin(\alpha + \frac{2h}{c})$。在公式中，$C_L$ 為升力係數，α 為攻角，$\frac{h}{c}$ 為相對彎度。從公式中，可以看出：在相同攻角 α 的情況下，不對稱機翼翼型的升力係數 C_L 較大，且相對彎度 $\frac{h}{c}$ 越大，升力係數 C_L 也會越大。由於平凸翼型的彎度＞雙凸翼型的彎度＞對稱翼型的彎度，所以在不考慮翼型失速與相同攻角和翼型厚度的情況下，平凸翼型的升力係數＞雙凸翼型的升力係數＞對稱翼型的升力係數。

2.薄翼理論

（1） 假設條件：如前所述，現代高速飛機，多採用相對彎度較小甚至相對彎度等於 0 的薄翼翼型。所以薄翼理論是以機翼翼展無限長（忽略機翼的三維效應）、翼型的彎度 $\frac{h}{c}$ 非常小（$\frac{h}{c} \to 0$）以及翼型的攻角 α 非常小（$\alpha \to 0$）為假設條件下所獲得的理論。

（2） 升力係數計算公式：薄翼理論的計算公式為 $C_L = 2\pi\alpha$，在式中，C_L 為升力係數以及 α 為攻角。從公式中可以看出，可以看出：對稱機翼翼型的攻角越大，升力係數越大，而且對稱機翼翼型的升力係數對攻角斜率 $\frac{dC_L}{d\alpha}$ 為 2π。

（3） 公式推導：因為對稱機翼翼型的相對彎度 $\frac{h}{c}$ 為 0，所以二維機翼升力係數理論公式 $C_{L,理論} = 2\pi \sin(\alpha + \frac{2h}{c})$ 可以簡化為 $C_{L,理論} = 2\pi \sin\alpha$。又因為薄翼理論是假設攻角非常小，所以 $\sin\alpha \approx \alpha$。因此在薄翼理論的假設下，二維機翼升力係數理論的計算公式$C_{L,理論} = 2\pi\sin(\alpha + \frac{2h}{c})$可以被簡化為$C_L = 2\pi\alpha$。

航空小常識

許多學生在計算翼型升力係數時，常常錯誤地將攻角的角度值直接應用於二維機翼升力係數理論的計算公式$C_{L,理論} = 2\pi\sin(\alpha + \frac{2h}{c})$或薄翼理論的計算公式$C_L = 2\pi\alpha$。然而，這種做法是不正確的。實際上，在使用這些理論的計算公式時，應當首先將攻角的角度值轉換為徑度，然後才能進行代入計算。由於一個圓的徑度，是 2π，而對應的角度是 360°，因此，若直接將攻角的角度值代入計算公式，會導致結果出現顯著的誤差，這一點需要特別留意。

五、翼型的升力係數曲線

翼型的升力係數曲線是表示升力特性的重要曲線，其中的重要參數有零升力攻角、升力係數曲線斜率、臨界攻角以及最大升力係數等。

（一）升力係數曲線的定義

翼型的升力係數可以通過風洞實驗來測定，根據各攻角時的升力係數值，畫出升力係數 C_L 隨著攻角 α 變化的關係曲線，稱為翼型的升力係數曲線，如圖 6-11 所示。

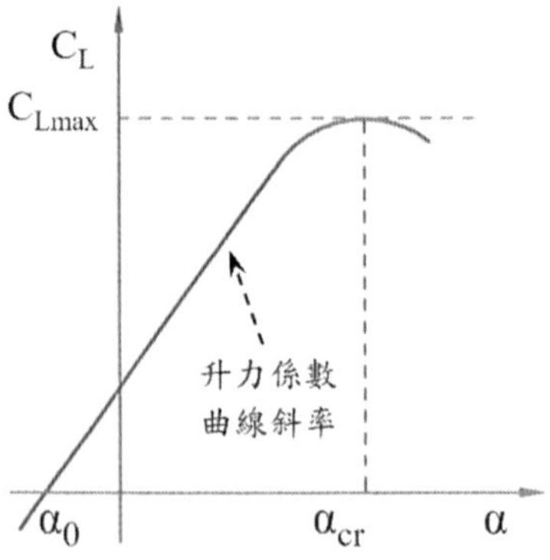

圖 6-11：翼型升力係數曲線示意圖

從圖中可以看出，升力係數曲線不僅表達升力係數隨攻角變化的規律，而且還可以從曲線上查出任意攻角的升力係數以及零升力攻角、臨界攻角以及升力係數曲線斜率等重要參數，所以它是分析飛機基本飛行性能的重要曲線。

（二）零升力攻角的定義

所謂零升力攻角（zero lift angle of attack）就是指翼型的升力係數 C_L 值為零的攻角，也就是圖 6-11 中的 α_0。根據二維機翼升力係數理論的計算公式 $C_{L,理論} = 2\pi \sin(\alpha + \frac{2h}{c})$ 可以得知：零升力攻角的大小與翼型的相對彎度 $\frac{h}{c}$ 有關，也就是 $\alpha_0 = -\frac{2h}{c}$，對於對稱機翼翼型而言，零升力攻角為 0，對於不對稱機翼翼型而言，零升力攻角為負值，當翼型的相對彎度增加時，零升力攻角的負值增加，所以零升力攻角的值變小，如圖 6-12 所示。

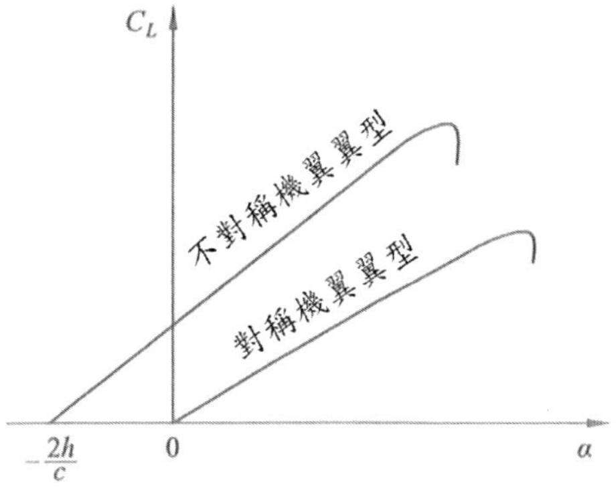

圖 6-12：翼型零升力攻角與相對彎度的關係示意圖

（三）升力係數曲線斜率的定義

所謂升力係數曲線斜率是指升力係數 C_L 對攻角 α 的偏微分值，也就是升力係數曲線斜率被定義為 $\frac{\partial C_L}{\partial \alpha}$。升力係數曲線斜率反映攻角改變時升力係數變化的大小程度，它是影響飛機操縱性和穩定性能的重要參數，在一攻角範圍內翼型升力系數值會隨著攻角的增加而增大，另從薄翼理論的計算公式中，我們可以概略估算薄翼翼型的升力係數曲線斜率為 2π。

（四）臨界攻角和最大升力係數的定義

如圖 6-13 所示，在翼型升力係數曲線中升力係數最大值所對應的攻角為臨界攻角 α_{cr}，而臨界攻角所對應的升力系數值則為最大升力係數 C_{Lmax}，臨界攻角與最大升力係數是決定飛機起飛與著陸性能的重要參數。

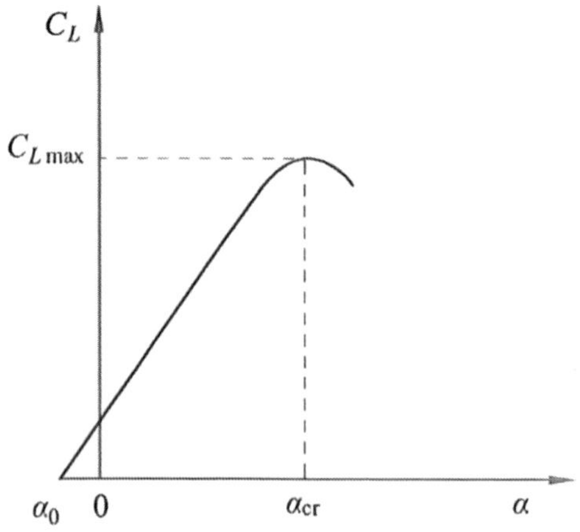

圖 6-13：臨界攻角和最大升力係數的關係示意圖

六、翼型的大攻角失速

（一）失速現象的介紹

如圖 6-14 所示，飛機在低飛行攻角時升力係數隨著攻角上升，到達臨界攻角時，升力係數為最大，也就是當 $\alpha=\alpha_{cr}$，時，$C_L=C_{Lmax}$。當飛行攻角超過臨界攻角，翼型上表面後緣的氣流會發生嚴重的氣流分離，導致升力係數急劇下降，飛機將無法再繼續飛行，這種現象即稱為翼型失速（Airfoil stall）。因此，臨界攻角又被稱為失速攻角（stalling angle of attack），用符號 α_{stall} 表示。

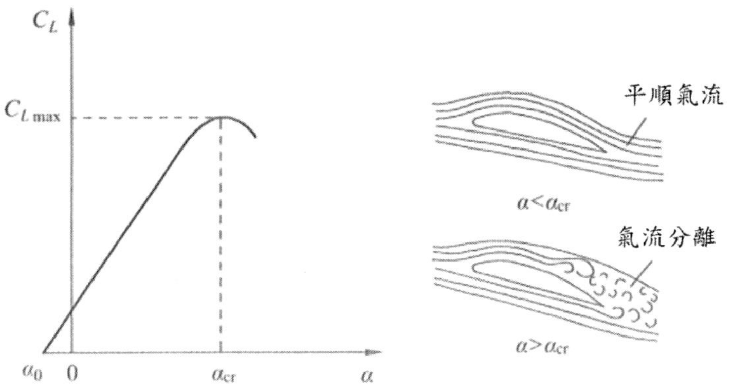

圖 6-14：失速現象的示意圖

（二）飛行超過臨界攻角（失速攻角）的處置方式

如圖 6-15 所示，研究指出，如果攻角由小至大超過臨界攻角，翼型升力係數隨著攻角的變化情形是 D→A→B，但是如果攻角超過臨界攻角後由大至小地降低，翼型升力係數隨著攻角的變化情形是 B→C→D→A，所以飛機在發生失速時，如果只是稍微調降攻角，飛機的升力根本無法支撐其自身的重力。飛機在起飛或著陸遇到失速時，以當時的高度與速度，根本不可能留給飛行員有足夠的空間和時間來恢復控制。飛機在起飛或著陸時，如果飛行攻角超過臨界攻角，往往會發生機毀人亡的慘劇。

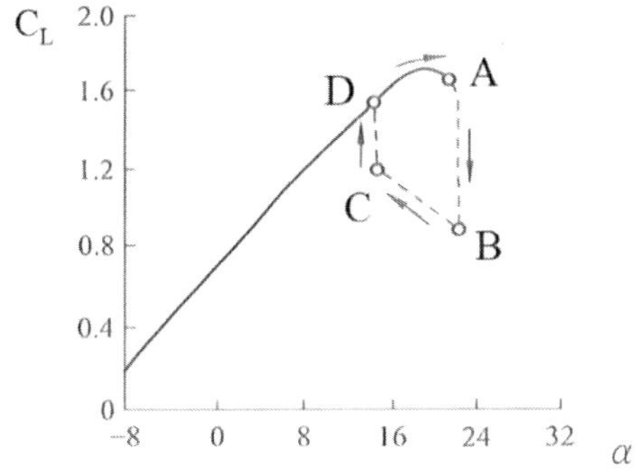

圖 6-15：翼型升力係數在臨界攻角附近變化的示意圖

七、翼形阻力形成原因的描述

根據產生阻力原因的不同，可以將翼形阻力分為摩擦阻力（Friction force）和壓差阻力（Pressure drag），這兩種阻力又統稱為型阻（Profile drag），如果飛行速度超過臨界馬赫數，還必須考慮翼型的局部震波造成的震波阻力（Shock wave drag force）。

（一）摩擦阻力

摩擦阻力是指氣流流經翼型時，氣流與翼型表面發生摩擦而形成的阻力。它存在於邊界層內，是由氣流的黏滯效應而產生的阻力。如圖 6-16 所示。

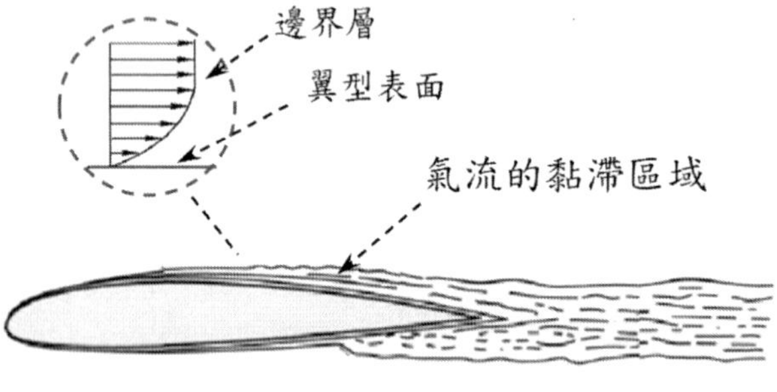

圖 6-16：摩擦阻力形成原因的示意圖

摩擦阻力的計算方程式為 $F_s = \tau \times A = \mu \times \frac{du}{dy} \times A$，在公式中，Fs 為摩擦阻力，τ 為單位面積的黏滯力（剪應力），A 為接觸表面的表面面積，而 $\frac{du}{dy}$ 為氣流在物體接觸表面上的法向速度梯度。從公式中可以看出 Fs 與氣體的黏性係數 μ 和翼型表面的法向速度梯度 $\frac{au}{dy}$ 成正比。根據實驗與研究指出：在紊流邊界層底部的法向速度梯度遠比層流邊界層底部的法向速度梯度來得大，如圖 6-17 所示。

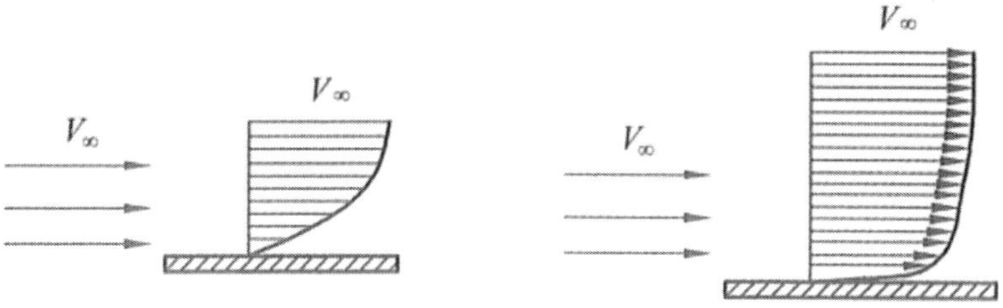

(a)層流邊界層　(b)湍流邊界層

圖 6-17：層流邊界層與湍流邊界層速度分布的示意圖

湍流邊界層的摩擦阻力大的另一個原因在於氣流擾動造成的橫向運動產生了附加的剪應力。高次音速飛機多採用層流翼型以減少摩擦阻力，其外形如圖 6-18 所示。

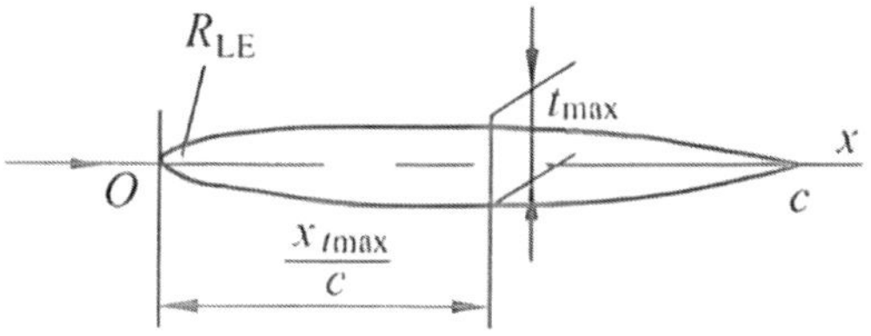

圖 6-18：層流翼型的外形示意圖

層流翼型的基本原理是在氣流達到接近機翼後緣升壓區之前，盡可能在更長的距離上繼續加速，就可以推遲由層流向紊流的轉捩。其主要設計觀念是儘量使上翼面比較平坦且最低壓力點向後靠，讓上翼面的壓力分布較為平坦並加長負壓力梯度段的長度，努力地保持翼型表面的邊界層為層流邊界層，藉以達到降低翼型摩擦阻力的目的。除此之外，由於摩擦阻力與氣體的黏性係數成正比，而翼型的表面越粗糙，氣體流經翼面的黏性係數就越大，因此保護機型表面不受損傷與維持翼型的光潔度，對防止摩擦阻力增大具有重要的意義。

（二）壓差阻力

壓差阻力是指物體前後壓力差所引起的阻力，因為與物體的形狀有關，所以壓差阻力又稱為形狀阻力。壓差阻力是空氣黏性間接造成的一種阻力，也是由於邊界層的存在而產生的，氣體流過翼型時，在翼型的前緣受到阻擋，流速減慢，壓力增大，形成高壓區，且沿著彎曲壁面流動，在翼型表面後部邊界層內的黏滯區產生正壓力梯度。正壓力梯度過大時，邊界層內的氣體將產生分離現象並形成渦流區。渦流區內氣流迅速旋轉，導致部分壓力能摩擦轉變成熱能散失，使得翼型後緣氣流壓力降低，甚至形成負壓區，從而產生壓差阻力，其形成原因如圖 6-19 所示。在日常生活中，高速行駛汽車的後面之所以揚起塵土，就是因為車後渦流區的空氣壓力小，吸起了灰塵。

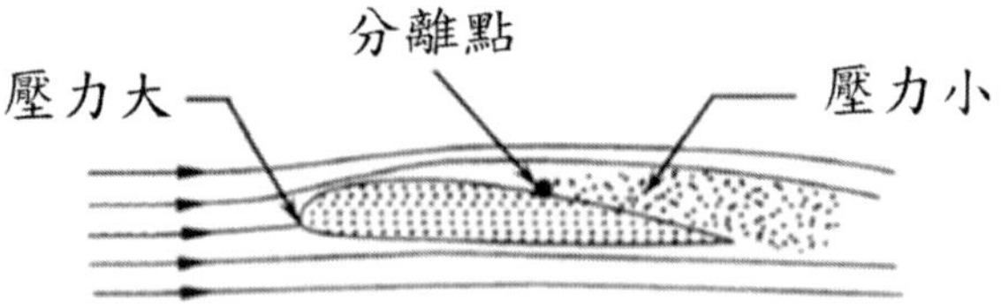

圖 6-19：層流翼型的外形示意圖

實驗與研究證明，壓差阻力（形狀阻力）與物體的迎風面積（見圖 6-20）和風速有關。物體的風速和迎風面積越大，壓差阻力（形狀阻力）也就越大。

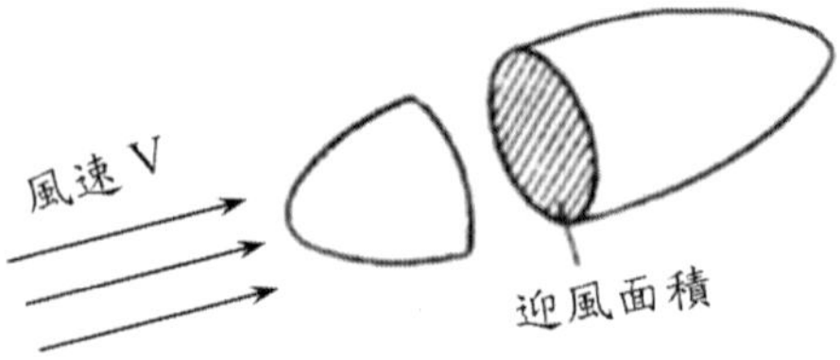

圖 6-20：迎風面積的示意圖

另外研究還發現，物體的形狀越趨於流線，壓差阻力（形狀阻力）也就越小，所以現代飛機採用了很多措施以保持飛機各部分的流線形。壓差阻力（形狀阻力）還與氣流分離的分離點位置有關。分離點越靠前，分離處和渦流區的氣流壓力就越低，壓差阻力（形狀阻力）也就越大。氣流流經球體在層流的尾流區域比湍流大，所以壓差阻力（形狀阻力）較大，這是因為湍流的慣性力大，發生離滯現象比層流延後，這也是為什麼要將高爾夫球的表面設計成用凹凸不平表面的主要原因，如圖 6-21 所示。

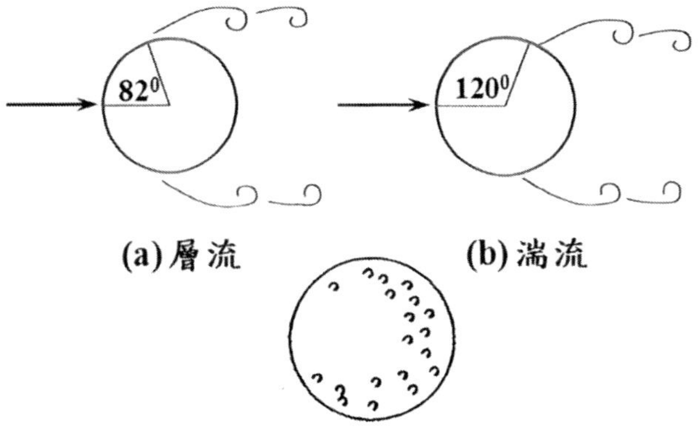

圖 6-21：迎風面積的示意圖

（三）翼型的阻力係數曲線

翼型的阻力曲線是阻力特性的重要曲線，是描述阻力係數 C_D 隨著攻角 α 變化情形的關係曲線，如圖 6-22 所示。阻力係數曲線中，表示翼型特性的重要參數主要是最小阻力係數以及阻力係數曲線斜率。

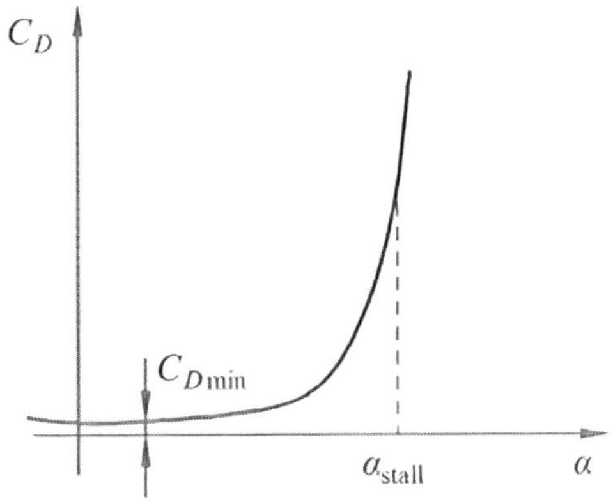

圖 6-22：翼型的阻力系數曲線示意圖的示意圖

1.最小阻力係數的定義：翼型的最小阻力係數是阻力係數的最小值，也就是在圖 6-22 中的 C_{Dmin}。從圖中可以看出，在攻角不大的情況下，翼型的阻力系數值與最小阻力系數值相差不大。飛機一般都在中小攻角的範圍內飛行，因此最小阻力係數可以說是表示飛機正常飛行時阻力大小的一個重要參數。

2.阻力係數的組成：低速翼型的阻力包含了摩擦阻力和壓差阻力（形狀阻力）二種阻力，阻力係數 C_D 的表示式為 $C_D=C_{Df}+C_{DP}$。式中，C_{Df} 為摩擦阻力係數，C_{DP} 為壓差阻力係數。

3.阻力係數曲線斜率的定義：所謂阻力係數曲線斜率是指阻力係數 C_D 對攻角 α 的微分值，也就是阻力係數曲線斜率被定義為 $\dfrac{\partial C_D}{\partial \alpha}$，從圖 6-22 中，可以看出在某一攻角範圍內翼型的阻力系數值會隨著攻（攻）角的增加而增大。但是在小攻角的情況下，翼型的阻力係數隨著攻角增加的斜率較小，而在大攻角的情況下，翼型的阻力係數隨著攻角增加的斜率較大，當翼型的攻角超過臨界攻角後，阻力係數將會隨著攻角的增加而急劇增大。

（1） 在小攻角時的變化原因：在小攻角的情況下，翼型的摩擦阻力占據阻力的主導地位，所以摩擦阻力係數 C_{Df} 為構成翼型阻力係數的主要項，而且幾乎不會隨著攻角的變化而改變，而壓差阻力係數 C_{DP} 值隨著攻角的變化也不大，因此在小攻角的情況下，翼型的阻力係數隨著攻角增加的斜率非常小，甚至可說是幾乎看不出其變化。

（2） 在大攻角時的變化原因：在翼型攻角增大到某一定值時，壓差阻力會占據阻力的主導地位，所以壓差阻力係數 C_{DP} 會成為構成翼型阻力係數的主要項，而且其隨著攻角增大的變化量比較大，所以在大攻角的情況下，翼型的阻力係數隨著攻角增加的斜率較大。

（3） 在超過臨界攻角時的變化原因：當翼型攻角超過臨界攻角時，翼型上翼面的後方會產生流體分離的現象，其壓差阻力係數會急劇增加，從而導致翼型阻力係數的值也急劇增加。

八、翼形的震波阻力

（一）臨界馬赫數的定義

如圖 6-23 所示，由於翼型上表面前部的加速性，在來流速度 V_∞小於並接近音速時，流經上翼面前部的局部速度可能會超過音速，因而產生震波。當翼型上最大速度點的速度增加到等於當地音速時，遠前方相對氣流（來流）速度 V_∞的馬赫數就稱為該翼型的臨界馬赫數，用符號 Ma_{cr}表示。

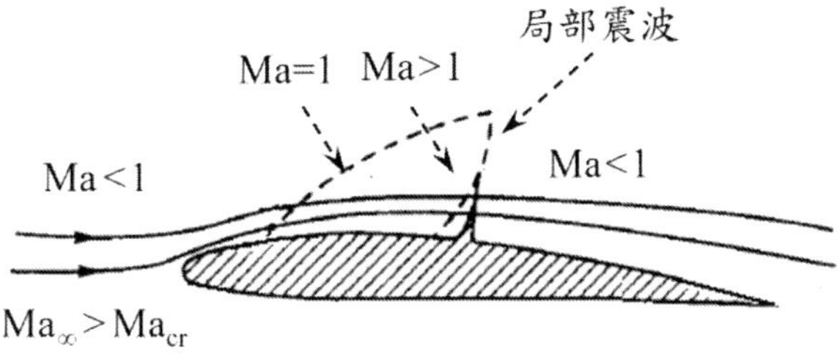

圖 6-23：機翼翼型產生局部震波的示意圖

從圖中可以發現：當來流速度 V_∞達到臨界速度時，隨著來流速度繼續增加，會在翼型的上翼面形成局部的超音速區，並出現一個壓力、溫度、密度突增的分介面，該分介面即為局部震波，此時上翼面周圍氣流既有次音速又有超音速，也就是同時存在次音速與超音速流場。

（二）震波誘導邊界層分離

如圖 6-24 所示，由於局部震波後面氣流的壓力高於震波前面壓力，因此形成很大的正壓力梯度，從而引起邊界層分離，這種現象稱為震波誘導邊界層分離。

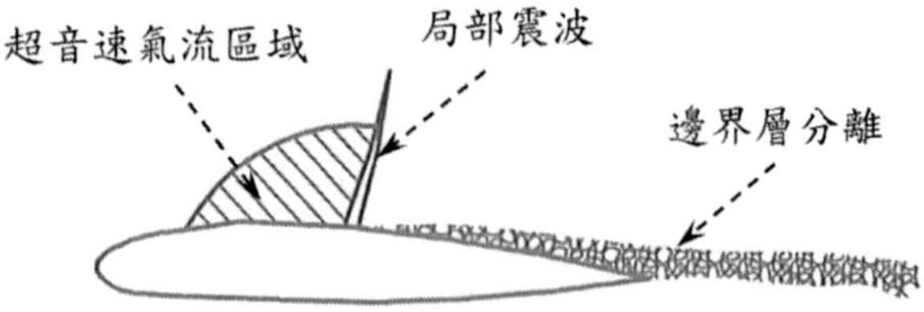

圖 6-24：震波誘導邊界層分離的示意圖

由於局部震波後面氣流的邊界層分離會在翼型的後部產生渦流區，使得壓力減小，導致翼型前緣和後緣間的壓力差增大，形成附加的壓差阻力，使得翼型阻力大為增加。

航空小常識

當飛機的速度超過臨界馬赫數時，翼面部分區域會遭遇局部超音速流動和由震波誘導的邊界層分離，這會導致翼型空氣動力學特性發生非常複雜的變化。對於高次音速飛機而言，一旦飛行速度超出這一臨界值，不僅阻力會驟增，限制飛機加速，還可能引發抖振現象，進而可能導致飛機失控甚至發生嚴重事故。因此，高次音速飛機的飛行儀錶通常都會配備臨界馬赫數指示器，以確保飛行的安全性。

（三）攻角和翼型表面狀況對波阻的影響

當飛行攻角增大時，流經上翼面前緣的氣流流速增快，最低壓力點（最高速度點）的氣流會在較小的飛行馬赫數時達到音速。因此飛行攻角增大，臨界馬赫數降低，翼型表面會更早地出現局部超音速區和局部震波。在相同馬赫數下，翼型的阻力係數隨著攻角的增加而變大。如果翼型表面粗糙，層流邊界層將提前轉換為湍流邊界層。又導致波阻的增加。

（四）超臨界翼型

為了改善翼面出現局部超音速流區、局部震波和震波誘導邊界層分離現象所造成的影響，超臨界翼型被設計出來。它是由美國國家航空航天局蘭利研究中心的 Richard T. Whitcomb 在 1967 年所提出，其與一般翼型在幾何形狀的差異，如圖 6-25 所示。

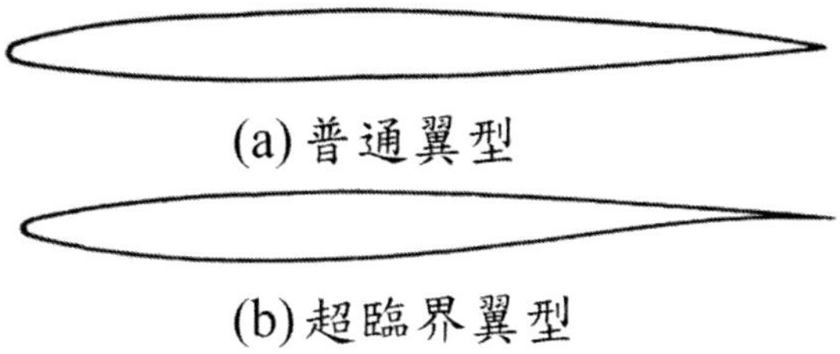

圖 6-25：一般翼型與超臨界翼型差異的示意圖

從圖中可以看出：與普通翼型相比，超臨界翼型的特點為最前緣鈍圓，上表面平坦，曲率較小以及最下表面在後緣處有內凹。超臨界翼型的外形設計具備延遲臨界馬赫數、緩和上翼面局部震波和震波誘導邊界層分離現象所帶來的影響，同時還能夠減小機翼的後掠角、增加機翼的展弦比和增大翼型的相對厚度，從而提高機翼的結構強度，因此廣泛地被新一代民用飛機及軍用運輸機所採用。

九、飛行馬赫數對翼型氣動力特性的影響

（一）飛行馬赫數對升力係數的影響

圖 6-26 為翼型的升力係數在某攻角下隨著飛行馬赫數的變化曲線，可分為不可壓縮次音速流的速度區間、飛行速度低於臨界馬赫數的可壓縮次音速流的速度區間、飛行速度在臨界馬赫數與音速間的速度區間以及飛行速度大於音速的速度區間四個區域解釋。

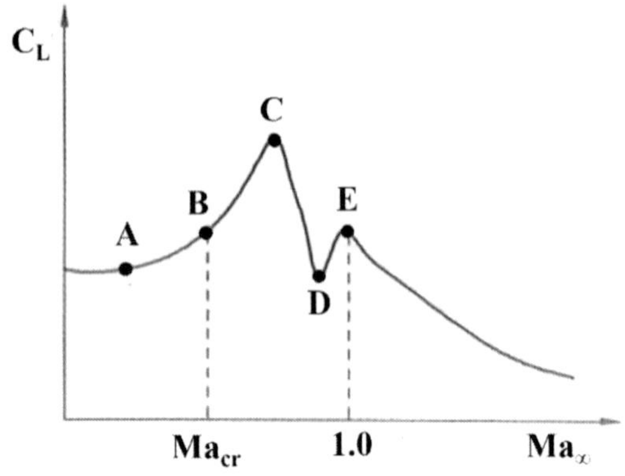

圖 6-26：升力係數隨著飛行馬赫數的變化曲線示意圖

1.不可壓縮次音速流的速度區間（A 點之前的曲線線段）：當飛行馬赫數 Ma_∞小於 0.3 時，流經翼型上下表面的氣流是低次音速氣流，升力係數 C_L 取決於攻角和翼型的形狀，所以升力係數幾乎不會隨著飛行馬赫數的變化而改變。

2.飛行速度低於臨界馬赫數的可壓縮次音速流的速度區間（A 點到 B 點的曲線線段）：當飛行馬赫數 Ma_∞在 0.3 到臨界馬赫數 Ma_{cr} 之間時，流經翼型上下表面的氣流是可壓縮次音速氣流且無局部震波出現。升力係數 C_L 按照次音速變化規律，也就是普蘭特－葛勞爾特升力係數計算法則變化。升力係數隨著飛行馬赫數的增加而增加。

3.飛行速度在臨界馬赫數與音速間的速度區間（B 點到 E 點的曲線線段）：當飛行速度在臨界馬赫數與音速之間時，翼面開始有局部震波出現，升力係數 C_L 隨著飛行馬赫數 Ma_∞的增加先行增加，隨後減少，然後又再次增加，這是翼型上下表面局部震波變化的緣故。

4.飛行速度大於音速的速度區間（E 點以後的曲線線段）：當飛行速度大於音速（$Ma_\infty>1.0$）時，翼型出現脫體震波，升力係數隨著飛行馬赫數的增大而不斷地減少。

升力係數曲線斜率 $\frac{\partial C_L}{\partial \alpha}$ 隨著飛行馬赫數的變化趨勢基本上和升力係數大致相同，基本規律是當飛機的飛行馬赫數 Ma_∞低於臨界馬赫數 Ma_{cr} 時，$\frac{\partial C_L}{\partial \alpha}$ 會隨著 Ma_∞的增加而增加，當 Ma_∞超過 Ma_{cr} 時，$\frac{\partial C_L}{\partial \alpha}$ 會隨 Ma_∞的增加，先增加後減小，接著又再增加，然後又減小。

（二）飛行馬赫數對阻力係數的影響

圖 6-27 為翼型的阻力係數在某攻角下隨著飛行馬赫數的變化曲線，可分為飛行速度低於臨界馬赫數的次音速流的速度區間、飛行速度在臨界馬赫數與音速之間的速度區間以及飛行速度大於音速的速度區間三個區域解釋。

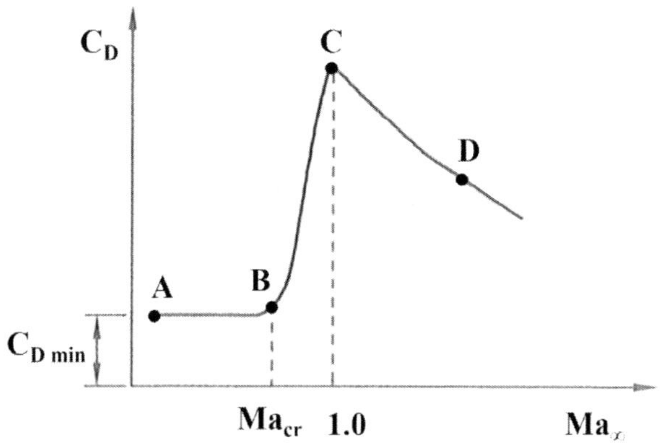

圖 6-27：阻力係數隨著飛行馬赫數的變化曲線示意圖

1.飛行速度低於臨界馬赫數的次音速流的速度區間（AB 線段）：當飛行馬赫數 Ma_∞低於臨界馬赫數 Ma_{cr}時，翼形的阻力係數 C_D基本上不會隨著飛行馬赫數的增加而產生變化。只有在接近臨界馬赫數時，阻力係數才會稍微增加。

2.飛行速度在臨界馬赫數與音速之間的速度區間（BC 線段）：當飛行馬赫數 Ma_∞在臨界馬赫數 Ma_{cr}到 1.0 之間時，翼型表面會出現局部震波，從而產生波阻。翼型的阻力係數 C_D 隨著飛行馬赫數的增加而迅速增加。

3.飛行速度大於音速的速度區間（CD 線段）：當飛行馬赫數 $Ma_\infty>1.0$ 時，翼型前緣出現前緣震波（脫體震波），翼形的阻力係數 C_D 隨著飛行馬赫數的增加而減小。

（三）飛行馬赫數對臨界攻角與最大升力係數的影響

圖 6-28 為翼型的臨界攻角與最大升力係數隨著飛行馬赫數的變化曲線，可分為飛行速度低於臨界馬赫數的次音速流的速度區間與飛行速度高於臨界馬赫數的次音速流的速度區間二個區域解釋。

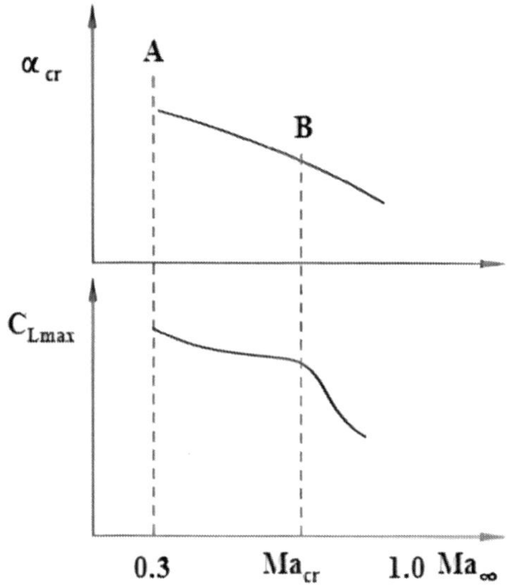

圖 6-28：臨界攻角與最大升力係數隨馬赫數的變化曲線

1.飛行速度低於臨界馬赫數的次音速流的速度區間（AB 線段）：當飛行馬赫數 Ma_∞在 0.3 到臨界馬赫數 Ma_{cr} 之間時，翼型的臨界攻角與最大升力係數隨著飛行馬赫數的增加而減少。

2.飛行速度高於臨界馬赫數的次音速流的速度區間（B 點以後的曲線線段）：當飛行馬赫數超過臨界馬赫數 Ma_{cr} 後會出現局部震波，隨飛行馬赫數的增加，震波增強，將在更小的攻角或升力係數下出現震波失速。所以翼型的臨界攻角與最大升力係數隨著飛行馬赫數的增加而繼續減少。

（四）飛行馬赫數對空氣動力中心位置的影響

圖 6-29 為翼型的空氣動力中心位置隨著馬赫數的變化的變化曲線，可分為飛行速度低於臨界馬赫數的次音速流的速度區間、飛行速度在臨界

馬赫數與音速之間的速度區間以及飛行速度大於音速的速度區間三個區域解釋。

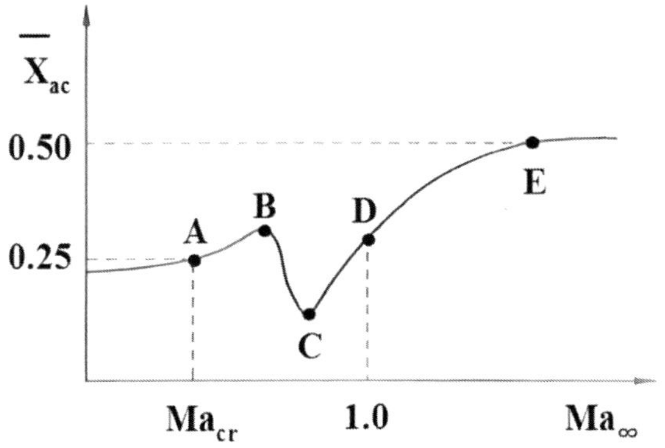

圖 6-29：空氣動力中心位置隨著飛行馬赫數的變化曲線示意圖

1.飛行速度低於臨界馬赫數的次音速流（A 點之前的曲線線段）：在翼型和攻角一定且當飛行馬赫數 Ma_{∞}小於臨界馬赫數 Macr 時，空氣動力中心大約在 25%弦長位置，並基本保持不變。

2.飛行速度在臨界馬赫數與音速之間的速度區間（A 點到 D 點的曲線線段）：當飛行速度在臨界馬赫數與音速之間時，翼面開始有局部超音速區並出現局部震波，空氣動力中心位置先向後移動，隨後向前移動，然後又再次向後移動。

3.飛行速度大於音速的速度區間（D 點到 E 點的曲線線段）：當飛行馬赫數 Ma_{∞}大於 1.0 時，翼型的前緣形成了脫體正震波，只有正震波的後面存在次音速流區，其他已全部變成超音速流區，如果繼續提高飛行馬赫數，前緣震波附體，氣流都變成超音速流動。所以翼型空氣動力中心的位置隨著馬赫數的增大而繼續向後移動。在移動到大約 50%弦長的位置，空氣動力中心的位置基本上就不再往後移，並保持不變。

（五）飛行馬赫數對壓力中心位置的影響

翼型壓力中心位置隨著飛行馬赫數的變化趨勢基本上與空氣動力中心位置的變化趨勢相同。當飛行馬赫數 Ma_{∞}小於臨界馬赫數 Ma_{cr} 時，翼型壓力中心位置幾乎無變化。當 $Ma_{cr}<Ma_{\infty}<1.2$ 時，翼型壓力中心位置先向後移動，隨後向前移動，然後又再次向後移動。

當飛行速度超過臨界馬赫數後，翼面出現局部超聲速流區和激波誘導邊界層分離現象，翼型的空氣動力特性發生非常複雜的變化。高次音速飛機的飛行速度一旦超過臨界馬赫數，除了阻力突然增大使得飛機難以加速外，還會出現抖振的現象，導致飛機失去控制，甚至造成嚴重的飛行事故。所以在高次音速飛機的飛行儀表上都有臨界馬赫數的指示，以保證飛行的安全。

十、攻角和翼型表面狀況對波阻的影響

（一）攻角對波阻的影響

當飛行攻角增大時，流經上翼面前緣的氣流流速增快，最低壓力點（最高速度點）的氣流會在較小的飛行馬赫數時達到音速。因此飛行攻角增大，臨界馬赫數降低，翼型表面會更早地出現局部超音速區和局部震波。所以在相同馬赫數下，翼型的阻力係數會隨著攻角的增加而變大。

（二）翼型表面狀況對波阻的影響

如果翼型表面粗糙，層流邊界層將提前捩為湍（紊）流邊界層，因而導致波阻增加。

✈課後練習與思考

[1] 請問翼型總空氣動力的分解方式有哪兩種？

[2] 請問翼型的壓力中心與空氣動力中心的定義為何？

[3] 請問翼型的壓力中心與攻角之間的關係是什麼？

[4] 請問庫塔條件的假設是什麼？

[5] 請問薄翼理論的假設與計算公式為何？

[6] 請問高爾夫球的表面設計成凹凸不平表面的原因為何？

[7] 請問翼型失速現象發生的原因為何？

[8] 請問飛行馬赫數對升力係數的影響為何？

[9] 試說明臨界馬赫數與飛行攻角之間的關係為何？

第七章

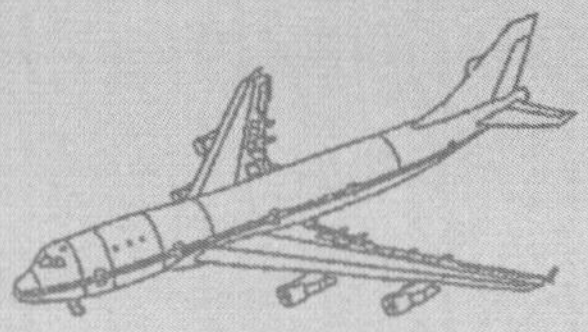

飛機飛行的氣動力特性

空氣動力學中關於翼型的研究，乃是建立在氣流理想化地流過無限展長的矩形翼型為假設的前提進行探討。這種分析專注於氣體在翼型上所產生的二維流動效應。然而，現實中氣體流過翼型的流動卻是一個三維的流動現象。儘管在翼型研究中所獲得的空氣動力特性有很大程度上可以應用到實際飛機的飛行中，但是仍有一些方面需要調整與修正。因此，在本章中，本書將以翼型的空氣動力特性為基礎，進一步地探討與分析機翼乃至於整架飛機在飛行時的三維空氣動力特性，以期能夠讓讀者更為理解飛機飛行時的氣流行為與特性。

一、飛機飛行的總空氣動力

（一）飛機的飛行四力

如圖 7-1 所示，飛機在飛行時會受到重力 W、推力 T、升力 L 和阻力 D 等四種作用力的影響。在這四種作用力中，升力和阻力是飛機在飛行時作相對運動所產生的作用力，被統稱為飛機飛行時的空氣動力，簡稱為氣動力。其中，飛機的升力主要因為空氣流經飛機機翼而產生，與相對風速的方向垂直，以向上為正。阻力是阻滯飛機前進的力，與相對風速的方向相同。

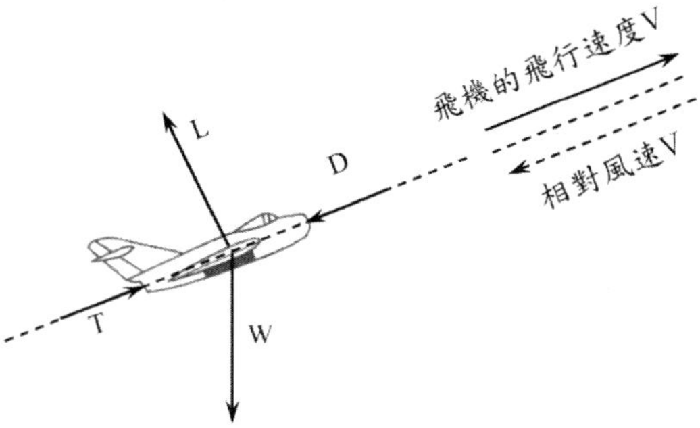

圖 7-1：飛機飛行時所受作用力的關係示意圖

（二）總空氣動力和壓力中心的定義

飛行時作用在飛機各部件上的空氣動力的合力叫作飛機的總空氣動力，用符號 R 表示；它是升力 L 和阻力 D 的合力；總空氣動力作用在飛機的作用點，稱為飛機的壓力中心，用符號 CP 表示，如圖 7-2 所示。

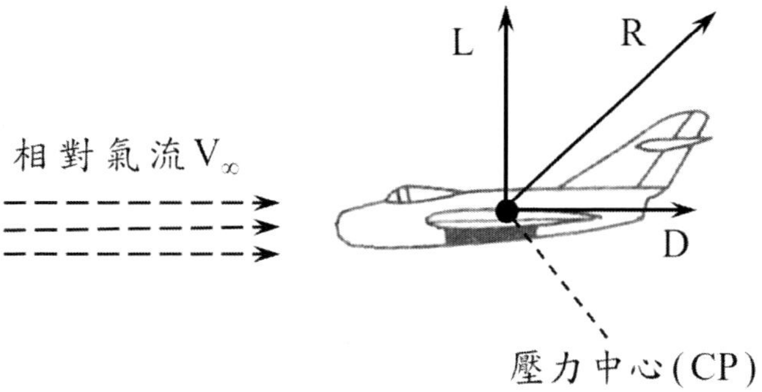

圖 7-2：飛機飛行時空氣動力的觀念示意圖

二、飛機飛行的升力

（一）飛機升力的作用

飛機升力的作用主要是克服飛機的重力使其能夠在空中飛行，它主要由機翼產生。飛機飛行時，相對氣流 V_∞流經機翼，上下表面形成的壓力差，產生一個向上托舉的力，這就是升力。為了便於研究飛機運動方向的保持和變化，規定升力方向與相對氣流垂直，如圖 7-3 所示。

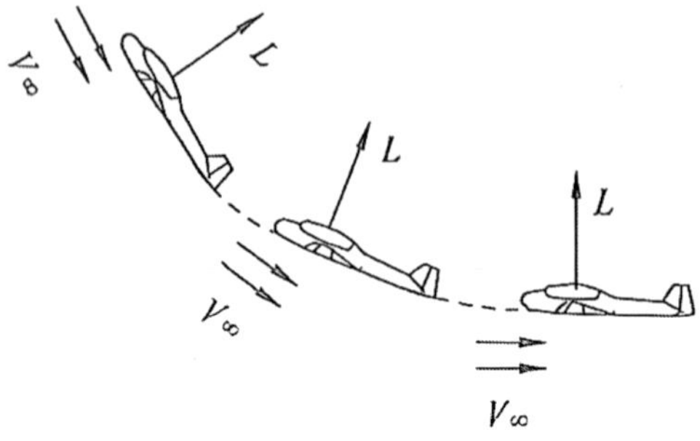

圖 7-3：升力方向的示意圖

航空小常識

飛機不僅是機翼才會產生升力，機身、水平尾翼以及其他暴露在氣流中的某些部分也都會產生升力。不過和機翼比較，其他部分所產生的升力都是很小的。所以通常用機翼的升力來代替整個飛機的升力，一般我們所說的升力，指的就是飛機機翼所產生的升力。

（二）三維升力係數理論

由於氣流流經機翼是一種三維流動，在相同攻角下，機翼的升力係數比翼型的升力係數小，因此，將二維機翼升力係數理論 $C_{L,理論}=2\pi\sin(\alpha+\frac{2h}{c})$ 修正為 $C_L=\dfrac{2\pi\sin(\alpha+\frac{2h}{c})}{1+\frac{2}{AR}}$，這就是三維機翼升力係數理論的計算公式，式中，$C_L$ 為升力係數，α 為攻角，$\frac{h}{c}$ 為相對彎度，AR 為展弦比。。從公式中可以看出：在不考慮飛機失速的情況下，對於相同翼型與攻角的機翼，展弦比 AR 越大，升力係數 C_L 越大，當展弦比趨於無限大，也就是 $AR\rightarrow\infty$ 時，三維機翼升力係數理論計算公式所求得的升力係數 C_L 值等於二維機翼升力係數理論值，如圖 7-4 所示。

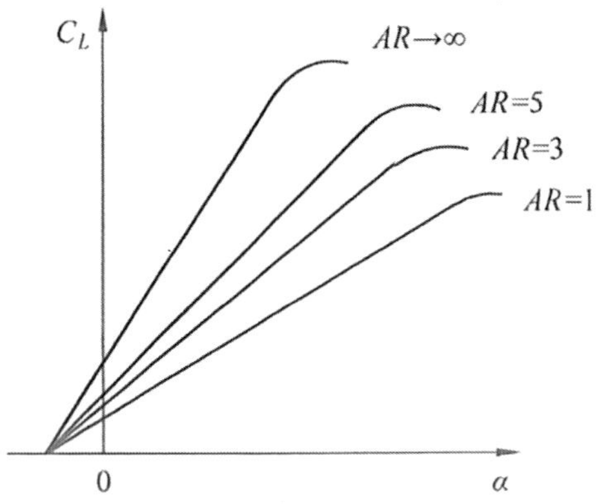

圖 7-4：機翼的升力係數曲線隨著展弦比 AR 變化的示意圖

（三）影響機翼升力的因素

從機翼升力的計算公式 $L=1/2\rho V_{\infty}^2\ C_L\ S$ 中可知：升力的大小與空氣密度 ρ、飛行速度 V_{∞}的平方以及升力係數 C_L和機翼面積 S 成正比。而升力係數的大小又取決於攻角和翼型等。所以飛機在低速飛行時，影響升力的因素有空氣密度、飛行速度、機翼面積、翼型和攻角等因素。對同一機型飛機來說，翼型和機翼面積在通常情況下是不變的，空氣密度的大小取決於飛行高度。所以，飛行員改變升力的主要方法是改變飛行速度和攻角，也就是說飛機的飛行速度和攻角是影響升力大小的兩個最主要的因素。

（四）飛行攻角與攻角失速

飛機的飛行攻角是指飛機在飛行時，機翼弦線與相對氣流之間的上下夾角，用符號 α 表示，並以機翼弦線在相對氣流的上方為正，如圖 7-5 所示。

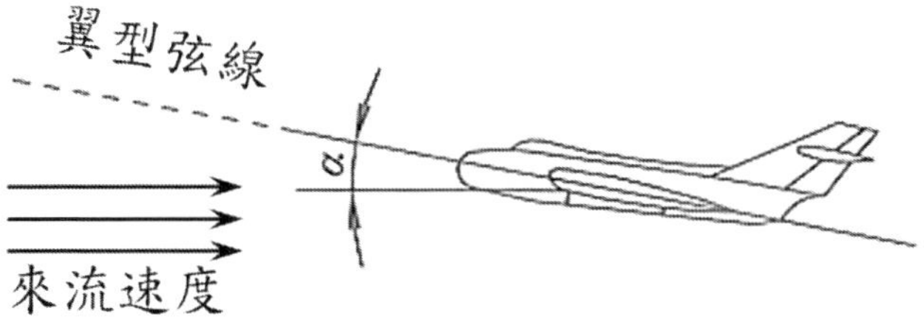

圖 7-5：飛機飛行攻角的示意圖

和翼型的升力係數一樣，飛機在低於臨界馬赫數飛行時，機翼的升力係數隨著飛行攻角的增加而增加，但是達到臨界攻角時，機翼後緣產生流體分離升力係數急劇下降，導致升力無法支撐飛機的重力，這種現象稱為攻角失速（Angle of attack stall），而剛達到失速狀態，所對應的飛行速度稱為失速速度（stall velocity），用符號 V_s 表示。從升力計算公式為 $L=\frac{1}{2}\rho V_\infty{}^2 C_L S$，$V_\infty=\sqrt{\frac{2L}{\rho C_L S}}$，又因飛機剛到達失速狀態時的升力係數 C_L 值為最大升力係數 C_{Lmax} 以及飛機失速時，升力 L 與飛機的重量 W 近似，因此可以推知：飛機失速速度 Vs 的計算公式為 $V_s=\sqrt{\frac{2W}{\rho C_{L\max} S}}$。

（五）不同平面形狀的局部失速特性

圖 7-6 所示為橢圓形機翼、梯形機翼與矩形機翼的局部失速現象，以及沿翼展方向下洗速度的分布與升力係數的變化情形。

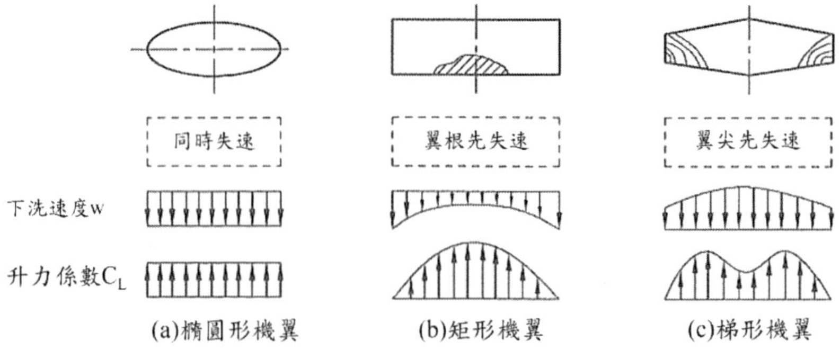

圖 7-6：不同平面形狀機翼的局部失速特性

橢圓形機翼下洗速度 w 沿著翼展均匀分布，機翼各處同時出現失速現象。矩形機翼翼根部分的下洗速度小，先行出現失速現象。梯形機翼，則是翼尖的下洗速度小，先行出現失速。這 3 種不同平面形狀機翼的失速特性，以梯形翼的翼尖失速對飛行最為不利，那是因為梯形翼失速初期對飛機狀態影響不大，不能起到明顯的預警作用。但因為梯形機翼結構簡單與阻力小，目前它仍然被很多飛機採用。

三、飛機飛行的阻力

本章在前述內容中已經討論了翼型阻力的形成原因與其變化情況，其中有許多結論很大程度上也適用於飛機機翼。然而，機翼所受阻力與翼型阻力的差異在於機翼阻力還包括了由於飛機各組件接合處氣流相互干擾而產生的干擾阻力，以及機翼的三維效應對飛機整體飛行產生的誘導阻力。

（一）飛機阻力的組成

在低於臨界馬赫數的飛行狀態下，飛機阻力的產生可以根據阻力形成原因的不同將其分成摩擦阻力（Friction force）、壓差阻力（Pressure drag）、干擾阻力（Interference drag）以及誘導阻力（Induced drag）等四種阻力。其中摩擦阻力和壓差阻力這兩種阻力主要源自飛機的外形設計，合稱為型阻（Profile drag）。又由於摩擦阻力、壓差阻力和干擾阻力與飛機的升力無直接關聯，主要是由空氣的黏性特性引起的，因此被合稱為寄生阻力（Parasitic drag），而誘導阻力由於伴隨著機翼的升力產生，所以又稱為升力衍生阻力（Lift induced drag）。當飛行速度超過臨界馬赫數時，還需要再考慮局部震波造成的阻力，也就是震波阻力（Shock wave drag）。

（二）飛機的摩擦阻力

摩擦阻力是因為空氣具有黏性，氣流與飛機接觸表面發生摩擦形成的阻力。因為邊界層的存在，摩擦阻力大小與邊界層的性質和飛機表面光潔度有關。不是只有機翼，機身、尾翼、發動機短艙等都會產生摩擦阻力，各部件摩擦阻力的總和才是飛機的摩擦阻力。

1.影響因素：根據摩擦阻力 Fs 的計算公式為$F_s = \tau \times A = \mu \times \frac{du}{dy} \times A$，可以推知飛機飛行時所形成的摩擦阻力與空氣的黏性、氣流的流動狀態、機體表面狀況以及氣流接觸機體表面面積等因素有關。

（1） 氣體的黏性係數：根據摩擦阻力的計算公式可以看出氣體的黏

性係數越大，飛機飛行時所形成的摩擦阻力也就越大。

（2） 氣流的流動狀態：飛機表面的法向速度梯度越大，摩擦阻力就越大。實驗與研究指出，湍流邊界層的法向速度梯度遠比層流邊界層大，所以湍流中飛行的摩擦阻力比層流飛行時來的大。

（3） 飛機表面狀況。飛機表面越粗糙，表面黏性係數就越大，摩擦阻力也就越大。實驗與研究還證明，表面越粗糙，氣流越容易從層流轉變為湍流。

（4） 飛機表面的面積：表面面積越大，摩擦阻力也就越大。

2.改進措施：為了降低摩擦阻力，常見的做法包括採用層流機翼、在機翼表面安裝氣動裝置、確保飛機表面保持光滑清潔，以及盡可能減少飛機與空氣流動接觸的表面積等策略。

（1） 採用層流機翼：由於飛機在湍流中飛行時，所形成的摩擦阻力會比在層流中飛行所形成的摩擦阻力來得大，所以想要減小摩擦阻力應該設法使速度邊界層保持在層流狀態。層流翼型就是讓氣流的速度邊界層保持在層流狀態的一種有效翼型，它能夠在一定的攻角範圍內減小摩擦阻力，如圖 7-7 所示。

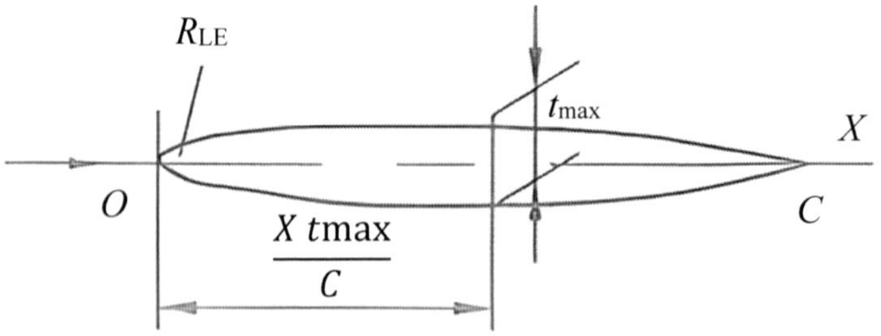

圖 7-7：層流翼型的外形示意圖

（2） 安裝氣動裝置：在機翼表面安裝一些氣動裝置，不斷地向邊界層輸人能量，加大邊界層內氣流速度，減小邊界層厚度，使得邊界層能夠保持層流狀態，從而減少摩擦阻力，如圖 7-8 所示。

圖 7-8：邊界層控制裝置示意圖

（3） 保持飛機表面的光滑清潔：飛機表面越粗糙，摩擦阻力越大；反之表面越光滑與清潔，摩擦阻力越小。所以在飛機維護、修理與保養的工作中，一定要保持表面的光滑與清潔。例如：在機翼與尾翼的前緣和上表面等部位，必須保證機體表面沒有汙物、劃傷、凹陷或突起等狀況，並注意鉚釘的鉚接質量和蒙皮的光滑密封。

（4） 儘量減小飛機與氣流的接觸面積：對飛機進行修理、維護與改裝時，應注意不要過多增加外露面積，否則會增大摩擦阻力。

（三）飛機的壓差阻力

壓差阻力是飛機機體前後壓力差產生的阻力。壓差阻力與物體的形狀有密切的關係，所以又稱為形狀阻力。飛機飛行時除了機翼，機身、尾翼、發動機短艙等也會產生壓差阻力，各部件壓差阻力的總和才是飛機的壓差阻力。

1.影響因素：壓差阻力與機體的迎風面積、形狀以及飛行攻角有密切的關係。

（1） 飛機的迎風面積。迎風面積就是飛機飛行時垂直於迎面氣流的正向截面面積，在相同條件下，迎風面積越大，壓差阻力越大；反之，迎風面積越小，壓差阻力越小。

（2） 機體的形狀：物體的形狀越趨於流線形，壓差阻力越小，所以機體的形狀應儘量做成流線形。

（3） 飛行攻角：飛行攻角超過一定範圍時，壓差阻力隨著攻角增大而增加，而飛行攻角超過臨界攻角時，因為流體分離現象而導致飛機失速。

2.改善措施： 採取減小壓差阻力的改善措施一般有儘量減小迎風面積、採用流線形以及儘量讓飛機軸線與相對氣流的方向平行。

（1） 儘量減小迎風面積。因為迎風面積越小，壓差阻力也就越小，所以飛機在設計時應儘量減小迎風面積，例如民用運輸機在保證裝載所需容積的情況下，為了減小機身的迎風面積，機身橫截面的形狀都採取圓形或近似圓形。

（2） 採用流線形。飛機機體越趨近於流線形，壓差阻力也就越小，所以暴露在空氣中的機體各部件的外形應儘量採用流線形。

（3） 儘量讓飛機軸線與相對氣流的方向平行：物體與相對氣流的位置越小，壓差阻力也就越小，所以除了氣動作用的部件外，其他部件的軸線應儘量與氣流方向平行。例如民用運輸機採用一定的安裝角就是為了使飛機在巡航飛行時，機翼產生所需升力的同時，機身軸線保持與相對氣流的方向平行，以減小壓差阻力。

（四）干擾阻力

1.定義： 如圖 7-9 所示，所謂干擾阻力是指空氣流經飛機各部件結合處氣流相互干擾所衍生出來的阻力。整個飛機的阻力往往大於機翼、機身、發動機以及尾翼等所有元件各自阻力的總和，這是因為飛機部件結合處的氣流會彼此干擾的緣故。干擾阻力與各部件組合時的相對位置有關，也和部件結合部位的形狀有關。

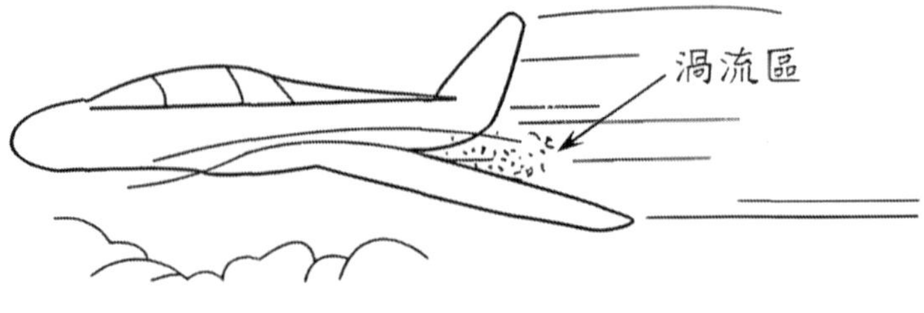

圖 7-9：機翼和機身結合部氣流相互干擾的示意圖

2.改善措施：目前所能夠採取減小干擾阻力的改善措施一般有適當安排各部件之間的相對位置，以及在飛機各部件的接合處安裝整流包皮等方法。

（1）適當安排各部件之間的相對位置。干擾阻力與各部件結合時的相對位置有關，所以飛機設計必須考慮各部件之間的相對位置。例如對於機翼和機身之間的干擾阻力來說，中單翼的干擾阻力最小，下單翼的干擾阻力最大，而上單翼的干擾阻力居中。但是民用客機與運輸機一般不採用中單翼，民用客機一般採用下單翼，運輸機多採用上單翼，其原因已在第五章中敘述。

（2）在飛機部件結合處安裝整流包皮。在飛機部件的結合處安裝整流包皮，使之較為圓滑，讓該處的氣流較為平順，以減小干擾阻力。

（五）誘導阻力

翼型的阻力分析是以氣流流過無限翼展的矩形機翼為假設前提所獲得的結果，但是實際上機翼不可能無限長，氣體流過機翼是三維流動現象，由於三維效應，所以會產生誘導阻力。

1.誘導阻力的定義：飛機的誘導阻力主要來自機翼，它伴隨有限翼展（三維翼）的升力而產生。換句話說，如果沒有升力，也就不存在誘導阻力。這種由升力誘導而產生的阻力稱為誘導阻力，又因為誘導阻力伴隨升力而產生，誘導阻力又稱為升力衍生阻力，它是飛機飛行時特有的一種阻力。

2.翼尖渦流的定義：機翼產生升力時，下翼面壓力會比上翼面大，翼尖的氣流就從翼尖的旁邊由下往上翻，因此兩端翼尖各自形成一個由下向上旋轉的渦流，稱為翼尖渦流（Wingtip vortex），如圖 7-10 所示。翼尖渦流的產生造成了機翼上下表面的壓力差減少，在相同攻角的情況下，機翼的升力降低。

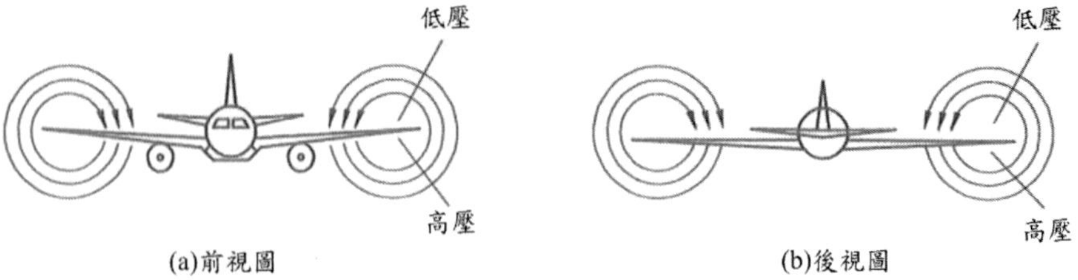

圖 7-10：翼尖渦流形成原因的示意圖

飛機飛行中，翼尖渦流氣流的旋轉效應使翼尖渦流內壓力降低，如果空氣中含有足夠的水蒸氣，則會膨脹冷卻而凝結成水珠，這時便可看到由翼尖向後拖起的兩道霧狀的渦流索。做飛行表演的飛機還常常在翼尖安裝發煙罐，這時天空就會出現兩條漂亮的彩帶飛舞。在日常生活中，也可以觀察到翼尖渦流的現象。例如在大雁南飛時，常排成人字或斜一字形，領隊的大雁排在中間，而幼弱的小雁常排在外側，這樣使得後雁處於前雁翅尖所產生的渦流之中，飛行起來能夠比較省力，可以減輕長途飛行的疲勞，有利於長途飛行，如圖 7-11 所示。

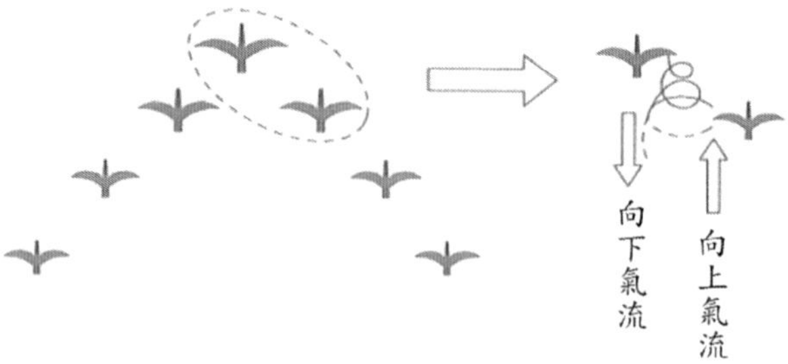

圖 7-11：雁群人字形飛行原因示意圖

3.下洗氣流的產生：翼尖渦流氣流旋轉的效應，使得機翼產生一個垂直向下的氣流，稱為下洗氣流（Wash down air flow），如圖 7-12 所示。

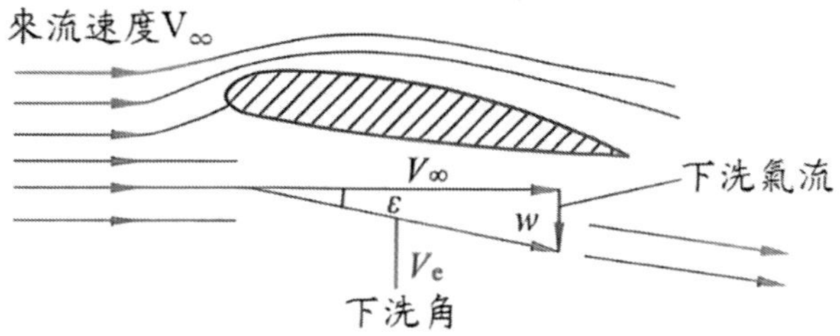

圖 7-12：下洗氣流產生的示意圖

4.誘導阻力的形成原因：氣流流過有限翼展時，如果不考慮摩擦阻力和壓差阻力，會產生一個與下洗流垂直的升力，叫做實際升力，用符號 L'表示。由於實際升力 L'相對於機翼遠前方來流速度（V∞）來說，向後傾斜了一個角度。因此會產生一個與相對氣流（V∞）垂直的分量 L 和一個與相對氣流（V∞）平行的分量 D_i，D_i即為誘導阻力，如圖 7-13 所示。

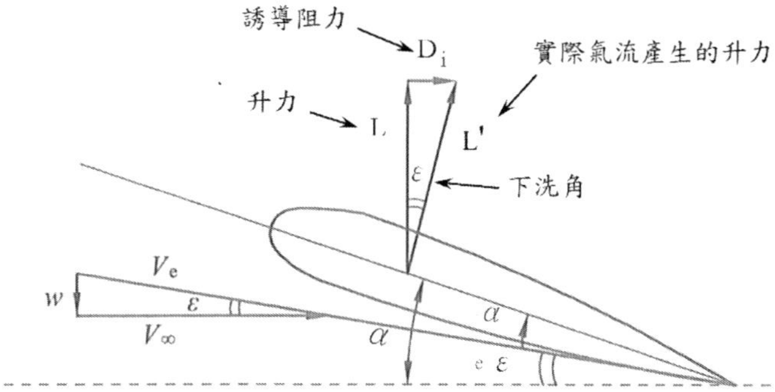

圖 7-13：誘導阻力形成原因的示意圖

5.誘導阻力的影響因素：根據實驗研究的結果可以歸納得出：誘導阻力係數計算公式為 $C_{D,i} = \frac{C_L^2}{\pi \times e \times AR}$；在公式中 $C_{D,i}$ 為誘導阻力係數；π 為圓周率（3.1416159）；C_L 為升力係數，e 為翼展效率因數，AR 為展弦比。

（1） 機翼的平面形狀對誘導阻力的影響。研究發現，在其他因素相同的條件（例如速度與升力）下，橢圓形機翼的誘導阻力最小（其翼展效率因數 e 為 1），梯形機翼的誘導阻力次之，而矩形機翼的誘導阻力最大。然而橢圓形機翼的製造工藝具有難度，製作成本較高，輕小型飛機多採用梯形機翼降低誘導阻力。其主要的原理是機翼翼尖部分的面積在機翼總面積中所占比例下降，從而減小誘導阻力。

（2） 展弦比對誘導阻力的影響。機翼的展弦比越大，誘導阻力越小。這是因為在機翼面積相同的情況下，展弦比越大，翼尖部分的面積在機翼總面積中所占比例就越小，形成的下洗氣流或者下洗角也較小，因此誘導阻力也就越小。如圖 7-14 所示以矩形翼為例，說明展弦比對誘導阻力的影響。

圖 7-14：展弦比對矩形翼誘導阻力影響的示意圖

（3） 升力係數（攻角）對誘導阻力的影響。升力係數越大，誘導阻力越大；反之，升力係數越小，誘導阻力越小。因為在一定攻角範圍內，飛機的升力係數與飛行攻角成正比。翼尖渦流由上下翼面的壓力差所引發，飛機的飛行攻角越大，壓力差就越大，所引發的翼尖渦流強度越強，從而產生的下洗速度就越大。反之，飛行攻角越小，壓力差就越小，所引發的翼尖渦流的強度越弱，從而產生的下洗速度就越小。

6.改善措施：因為誘導阻力會使阻力增加、升力減少以及引發尾流效應，所以航空界想盡方法想要減少或避免誘導阻力的發生，減小誘導阻力的改善措施一般有採用大展弦比的梯形機翼和安裝翼梢小翼或翼梢帆片。

（1） 採用大展弦比的梯形機翼：梯形機翼具有誘導阻力小、結構輕以及工藝簡單的優點，同時，加大機翼的展弦比也可以減小誘導阻力，所以一般低速飛機多採用大展弦比的梯形機翼。無論是梯形還是大展弦比機翼，都具有使翼尖部位的面積在機翼的總面積中所占比例下降的作用，從而減小誘導阻力。

（2） 安裝翼梢小翼或翼梢帆片：在機翼的翼尖部位安裝翼梢小翼（Winglet）或副油箱等外掛物可阻止氣流由機翼下表面向上表面流動，從而減弱翼尖渦流，減小誘導阻力，如圖 7-15 所示。翼梢小翼在民用客機或運輸機的應用中能節省燃油，加大航程。

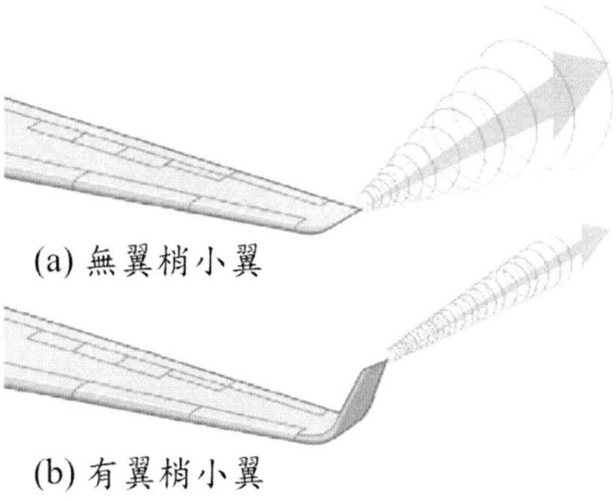

圖 7-15：翼梢小翼作用的示意圖

航空小常識

副油箱是指掛在機身或機翼下面的燃油箱，又稱為輔助燃料箱，副油箱是為了延伸飛機的航程或者是滯空時間，在空中加油技術普遍以前，這是唯一的途徑，而目前僅有軍用飛機使用。一般戰鬥機在遭遇敵機時，會立即扔掉副油箱，以便能以最好的機動性投入空中格鬥。

7.翼尖渦流衍生出的尾渦效應：如圖 7-16 所示，翼尖渦流向後擴散形成尾渦（Trailing tip vortex）。尾渦的強度由飛機重力（或飛機的升力與發動機的推力）、飛行速度與機翼形狀決定，其中最主要的是飛機重力（或飛機的升力與發動機的推力）。尾渦的強度隨著載荷因數的增加以及飛行速度的減小而增大。當後機進入前機的尾渦區，會出現抖動、下沉、改變飛行狀態、發動機停止甚至翻轉等現象。大飛機後面起降的小飛機，如果距離太近會被卷人大飛機留下尾渦區中，處置不當還會發生事故。大型噴氣客機產生的尾部渦流，其體積甚至可以超過一架小飛機，而且留下的尾渦甚至可以持續數分鐘不散去，所以機場航管人員在管制飛機起降時，通常要有一定的隔離時間。

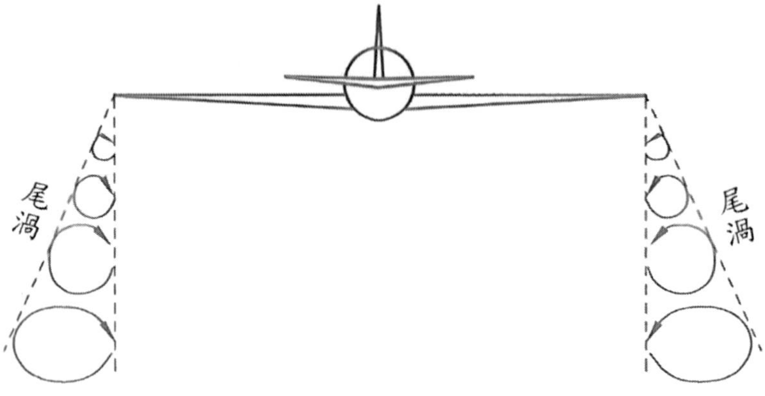

圖 7-16：尾渦效應的示意圖

（六）飛機低速飛行時的阻力變化

如圖 7-17 所示，低次音速飛行的阻力以誘導阻力為主，誘導阻力與飛行速度平方的倒數成正比；高次音速飛行時的阻力以寄生阻力為主，寄生阻力與飛行速度的平方成正比。寄生阻力與誘導阻力的總和即為總阻力，它隨著飛行速度增大先減小而後增大。誘導阻力曲線和寄生阻力曲線相交時的總阻力最小，此時的飛行速度稱為有利飛行速度，用符號 $V_{有利}$ 表示，對應的飛行馬赫數稱為有利馬赫數，用符號 $Ma_{有利}$表示。

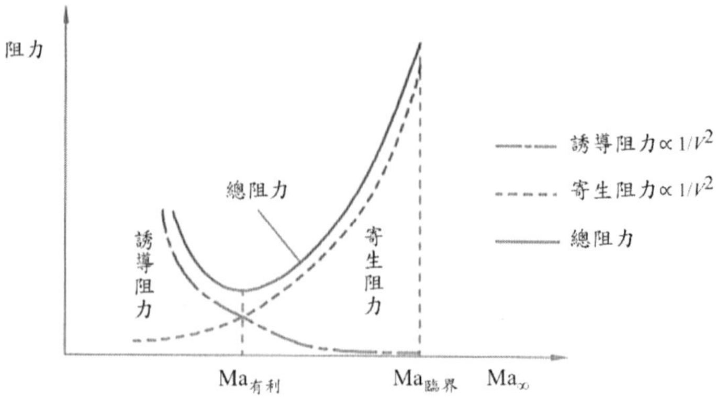

圖 7-17：阻力類型隨著飛行速度變化的示意圖

（七）震波阻力

和前面所述的翼型阻力類似，當飛機飛行時的速度超過臨界馬赫數時，必須考慮震波阻力。如圖 7-18 所示，飛機在到達臨界馬赫數（Ma_{cr}）時，由於震波出現，阻力係數（C_D）急速增加，超過音速後，由於通過音障，阻力係數又再次遞減，大約在馬赫數等於 2 時，阻力係數幾乎不變，但是根據阻力公式 $D=\frac{1}{2}\rho V^2 C_D S$ ，飛行阻力仍會隨著速度的增加而增加。

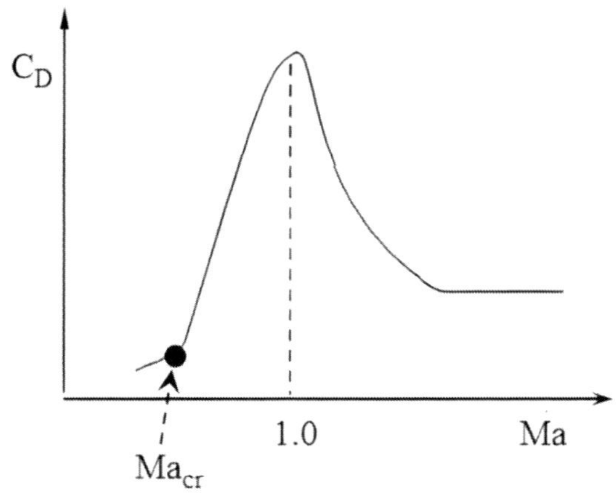

圖 7-18：超音速飛行時，阻力與馬赫數的關係示意圖

四、飛機的升阻比曲線與極曲線

（一）飛機的升阻比曲線

要確定飛機空氣動力性能的好壞，不能單獨看升力或阻力的大小，必須綜合分析它們的比值。飛機的升阻比曲線就是以綜合衡量的觀點來看飛機的空氣動力特性隨著攻角的變化情形。

1.升阻比的定義：飛機的升阻比是指同一攻角下飛行時，飛機升力 L 與阻力 D 的比值，用符號 K 表示，即 K=L/D。如果升阻比越大，意味著飛機在飛行時的升力越大或阻力越小，所以升阻比是衡量飛機空氣動力性能好壞的重要參數。

2.飛機特性角的定義：如圖 7-19 所示，飛機特性角（property angle）是指總空氣動力相對於升力向後傾斜的角度，用符號 θ 表示。

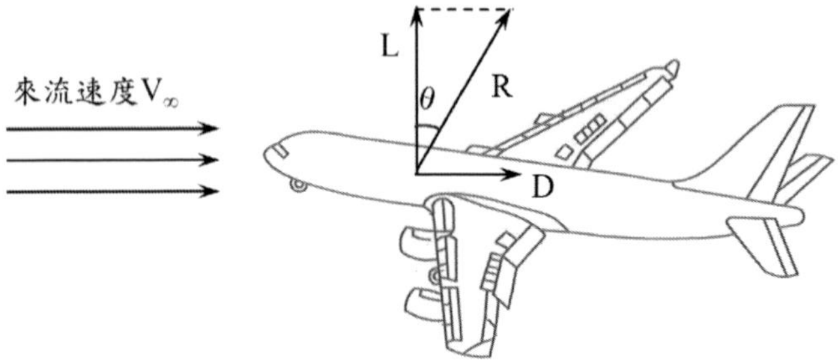

圖 7-19：飛機特性角的示意圖

飛機的特性角 θ 與升阻比 K 之間的關係為 $\tan\theta = D/L = 1/K$，即 $\theta = \arctan 1/K$。飛機的特性角越小，飛機的升阻比就越大；反之，飛機的特性角越大，飛機的升阻比就越小。

3.升阻比曲線的定義：如圖 7-20 所示，飛機的升阻比曲線是表示升阻比 K 值隨著飛行攻角 α 變化的關係曲線。在升阻比曲線中，升阻比最高點稱為最大升阻比，用符號 K_{max} 表示。最大升阻比對應的攻角稱為有利攻角，它是飛機飛行的最適攻角，一般是 3°~4°。

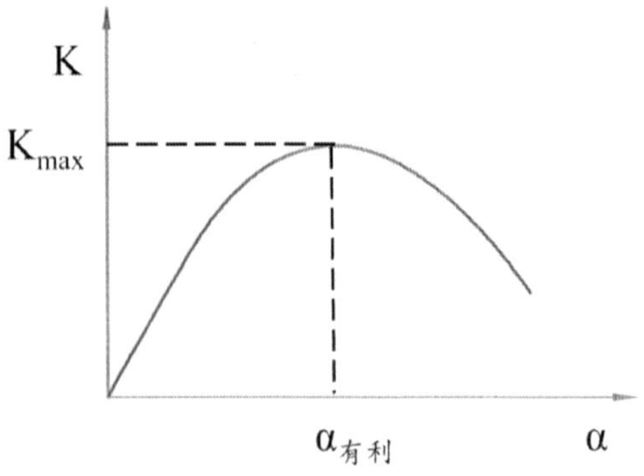

圖 7-20：飛機升阻比曲線的示意圖

必須特別注意的是，升阻比最大值所對應的攻角並非是在最大升力係數 C_{Lmax} 時達到，最大升力係數所對應的攻角是臨界攻角，它是飛機開始失速的攻角，而最大升阻比 K_{max} 所對應的攻角是有利攻角，它是飛機飛行效率最高時的攻角，這兩種攻角代表的物理意義截然不同。

4.升阻比隨攻角變化的規律：從零升力攻角到有利攻角的區域，攻角增大，升阻比增大，而在有利攻角之後，攻角增大，升阻比反而減少。這是因為在中、小攻角下，升力係數斜率是一個常數，而阻力係數隨攻角增加得慢，增加的比例小於升力係數增加的比例；而在大攻角下，阻力係數增加得快，增加的比例大於升力係數增加的比例。飛機的最大升阻比是衡量飛機空氣動力特性的重要指標之一，性能優良的飛機 K_{max} 甚至可以達到 50 以上。

5.最大升阻比的求法：從升阻比曲線中，可看出最大升阻比處的特性為 $\frac{\partial K}{\partial C_L}=0$，在中小攻角的情況下，飛機升力係數與阻力係數的關係，可用 $C_D=C_{D0}+C_{Di}=C_{D0}+kC_L^2$ 來做近似計算。式中，C_D 是飛機的阻力係數，C_{D0} 是飛機的零升力阻力係數，C_{Di} 是飛機的誘導阻力係數，k 是常數，稱為誘導因數或升致因數，C_L 為飛機的升力係數。求最大升阻比時，因為

$$K=\frac{L}{D}=\frac{C_L}{C_D} \text{與} \frac{\partial K}{\partial C_L}=\frac{\partial(\frac{L}{D})}{\partial C_L}=\frac{\partial(\frac{C_L}{C_{D0}+kC_L{}^2})}{\partial C_L}=\frac{C_{D0}-kC_L{}^2}{(C_{D0}+kC_L{}^2)^2}=0$$

，可以求出當飛機的升阻比為最大升阻比時，$C_{D0}-kC_L{}^2=0 \Rightarrow C_L=\sqrt{\frac{C_{D0}}{k}}$。

然後再將飛機的升力係數 C_L 代入 $K=\frac{L}{D}=\frac{C_L}{C_D}=\frac{C_L}{C_{D0}+kC_L{}^2}$ 中，即可得飛機的最大升阻比 $K_{max}=\frac{1}{2\sqrt{kC_{D0}}}$。

（二）飛機的極曲線

極曲線和升阻比曲線一樣，也是以綜合衡量的觀點，來看飛機的空氣動力特性隨著攻角的變化情形，但是和升阻比曲線不同的是：飛機的極曲線不僅可看出升阻比隨著攻角變化的規律，還可以看出升力係數與阻力係數隨著攻角變化的規律。

1.極曲線的定義：如圖 7-21 所示，飛機的極曲線是以飛機的升力係數當作縱座標，阻力係數表示橫座標，用攻角為參變數，將升力係數和阻力係數隨攻角變化的規律表示出來的曲線，它能夠綜合表達升力係數、阻力係數以及升阻比的特性，確實瞭解飛機的空氣動力特性。

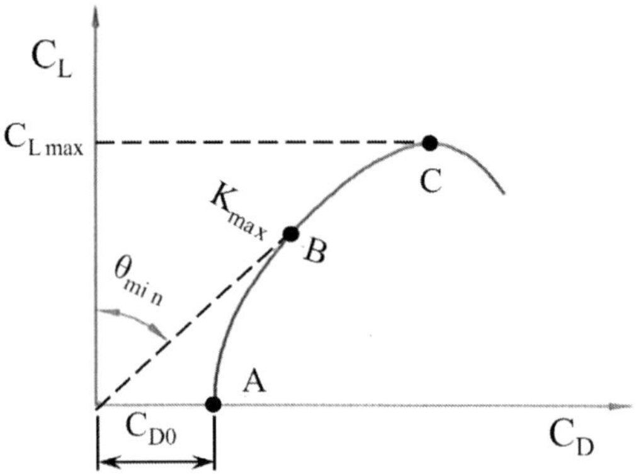

圖 7-21：飛機的極曲線的示意圈

2.極曲線的重要物理特性點：飛機的極曲線能夠綜合表達升力係數、阻力係數以及升阻比的特性，但要確實瞭解飛機的空氣動力性能，就必須掌握零升力攻角、零升力阻力係數、有利攻角與最大升阻比以及臨界攻角與最大升力係數，也就是如圖 7-21 所示各點代表的物理意義。

（1） 零升力阻力係數與零升力攻角：極曲線與橫坐標交點為零升力阻力係數 C_{D0}，如圖 7-21 中 A 點所示。A 點所對應的升力係數等於 0 以及其相應的攻角為零升力攻角。

（2） 最大升阻比與有利攻角：從原點向曲線作切線，切線與極曲線的交點為最大升阻比 K_{max}，如圖 7-21 中 B 點所示。B 點相應的攻角為有利攻角，代表的是飛機飛行效率最高的狀態。

（3） 最大升力係數與臨界攻角：飛機的極曲線最高點對應的升力係數最大升力係數 C_{Lmax}，如圖 7-21 中 C 點所示。C 點相應的攻角為臨界攻角，它代表的是即將發生飛行危險的狀態。

五、飛機的增升和增阻裝置

（一）飛機的增升裝置

升力係數的大小主要取決於攻角和機翼的幾何外形。攻角超過臨界攻角後，飛機產生失速從而危及飛行安全，而且攻角過大，飛機的穩定性和操縱性也顯著地變差，所以增大攻角以增加飛機的升力係數的措施受到一定的限制。因此，必須安裝增升裝置。

1.增升裝置的意義：機翼的增升裝置是指機翼上用來改善氣流狀況和增加升力的一套活動面板。可在飛機起飛、著陸或低速機動飛行時增加機翼剖面之彎曲度及攻角，從而增加升力。常見的增升裝置有後緣襟翼（襟翼）和前緣襟（縫）翼等幾種類型，如圖 7-22 所示。

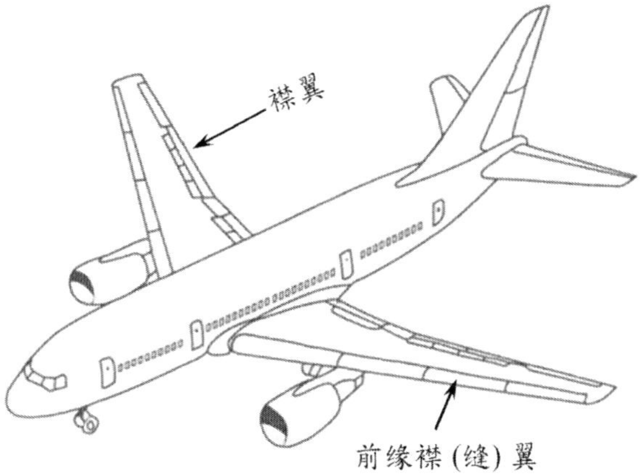

圖 7-22：襟翼和前緣襟（縫）翼的位置示意圖

2.增升裝置的功能：在機翼上配備增升裝置的主要目的是為了在較低的速度下產生更大的升力。減少飛機在起飛和著陸時的速度，進而縮減其在地面滑跑的距離。這樣的改進不僅提升了飛機的起飛和著陸性能，也增強了飛行的安全性。隨著現代民用航空飛機向大型化和高速化的發展，起飛和著陸的速度也在不斷上升。如果不使用增升裝置，未來的機場跑道長度將不得不持續增加，然而實際上，擴建機場跑道並不可行。因此，增升裝置成為了現代民用航空飛機不可或缺的設備之一。

3.增升裝置的工作原理：增升裝置的工作原理大抵可分成增加機翼弦長（面積）、增加機翼的彎度以及改善縫道的流動品質等三個方面。

（1） 增加機翼弦長（面積）：當機翼的弦長增加，則機翼的面積也就隨之增加，根據升力公式 $L=\frac{1}{2}\rho V^{2}C_{L}S$ ，機翼的面積增加，升力也隨之增加。

（2） 增加機翼的彎度：機翼的升力係數 CL 與機翼翼型的彎度（$\frac{h}{c}$）有關，根據二維機翼升力係數公式 $C_{L}=2\pi\sin(\alpha+\frac{2h}{c})$ ，我們可以得知：在相同攻角（α）時，機翼翼型的彎度越大，機翼的升力係數也就越大，機翼的升力係數越大，其所產生的升力也就越大。

（3） 改善縫道的流動品質：如圖 7-23 所示，機翼開設縫道，可使氣流由下翼面通過縫道流向上翼面，因而延緩了氣流分離的現象發生，可以避免大攻角時可能發生的失速現象。

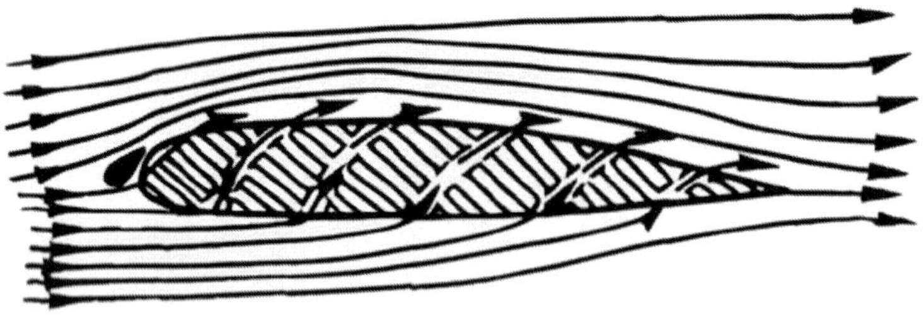

圖 7-23：機翼縫道延遲失速現象的原理示意圖

4.襟翼的增升原理：通常所說的襟翼，指的是後緣襟翼，有簡單襟翼、開裂式襟翼、開縫式襟翼、後退式襟翼和後退式開縫襟翼等多種形式。

（1） 簡單襟翼：如圖 7-24 所示，簡單襟翼是指安裝在機翼後緣可轉向的小翼面。不使用時，閉合成為機翼後緣的一部分，使用時則向下偏轉一定的角度。當它在著陸偏轉 50~60 度時，大約能使升力係數增加 65%~75%左右。放下簡單襟翼，相當於改變了機翼的剖面形狀，增大了翼型的相對彎度。從而使得上下翼面壓力差增加，增大升力係數。但是放下簡單襟翼會使得臨界攻角減小。同時，會使得壓差阻力和誘導阻力增大，由於阻力比升力增大更多，所以會造成升阻比降低。簡單襟翼雖然增升效率較低，但是由於其構造簡單，所以多用於輕型飛機。

圖 7-24：簡單襟翼的外觀示意圖

（2） 開裂襟翼：如圖 7-25 所示，開裂襟翼是指安裝在機翼後緣下表面一塊可以向下偏轉的板件。不使用時收回，緊貼合在機翼下表面，成為機翼後緣的一部分，使用時向下打開並下偏轉。這種襟翼一般可把機翼的升力係數提高 75%~85%左右。開裂襟翼的增升原理為增加機翼的彎度和可以在板件和機翼下表面後部之間形成低壓區，由於其增升效果比簡單襟翼好，結構亦十分簡單，在小型低速飛機上應用得較廣泛。

圖 7-25：開裂襟翼的外觀示意圖

（3） 開縫襟翼：如圖 7-26 所示，開縫襟翼是在簡單襟翼基礎上做了改進，在下偏的同時進行開縫。和簡單襟翼相比，可以使升力係數提高更多，而臨界攻角卻降低不多。一般可使升力係數增加 85%~95%，有的飛機還採用了雙開縫襟翼或三開縫襟翼。開縫式襟翼的增升原理為增加機翼的彎度和改善縫道的流動品質以推遲氣流分離，如圖 7-27 所示，一般多用於中、小型飛機。

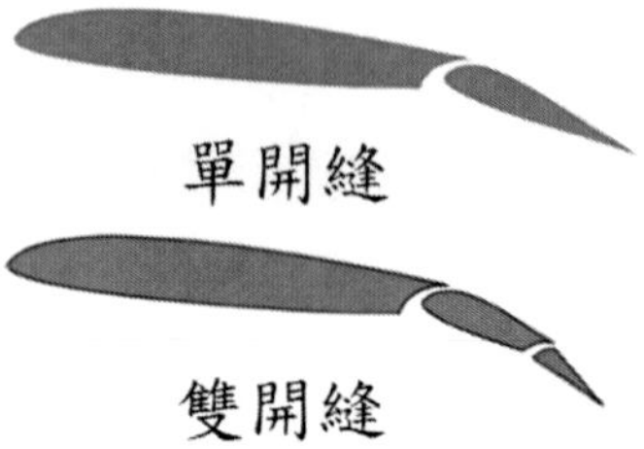

圖 7-26：開縫襟翼的外觀示意圖

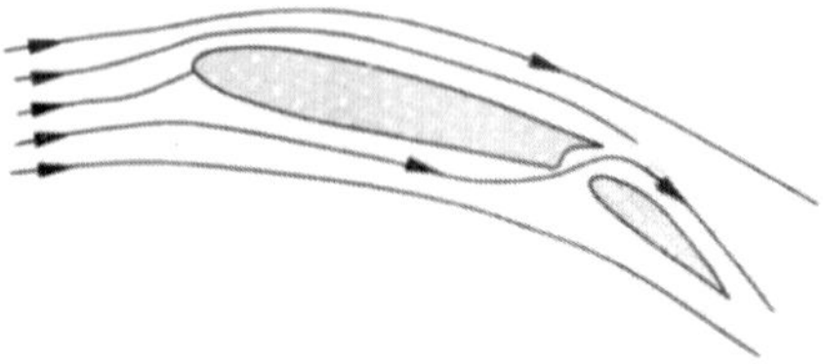

圖 7-27：開縫襟翼的增升原理示意圖

（4） 後退襟翼：如圖 7-28 所示，後退襟翼也是在簡單襟翼基礎上做了改進，在下偏的同時向後滑動，這種襟翼的增升效果很顯著，臨界攻角降低也很小，一般可使升力係數增加 110%~140%，臨界攻角降低也很少。後退襟翼的增升原理為增加機翼的彎度和增大機翼的面積，目前廣泛應用在大、中型飛機上。

圖 7-28：後退襟翼的外觀示意圖

（5） 後退開縫襟翼：如圖 7-29 所示，後退開縫襟翼結合了後退式襟翼和開縫式襟翼的共同特點，效果最好，結構最複雜。大型飛機普遍使用後退雙開縫或三開縫的形式。後退開縫襟翼的增升原理為增加機翼的彎度、增大機翼的面積和改善縫道的流動品質以推遲氣流分離。

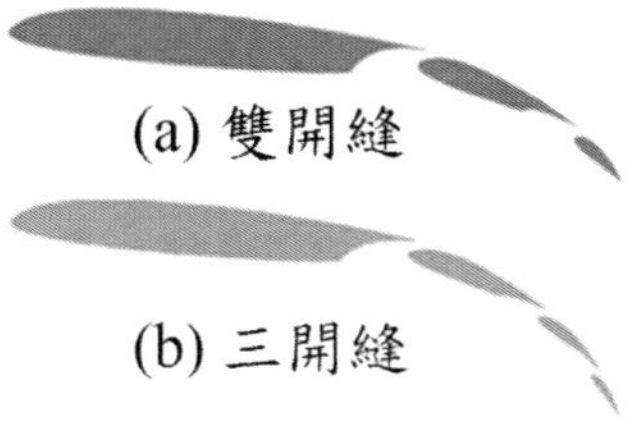

圖 7-29：後退開縫襟翼的外觀示意圖

（6） 各類後緣襟翼的升力曲線：如圖 7-30 所示，後緣襟翼的增升效果由小到大依序為簡單襟翼、開裂襟翼、開縫襟翼以及後退襟翼。而後退開縫襟翼結合了後退式襟翼和開縫式襟翼的共同特點，當然效果更好。由於高速飛機使用後緣襟翼時，在機翼前緣容易產生氣流分離，使得後緣襟翼的增升效果降低，而前緣縫翼和前緣襟翼具有能延遲機翼前緣氣流分離的特性。因此，通常與後緣襟翼配合使用，藉以提高其增升的效果。

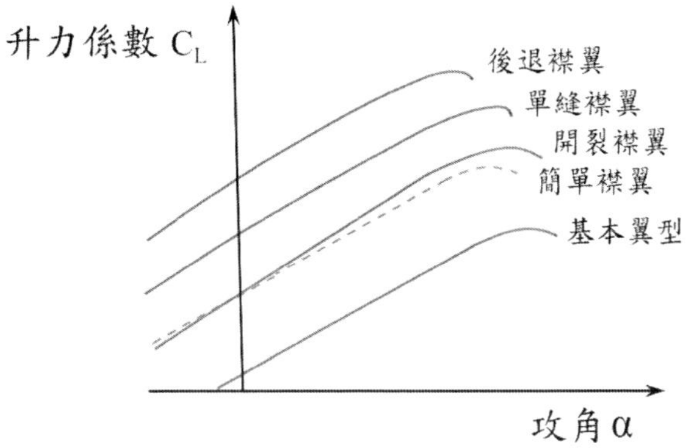

圖 7-30：各類後緣襟翼的升力曲線示意圖

5.前緣襟翼的增升原理：前緣襟翼設置在機翼前緣，多用於高速飛機。高速飛機一般採用前緣半徑較小的薄翼型，當它以一定攻角飛行時，翼型前緣上表面並沒有形成平滑的流道，氣流很容易在該處產生分離，如

圖 7-31 所示。

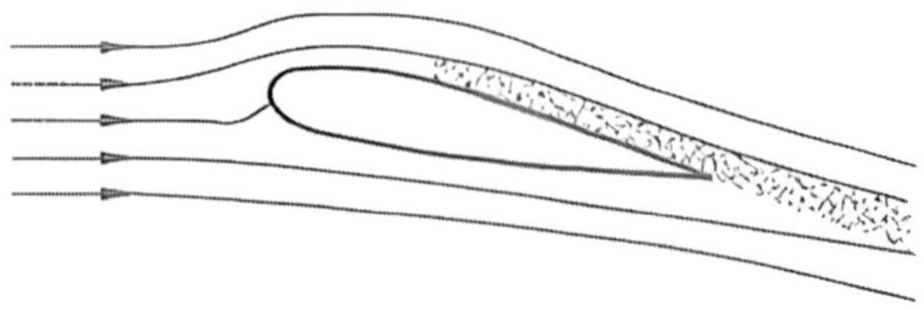

圖 7-31：薄翼在翼型前緣發生氣流分離的示意圖

放下前緣襟翼，既能增大翼型的相對彎度，又能減小前緣相對於氣流的角度，使氣流平順地流過，因此，前緣襟翼能延遲氣流分離的產生，提高臨界攻角和最大升力係數，如圖 7-32 所示。

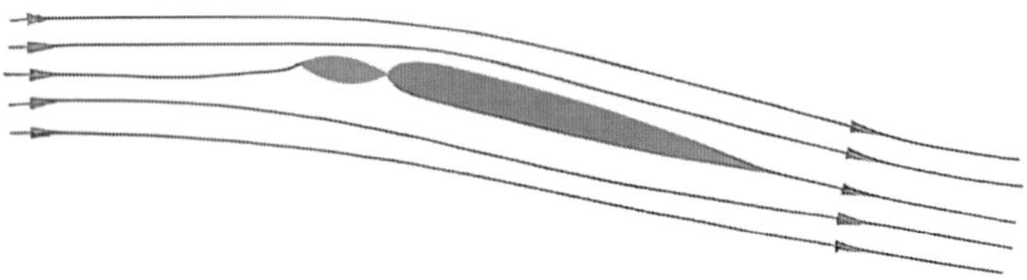

圖 7-32：前緣襟翼增升原理的示意圖

當高速飛機使用後緣襟翼時，即使其向下偏轉角度不大，也可能在機翼前緣引發氣流分離，從而顯著削弱後緣襟翼的增升效能。由於前緣襟翼能夠有效推遲機翼前緣的氣流分離現象，因此，當後緣襟翼與前緣襟翼配合使用時，能夠進一步提升後緣襟翼的增升效果。

6.前緣縫翼的增升原理：和前緣襟翼類似，前緣縫翼設置於機翼前緣，其增升原理為在接近臨界攻角時，前緣縫翼會自動張開，讓機翼前緣形成一條縫隙，可以使下翼面的氣流通過縫道流向上翼面，得到加速，隨後貼近翼面流動，能增大上翼面邊界層的空氣動能，延緩氣流分離的產生，從而使臨界攻角增大和最大升力係數提高，如圖 7-33 所示。

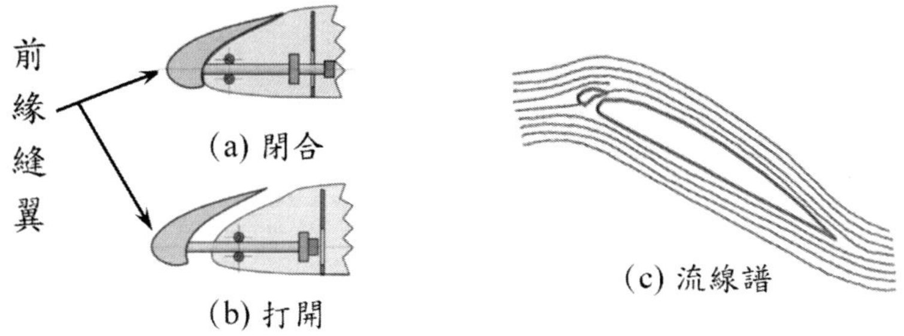

圖 7-33：前緣縫翼制動和增升原理的示意圖

（二）飛機的減升和增阻裝置

飛機著陸接地後和中斷起飛距離時，必須減小飛機的升力以便增大機輪與地面摩擦力，並增大飛行的阻力使飛機儘快減速。為達此一目的，現代大型飛機機翼上都安裝擾流板，如圖 7-34 所示。

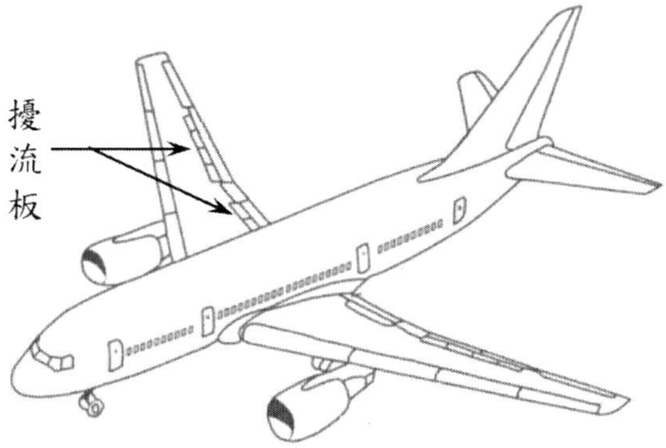

圖 7-34：擾流板的位置示意圖

擾流板未打開時緊貼在機翼表面上，不影響機翼表面氣流的正常流動。擾流板打開時，前部氣流受阻，壓差阻力增加，同時流經機翼平順氣流遭到破壞，導致升力減小，因此可以達到減升和增阻的目的，如圖 7-35 所示。

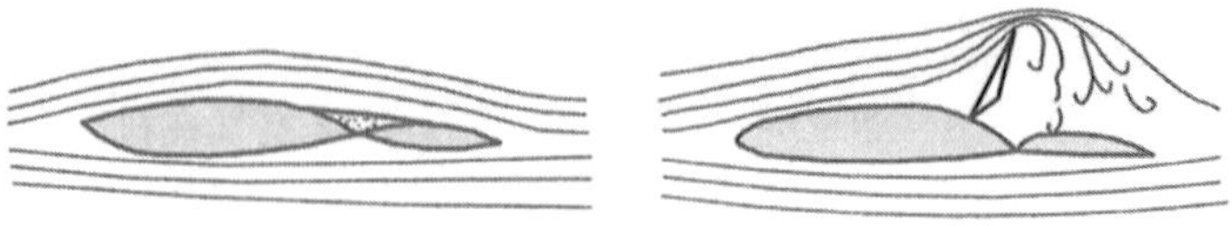

圖 7-35：擾流板制動原理示意圖

必須注意的是擾流板按照功用的不同，可以分成飛行擾流板和地面擾流板，飛行擾流板的功用是用於提高副翼操縱效能以及當做飛行減速板，而地面擾流板才是用來減升與增阻以幫助飛機著陸時的剎車減速，以縮短著陸滑跑的距離。

六、放下襟翼對飛機空氣動力特性的影響

飛機在起飛和著陸時，必須放下後緣襟翼。但是放下襟翼提高升力係數同時，也會導致阻力係數、升阻比、零升力攻角、壓力中心與臨界攻角等變化。

（一）阻力係數增加

後緣襟翼放下後，升力係數增加，因而誘導阻力增加，同時因為飛機的迎風面積增加，壓差阻力也增加，所以飛行阻力與阻力係數隨之增加。

（二）升阻比減少

後緣襟翼放下後，在常用的攻角範圍內，阻力係數增加的比例大於升力係數，因此升阻比會隨之減少。

（三）零升力攻角減小

根據升力系數公式，可以得知：零升力攻角$\alpha_0 = -\dfrac{2h}{c}$，$\dfrac{h}{c}$為相對彎度。後緣襟翼放下後，機翼翼型的彎度变大，所以零升力攻角會隨之減小。

（四）壓力中心後移

後緣襟翼放下後，機翼後緣的彎度變大，上下翼面後緣部分的壓力差變大，因此機翼後緣的升力增加，壓力中心隨之後移。

（五）臨界攻角減小

後緣襟翼放下後，機翼後緣的彎度變大，後緣的正壓力梯度變大，從而邊界層產生氣流逆流的趨勢增強，導致機翼在較小攻角下形成強烈的氣流分離，所以臨界攻角比不放後緣襟翼的小。

後緣襟翼一般用於飛機的起飛和著陸中，飛機起降時放下，巡航時收起以避免增加過多的阻力。在使用後緣襟翼的同時，前緣襟（縫）翼也開啟，避免過早發生失速現象。

✈課後練習與思考

[1] 請問飛行攻角與攻角失速定義為何？

[2] 請問低次音速飛機的阻力組成有哪些？

[3] 請問飛機誘導阻力的定義和改善飛機誘導阻力的措施有哪些？

[4] 請問飛機的升阻比曲線、最大升阻比與有利攻角的定義是什麼？

[5] 請問什麼是飛機極曲線以及其重要物理特性點有哪些？

[6] 請問抖動攻角與抖動升力係數的定義是什麼？

[7] 試說明幾何扭轉改善機翼局部先行失速特性的原理為何？

[8] 請問高次音速飛機前緣襟翼的增升原理和使用時機為何？

[9] 請問擾流板的功用有哪些？

第八章

飛機飛行的基礎認知

飛機在執行飛行任務時，其氣動力特性會隨著飛行高度、飛機速度、飛行環境以及飛行狀態的變化而有所不同。特別是飛行狀態和飛行環境，它們對飛行安全具有至關重要的影響。鑒於本書在第三章時已經對飛機的飛行環境進行了詳細的闡述，因此，在本章中，本書將進一步地介紹飛機在飛行過程中所處的各種狀態與描述方式，期能讓讀者對飛機飛行的原理有更加全面的認知與理解。

一、飛行任務的主要組成

飛機在完成一次飛行任務時，需經歷起飛、爬升、巡航、下降、進場和著陸等過程，如圖 8-1 所示。在每個飛行過程中，飛機的飛行姿態與運動狀態均有所不同。

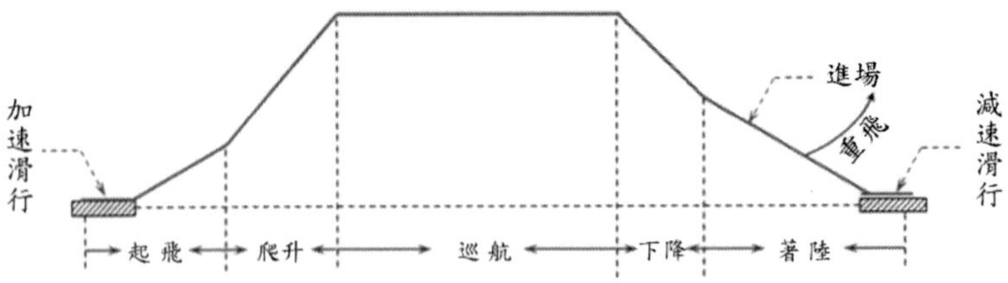

圖 8-1：飛機飛行任務組成的示意圖

（一）起飛過程

飛機從靜止、開始滑行（Taxi）、離開地面、上升到安全高度的運動過程，叫做起飛（Take off）過程。現代噴氣式飛機的起飛過程包含地面加速滑跑、離地以及加速爬升 3 個階段，如圖 8-2 所示。根據統計，飛機在起飛和著陸時離地最近且大氣的氣候條件變化最為劇烈，所以是飛行意外發生最多的兩個過程。

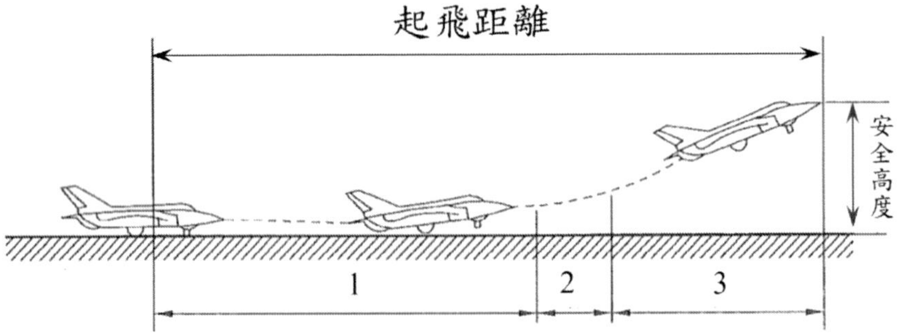

1-地面加速滑跑階段；2-離地階段；3-初始爬升階段

圖 8-2：飛機起飛過程各階段的示意圖

在起飛過程中，飛機先滑行到起飛線，剎住機輪，襟翼放到起飛位置，並使發動機轉速增加到最大值，然後鬆開剎車，飛機在推力作用下開始加速滑跑。當滑跑速度達到一定數值時，飛行員向後拉駕駛杆，抬起前輪，增大攻角，飛機只用兩個主輪繼續滑跑，機翼的升力隨著滑跑速度的增加而增大。當其值等於重力時，飛機便離開地面，加速爬升。當飛機上升到 10-15 m 高度收起起落架，上升到 25 m 高度後起飛階段結束。起飛過程各階段經歷的水平距離總和，稱為起飛距離。起飛距離越短越好，這樣可以減少跑道的長度，從而降低建築機場的費用，而起飛距離與重力（包含飛機自身的重力、裝載量以及加油量）、發動機的推力、大氣條件、跑道狀況以及增升裝置的使用有密切的關係。現代民用客機為了安全起見，都使用雙發或更多發動機。起飛過程難免發生發動機故障，這時必須觀察飛機的速度，以決定是否中止起飛過程，我們稱此速度為飛機的起飛決斷速度（Take-off decision speed） V_1。如果速度大於 V_1，飛行員不能中斷起飛，待先起飛後再處理故障帶來的問題。因為一旦中斷起飛，飛機的剎車無法使其在有限跑道長度內停止而容易衝出跑道。如果速度小於 V_1，則必須放棄起飛，如圖 8-3 所示。

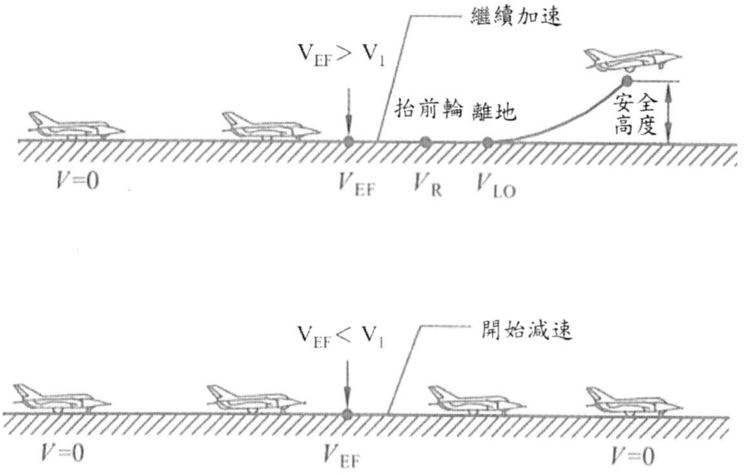

V_{EF}－發動機失效時速度；V_1－起飛決斷速度；

V_R－仰轉速度；V_{LO}－升空速度

圖 8-3：飛機起飛過程中發動機失效處置方式的示意圖

（二）爬升過程

在起飛過程結束後，飛機逐步升高到一定預定高度（巡航高度，Cruising altitude）的過程，稱為爬升（Climb）過程。飛機的爬升方式有兩種：一種是以固定的角度持續爬升達到預定高度，另一種是階段式爬升，也就是飛機爬升到一定高度後，即以水平飛行的方式來增加速度，然後再爬升到下一個高度，經過幾個階段後爬升到預定高度。以固定的角度持續爬升方式的好處是節省時間，但發動機所需的功率大，燃料消耗大。使用階段式爬升方式的好處是爬升過程中的升力隨著速度的增加而增加，而且燃油的消耗使得飛機的重力不斷降低，這種方式最節省燃料，如圖 8-4 所示。

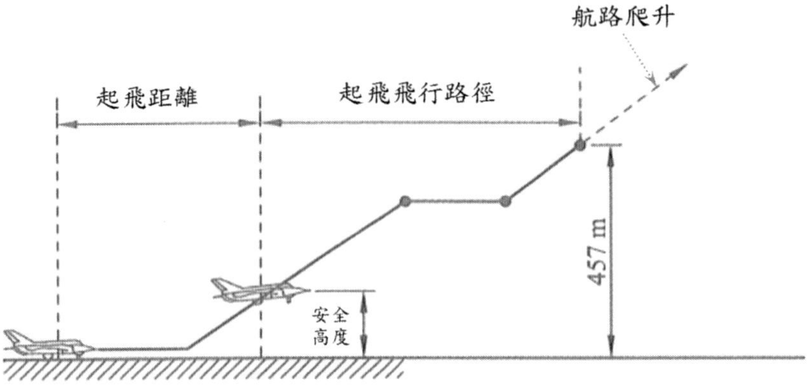

圖 8-4：階段式爬升的示意圖

（三）巡航過程

飛機的巡航（Cruise）過程是指飛機完成起飛與爬升過程後進入預定高度的飛行過程。飛行的大部分時間都處於這個過程中，並保持在一定的飛行高度。飛機達到預定高度後，飛行員收小油門，降低攻角，使飛行狀態轉為水平等速，我們稱之為平飛。理論上，在沒有受到氣候變化或者其他因素影響假設下，飛行員可以按照選定的航線保持特定的速度和姿態飛行。最為經濟的速度，就是巡航速度，如圖 8-5 所示。

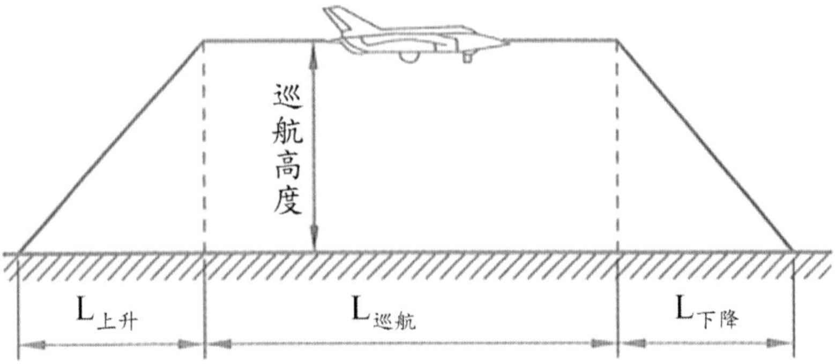

圖 8-5：飛機巡航過程的示意圖

巡航過程是飛行時間最長的過程，飛行員只需進行必要的監控，這個過程中的飛行事故率相對較低。依據執行任務的需求，巡航速度可分成遠航速度和久航速度。遠航速度（Maximum travel range speed）是指每單位千米耗油量最小的平飛速度，也就是航程最遠的巡航速度，而久航速度（Maximum travel time speed）則是指每單位時間耗油量最小的平飛速度，也就是可以獲得最長航時或滯空時間最長的巡航速度。任務要求不一樣，飛行員選定的巡航速度也就不一樣，而且巡航速度也並不是唯一的固定值，它隨著飛機重力（裝載量與燃油量），飛行距離、經濟性以及任務需求等改變。

（四）下降過程

下降（Descent）是指飛機接近目的地時，從巡航高度開始下降，最後到達進場高度或指示其空中待命的空域為止，這個飛行過程稱為下降，如圖 8-1 所示，一般是在距離機場半小時的航程時開始下降。飛機在機場上空由地面管制人員指揮對準跑道（Runway）準備著陸的飛行階段稱為進近或進場（Approach）階段。跑道方向是固定的，而飛機從四面八方接近機場，這時必須按照空中交通管制中心規定的下滑線進場著陸，因此有些飛機得先圍場轉圈，待調整好方向後才能對準跑道進場著陸。有時下滑線和跑道被占用，著陸飛機就得接受空中交通管制部門的指揮，盤旋等待按照順序著陸，如圖 8-6 所示。機場上空如果天氣不佳，能見度偏低，飛機也會在機場上空轉圈等待，直到接到空中交通管制部門允許著陸的命令，才能調整方向進場著陸。等待進場的飛行階段稱為空中待命（Holding）。

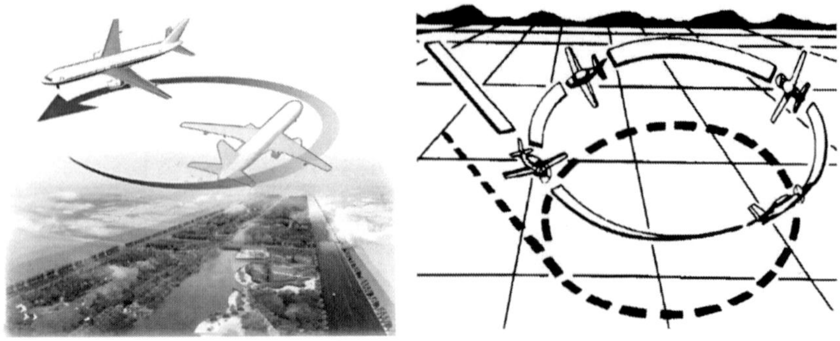

圖 8-6：飛機盤旋的示意圖

（五）著陸過程

飛機的著陸過程主要由下滑、拉平、平飛減速、飄落觸地和地面減速滑跑 5 個階段組成，從下滑直到完全停止為止經過的距離稱為著陸距離，如圖 8-7 所示。

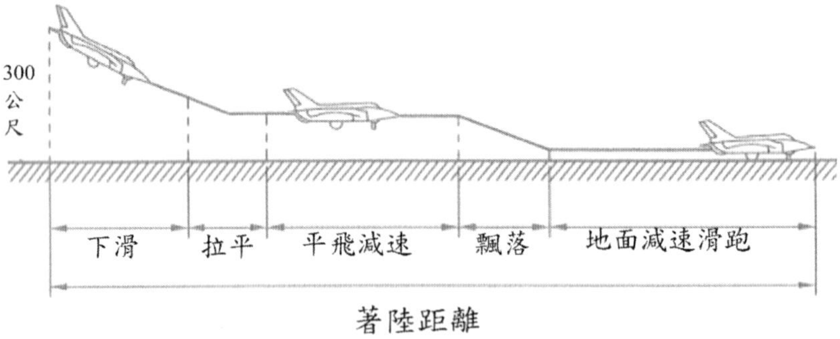

圖 8-7：飛機著陸過程的示意圖

飛機在降落前在大約離地 300 m 的高度放下起落架，在 200 m 左右的高度放下襟翼，轉入下滑狀態，同時發動機轉速減小到最小轉速。接近地面 6-7m 時，飛行員將駕駛杆向後拉使得飛機轉入平飛狀態，並開始平飛減速。這個階段的飛機攻角不斷增加，讓升力等於重力使其不斷減速，當攻角增加到最大攻角時，隨著飛機速度降低，升力小於重力，飛機下沉而逐漸觸地，這就是飄落觸地階段。飄落時機輪觸地的瞬間速度就是觸地速度，如果觸地速度過大，可能造成起落架和機體受力結構損壞，也會使得著陸距離過長，導致飛機衝出跑道的事故發生，所以這個速度越小越好。飛機在機輪觸地後即轉成地面滑跑階段，由於空氣阻力、地面摩擦力以及機輪剎車等作用，滑跑速度不斷減小，直到完全停止運動，

整個著陸過程就告結束。為了縮短著陸距離，可採用增升裝置以降低觸地速度，滑跑的階段也使用擾流板（阻力板）、反推力裝置（噴氣式飛機）、反槳裝置（螺旋槳飛機）與剎車等裝置來減少距離。

（六）盤旋與重飛

盤旋與重飛都是飛機在著陸過程前，飛行員為了安全降落而採取的機動飛行動作。

1.盤旋：盤旋是飛機在水平面內的一種機動飛行，通常盤旋是指飛機連續轉彎不小於 360 度的飛行，盤旋中，如果飛機的飛行速度、攻角、傾角、側滑角均保持不變，則稱為穩定盤旋（定常盤旋）。不帶側滑的穩定盤旋稱為正常盤旋。正常盤旋的盤旋半徑和盤旋一周的時間是衡量飛機方向機動能力的主要指標，通常飛機會為了滿足航情需求、氣候條件以及飛行安全等因素而執行盤旋。

2.重飛：重飛是指飛機在即將著陸前，出於飛行安全考慮，將機頭拉起重新起飛的動作。如果飛機著陸觸地後再行重飛，則此重飛動作稱為觸地重飛。觸地重飛動作在訓練飛行及特技飛行時使用。一般，飛機是因為航管指示、氣候條件與機師要求等因素導致無法安全落地而執行重飛動作。

二、機場的起降模式

由於飛機的跑道方向是固定，而飛機卻是從四面八方接近機場。所以為了確保飛機起降的安全與暢順，起飛和降落的飛機在機場要按一定的航線飛行，這種飛行航線叫作起降航線。飛機的起降航線由 5 段組成，每一航段稱為一個邊，因此，機場起降的飛行模式又稱為五邊飛行，如圖 8-8 所示。在目視氣象條件下，飛行按照這種航線飛行，由塔臺管制員控制。

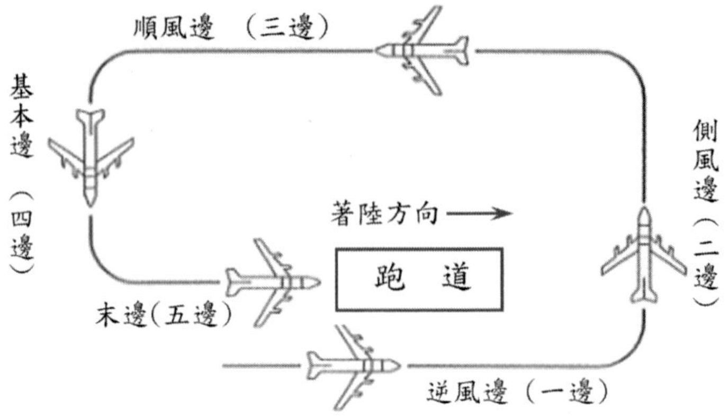

圖 8-8：飛機五邊飛行起降模式的示意圖

標準的五邊飛行模式通常是逆時針方向，但是為了應付各種障礙，避開山丘或者減少對當地居民噪音，順時針方向的五邊飛行模式也可以存在。飛機在機場起降時，由塔臺管制員指示飛行員如何進入或離開這個模式。除了特大型的機場，所有的機場都使用五邊飛行的起降模式來確保安全與順暢。

三、飛行常用的三大座標

描述飛機的運動狀態的座標系統大致可以分成固定座標系統、體座標（機體座標）系統與風座標（速度座標）系統，通常單獨使用某一系統或者採用系統與系統間的關係，說明飛機的姿態、航跡與氣動力的變化。

（一）選用原則

一般而言，要確定飛機相對於地面的位置，必須採用固定座標系統表示；要研究飛機的飛行控制問題；必須採用體座標（機體座標）系統表示；要探討飛機的空氣動力特性，必須採用風座標（速度座標）系統來表示；要描述飛行姿態變化與航跡變化，則必須分別使用體座標（機體座標）系統與固定座標系統之間的關係以及風座標（速度座標）系統與固定座標系統之間的關係來表示；要瞭解飛機的空氣動力的變化情形，則必須使用體座標（機體座標）系統與風座標（速度座標）系統之間的關係來表示。

（二）座標系統介紹

1.方向規定：本章所介紹的座標軸系均為三維正交軸系，且遵守右手法則。X 軸指向前，Y 軸指向右，Z 軸指向下的方向為正。

2.固定座標（OgXgYgZg，Fixed coordinate）：又稱為地面座標（Ground coordinate）或慣性座標（Inertial coordinate），它是相對於地球表面不動的一種座標系，常用於指示飛機的方位、短距離導航與航跡控制。在座標系統中，原點（Og）取自地面上的某固定點；如飛機在地面上的起飛點。縱軸（OgXg）軸位於地平面內並指向某方向；如飛機的航線。垂直軸（OgZg 軸）垂直於地平面向下以及橫軸（OgYg 軸）由右手定則來確定，如圖 8-9 所示。

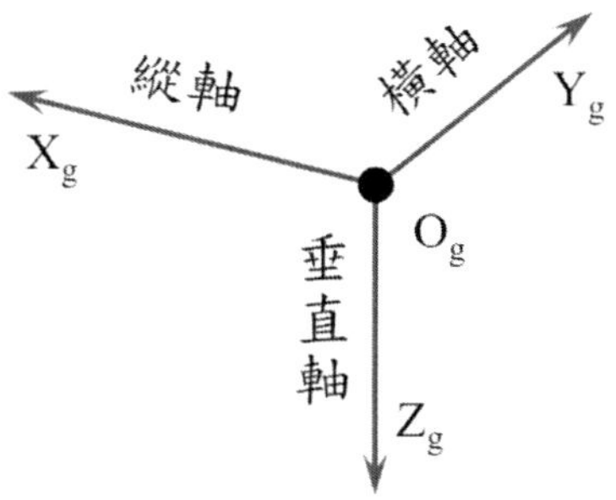

圖 8-9：地面座標的示意圖

3.**體座標系統（$O_bX_bY_bZ_b$，Body coordinate）的定義：**又稱為機體座標系統，它是固定在飛機機體上的一個座標系，常用來描述飛機的氣動力矩與繞著飛機重心（質心）的轉動情形。在座標系統中，原點（O_b）取自於飛機的重心（或質心），縱軸（O_bX_b 軸）位於飛機對稱平面內，與飛機機身的設計軸線平行，指向機頭的方向為正。垂直軸（O_bZ_b 軸）在飛機對稱面內並且垂直於縱軸，並指向下方。橫軸（O_bY_b 軸）垂直於飛機對稱面並指向右方，如圖 8-10 所示。

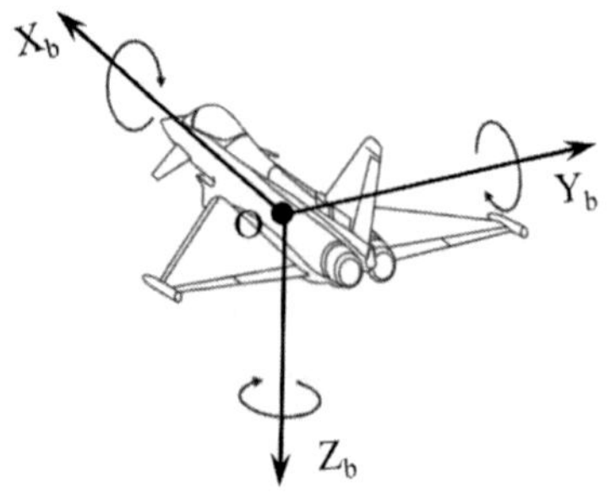

圖 8-10：機體座標的示意圖

4.**風座標（$O_wX_wY_wZ_w$，Wind coordinate）：**又稱為氣流座標或速度座標，它和體座標一樣是以飛機的本身為觀察基準而畫出的直角座標，常用於描述飛機的氣動力。其原點（O_w）仍取自於飛機的重心（或質心），縱軸（O_wX_w 軸）與飛行速度方向的直線平行，以飛行速度的方向為正，不一定在對稱面內。垂直軸（O_wZ_w 軸）在飛機對稱面內並且垂直於縱軸，並指向下方。橫軸（O_wY_w 軸）垂直於 OXZ 平面，並指向右方，如圖 8-11 所示。

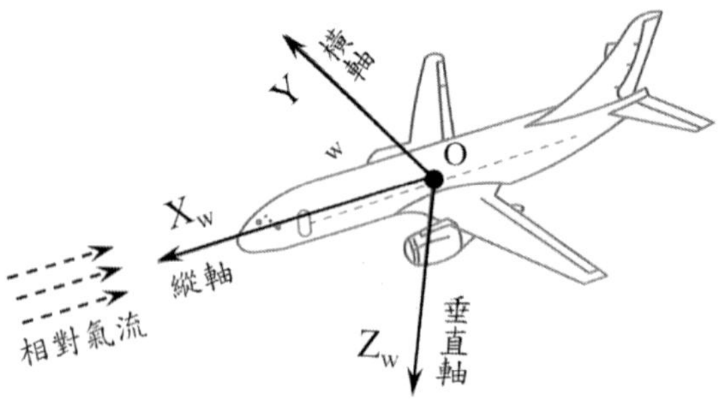

圖 8-11：速度座標的示意圖

四、飛機飛行角度的定義

在航空界，通常採用機體座標系統、速度座標系統和固定座標系統之間的角度來描述飛機飛行姿態、航跡與氣動力的變化情形。其主要分成姿態角、航跡角和氣動角三種類型的角度。

（一）姿態角

飛機的姿態角是由機體座標系統（$O_bX_bY_bZ_b$）與地面座標系統（$O_gX_gY_gZ_g$）之間的關係確定，二者之間的夾角就是飛機姿態角（Attitude angle），又稱為歐拉角。描述飛機的姿態角有俯仰角、偏航角以及滾轉角，如圖 8-12 所示。

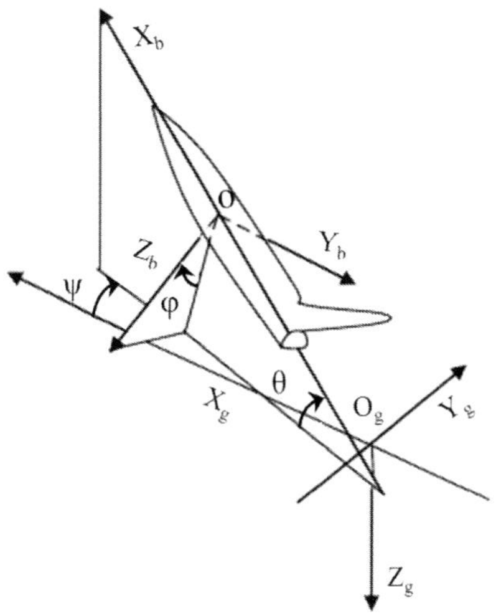

圖 8-12：飛機姿態角的示意圖

1.俯仰角的定義：飛機機體座標的縱軸（OX_b 軸）與地平面（地面座標的水平面，也就是 $O_gX_gY_g$ 平面）之間的夾角，稱為俯仰角（Pitching angle），用符號 θ 表示，以飛機抬頭的方向為正。

2.偏航角的定義：飛機機體座標的縱軸（OX_b 軸）在地平面的投影與固定座標 O_gX_g 軸之間的夾角，稱為偏航角（Yawing angle），又稱方位角（Track azimuth angle），用符號 ψ 表示，以右偏航的方向為正。

3.滾轉角的定義：飛機機體座標的垂直軸（OZ_b 軸）與包含縱軸（OX_b 軸）的垂直平面之間的夾角，也就是飛機對稱面繞著飛機機體座標縱軸（OX_b 軸）轉過的角度，稱為滾轉角（Rolling angle），又稱為傾斜角（bank angle），用符號 Φ 表示，以右滾轉的方向為正。以右滾轉的方向為正。

（二）航跡角

飛機的航跡角由風座標系統與固定座標系統（地面座標系統）之間的關係確定。它們之間的夾角就是飛機的航跡角（Flight path angle），航跡角和姿態角定義相似，只不過將機體座標系統與固定座標系統之間的關係改為風座標系統與固定座標系統之間的關係。描述飛機航跡角的有航跡傾斜角、航跡方位角以及航跡滾轉角，如圖 8-13 所示。

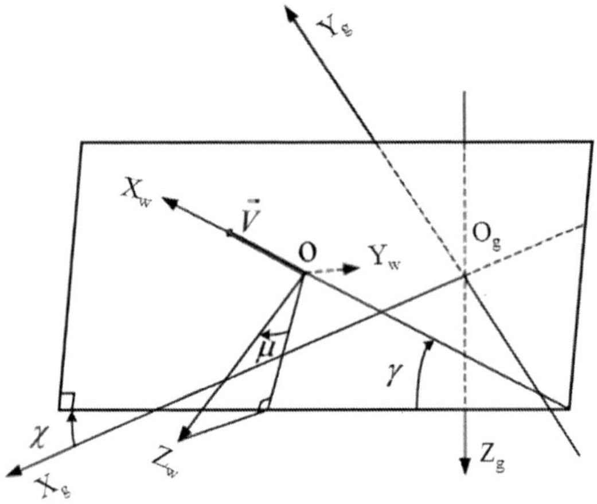

圖 8-13：飛機航跡角的示意圖

1.航跡傾斜角 γ 的定義：飛機速度座標的縱軸（OX_w 軸）與地平面（地面座標的水平面，也就是 $O_gX_gY_g$ 平面）之間的夾角，稱為航跡傾斜角（Track inclination angle），用符號 γ 表示，以飛機向上時為正的方向為正。

2.航跡方位角 χ 的定義：飛機速度座標的縱軸（OX_w 軸）在地平面的投影與固定座標 O_gX_g 軸之間的夾角，稱為航跡方位角（Track azimuth angle），用符號 χ 表示以速度座標縱軸在地平面的投影向右偏轉的方向為正。

3.航跡滾轉角 μ 的定義：飛機速度座標的垂直軸（OZ_w 軸）與包含縱軸（OX_w 軸）的垂直平面之間的夾角，稱為航跡滾轉角（Track rolling angle），用符號 μ 表示，以飛機向右傾斜的方向為正。

（三）氣動角

飛機飛行的氣動角是指體座標與風座標之間的角度，也就是飛機和相對氣流之間的角度，亦即本書在第四章的內容中介紹的攻角與側滑角，如圖 8-14 所示。

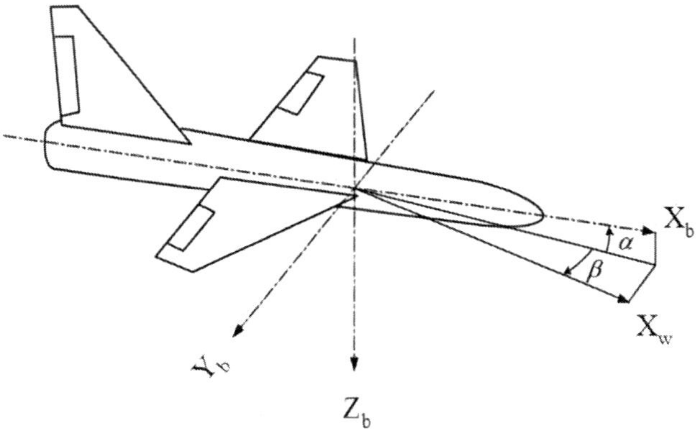

圖 8-14：飛機氣動角的示意圖

1.攻角的定義：不考慮機翼安裝角，也就是假設機翼安裝角為 0 的情況下，飛行速度向量在飛機對稱面（OX_bZ_b）上的投影與機體座標的縱軸（OX_b 軸）之間的夾角，稱為迎角（Angle of attack，AOA），用符號 α 表示，以機體座標的縱軸（OX_b 軸）位元於速度向量在飛機對稱面上投影的上方為正。

2.側滑角 β 的定義：飛機速度向量與飛機對稱面間的夾角，也是飛機機體座標的縱軸（OX_b 軸）與速度座標的縱軸（OX_w 軸）之間的夾角，側滑角（Sideslip angle），用符號 β 表示，以飛行速度（相對氣流）在飛機對稱面的右邊為正。

五、飛行速度的測量與修正

從飛行考慮的基準來看，飛機的飛行速度可分為地速與空速；從測量方法上的差異來看，飛行空速又可分為指示空速、校準空速、當量空速與真實空速。飛行速度會影響飛機的空氣動力特性與飛行姿態，需做相關的測量與修正工作。

（一）地速與空速的定義與關係

定義飛機重心（質心）相對於靜止大氣的運動速度為空速（Air speed），用符號 V_a 表示；因大氣氣候而造成的空氣流動速度稱為風速（Wind speed），用符號 V_w 表示。空速與風速的總和稱為地速（Ground speed），用符號 V_g 表示。它們的關係為 $V_g=V_a+V_w$，如圖 8-15 所示。

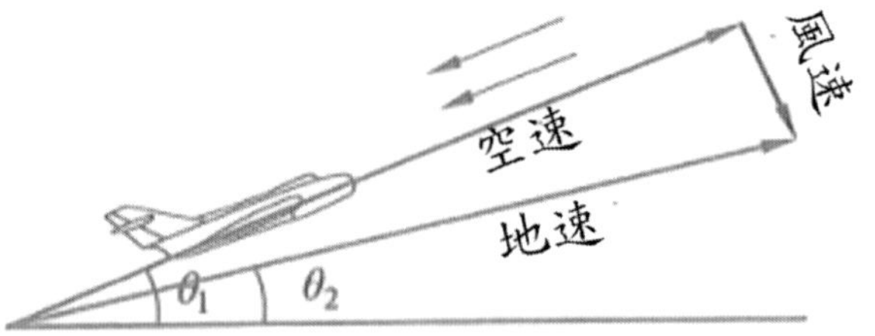

圖 8-15：空速、地速與風速的關係示意圖

（二）空速的類型與彼此間的關係

根據測量與修正方法上的差異，空速可以分成指示空速、校準空速、當量空速與真實空速。

1.指示空速（IAS）：指示空速（indicated airspeed）又稱為表速，它是根據國際標準大氣海平面的密度 ρ_0 按照伯努利方程式 $V=\sqrt{\dfrac{2(P_t-P)}{\rho_0}}$ 計算所得的空速，也就是空速表在修正了儀錶誤差後所指示的速度讀數，其英文縮寫形式為 IAS，用符號 V_I 表示。為防止飛機失速，飛行員主要是依據指示空速（IAS）來做飛行，而在飛機的飛行手冊和使用手冊中，性能圖表上所使用的速度也是指示空速。

2.校準空速（CAS）：校準空速（Calibrated airspeed）又稱為修正表速，是指示空速在經過位置誤差修正後的空速表指示的速度讀數，其英文縮寫形式為 CAS，用符 V_C 表示。由於安裝在飛機上一定位置的總、靜壓管處的氣流方向隨著飛機的具體型號和迎角而改變，影響了總、靜壓測量的準確度，造成速度讀數的誤差，因此必須加以修正。校正空速（V_C）

與指示空速（VI）的關係為 $V_C=V_I+\Delta V_P$。式中，ΔV_P 為位置誤差修正值，與飛機迎角、襟翼位置、地面效應、風向等影響因素有關。校準空速（CAS）多用於表示飛行試驗的速度，在海平面標準大氣條件下，校準空速等於真實空速。

3.當量空速（EAS）：當量空速（Equivalent airspeed）是修正空氣壓縮性誤差後得到的空速，其英文縮寫形式為 EAS，用符號 V_E 表示。由於空氣壓縮性（Ma > 0.3）造成的空氣密度變化，產生了測量空速的誤差。當量空速（VE）與校準空速（VC）的關係為 $V_E=V_C+\Delta V_C$。式中，ΔV_C 為空氣壓縮性誤差修正值。空氣的密度不僅與飛機的飛行速度有關，同時也是飛行高度的函數，因此採用等熵關係式修正空氣壓縮性誤差時多以海平面標準大氣條件為計算基準。這樣計算所得結果只有在海平面標準大氣條件下才會準確，而其他高度則必須另外再做進一步地修正。當量空速（EAS）多用於表示在飛機強度計算中所受載荷的速度，當飛機的指示空速低於 100 m/s 以及飛行高度低於 6 公里時，我們可以將因為空氣壓縮性造成的空速誤差忽略不計。

4.真實空速（TAS）：真實空速（True airspeed）又稱真空速，它是表示飛機飛行時相對於周圍空氣的速度，也就是飛機實際飛行的速度，其英文縮寫形式為 TAS，用符號 V_T 表示。由於空氣的密度隨著飛行高度改變，根據實際飛行高度去修正當量空速後所得的速度即為真實空速。真實空速（V_T）與當量空速（V_E）的關係為 $\frac{V_T}{V_E}=\sqrt{\frac{\rho_0}{\rho_{\text{實際飛行高度}}}}$。式中，$\rho_0$ 與 $\rho_{\text{實際飛行高度}}$分別為國際標準大氣海平面與飛機實際飛行高度時的空氣密度。在討論飛機的飛行性能時，所使用的空速為真實空速（TAS）。

5.綜合討論：指示空速（IAS）是飛機空速表的刻度讀數，真實空速是飛機飛行的實際速度，兩者間的差異就是飛機飛行測量的空速誤差。造成飛機飛行測量空速誤差的原因有機械誤差、位置誤差、飛行速度引起的空氣壓縮性誤差，以及飛行高度引起的密度誤差。對於低空、低速飛行的輕小型飛機，我們可以將因空氣密度變化造成的空速誤差忽略不計。但是飛行高度高於 6 公里與飛行速度高於 100 m/s 時，必須對飛行速度引起的空氣壓縮性誤差以及飛行高度引起的密度誤差進行修正。過去傳統的輕小型低速飛機一般僅裝有空速表，用於表示指示空速，而現代飛機上的組合型速度表則能同時指示出指示空速（IAS）和真實空速（TAS）。

✈課後練習與思考

[1] 請問飛機在飛行中發生意外最多的過程為何？說明其原因。

[2] 請問飛行員在起飛過程中發動機發生故障時如何處置？

[3] 巡航速度可分成遠航速度與久航速度，請問其定義為何？

[4] 請問機體座標與速度座標的角度差有哪些？

[5] 請問飛機的氣動角有哪些？

[6] 請問造成飛機飛行測量空速誤差的原因有哪些？

[7] 請問指示空速和真實空速之間的差異為何？

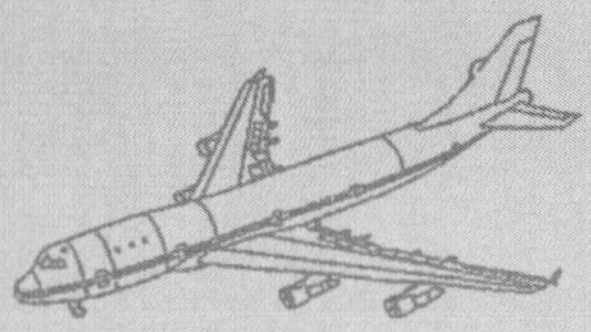

第九章

飛機的平衡、穩定與操縱

飛機的飛行任務通常是由起飛過程、爬升過程、巡航過程、下降過程和著陸過程等幾個環節所組成。在這些不同的飛行過程中，飛機的飛行姿態與運動狀態均有所不同。同時，陣風等氣流擾動會對飛機的飛行姿態與飛行航道造成影響，從而產生飛行狀態的變化。從力學的角度來看，這些變化是都是作用力及其力矩在飛機上作用的結果。飛機的平衡、穩定性和操縱性描述了其在力和力矩作用下保持或改變狀態的基本原理，是飛行任務成功的關鍵與飛機設計的重要考量。

一、基本概念介紹

（一）飛機機體座標系統（$O_bX_bY_bZ_b$）的定義

飛機機體座標系統（$O_bX_bY_bZ_b$），又稱為體座標系統，它是用來研究飛機的飛行運動和飛行控制問題的座標系統，常用來描述飛機的氣動力矩與繞著飛機的重心（質心）的轉動情形，如圖 9-1 所示。

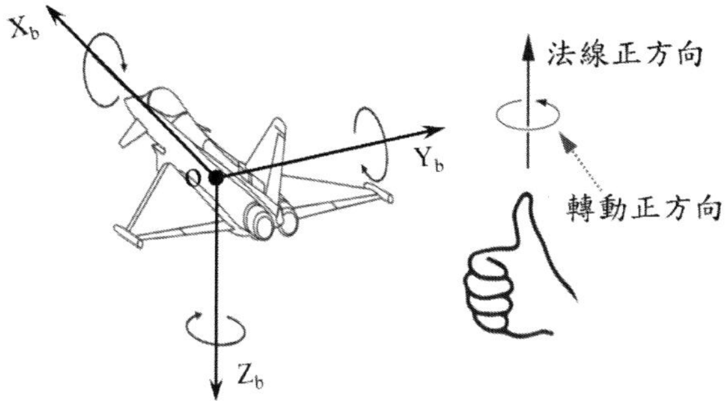

圖 9-1：機體座標的示意圖

在座標系統中，O_b 點為原點，取自於飛機的重心（或質心）。O_bX_b 軸為縱軸，位於飛機對稱平面內，與飛機機身的設計軸線平行。指向機頭的方向為正。O_bZ_b 軸為垂直軸，在飛機對稱面內並且垂直於縱軸，並指向下方。O_bY_b 軸為橫軸，垂直於飛機對稱面並指向右方。轉動力矩的正負是按右手螺旋法則來判定。

（二）飛機飛行的六個自由度

如圖 9-2 所示，飛機是三度空間的自由體，飛機在空中的一切運動，無論怎樣錯綜複雜，都可以將其視為隨著飛機重心移動或是繞著飛機重心轉動的運動。

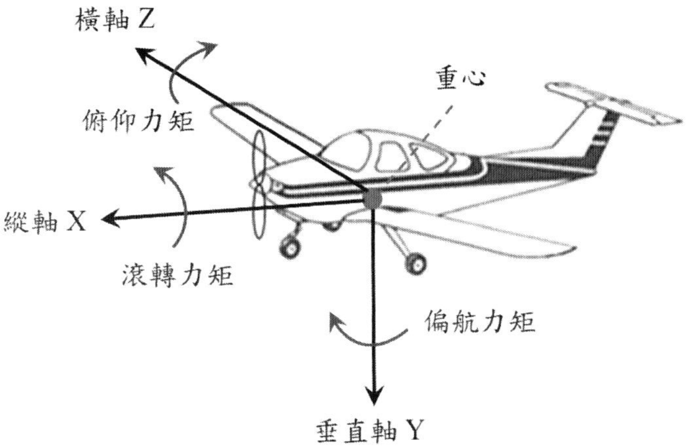

圖 9-2：飛行運動六個自由度的示意圖

從圖中可以看出，飛機隨著重心的運動分別是沿著縱軸（X 軸）、垂直軸（Y 軸）以及橫軸（Z 軸），繞著重心的轉動則是繞著縱軸、垂直軸以及橫軸，所以飛行的運動共有 6 個自由度，也就是說這 6 個自由度是沿著機體座標系 3 個座標軸的移動和繞著 3 個坐標軸的轉動。我們將繞著縱軸（X 軸）的運動稱為滾轉運動（Rolling motion），繞著垂直軸（Y 軸）的運動為偏航運動（Yawing movement）以及繞著橫軸（Z 軸）的運動為俯仰運動（Pitching movement），如圖 9-3 所示。

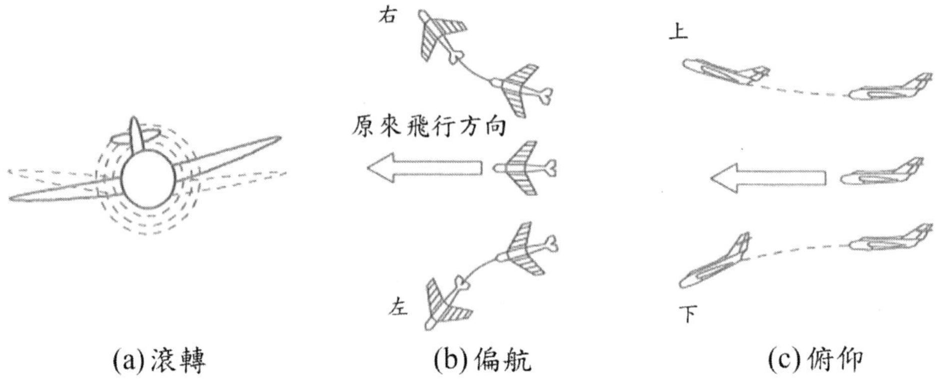

圖 9-3：飛機滾轉、偏航以及俯仰運動的示意圖

（三）飛機的重心

重力是地球對物體的吸引力，飛機的各部件（機身、機翼、尾翼、發動機等）、燃油、貨物、乘客等都要受到重力的作用。飛機各部分重力的合力，叫做飛機的重力。重力的著力點，叫做飛機的重心（Centre of gravity）。飛機在飛行中，重心位置並不隨姿態改變，其在空中的一切旋轉運動，都可以將視為通過重心繞著三個軸進行的轉動。

二、飛機的平衡

飛機的平衡（equilibrium）是指飛機所受到的所有外力與力矩的總和為零，此時飛機為靜止或是作等速度的穩定飛行。

（一）平衡的條件

飛機處於平衡時，其所受到的外力與外力作用於飛機重心的力矩總和必須為零，也就是必須同時滿足合力為 0 與合力矩為 0 等二個條件。

1.作用力方程式：由於當飛機處於平衡狀態時，作用於飛機的外力 F 總和必須為 0，所以作用力的方程式必須滿足 $\sum \vec{F}_i = 0$。式中，$i = X, Y, Z$，依序分別表示為縱軸、垂直軸與橫軸。

2.合力矩方程式：當飛機處於平衡時，外力作用於飛機重心的力矩 M 總和必須為 0，所以作用力矩的方程式必須滿足 $\sum \vec{M}_i = 0$。式中，$i = X, Y, Z$，依序分別表示為縱軸、垂直軸與橫軸。

根據牛頓第一運動定律（慣性定律），外力為 0 時，飛機的加速度必定為 0，此時飛行速度的大小和方向都不發生變化。處於平衡狀態時，飛機為靜止或呈現等速度運動狀態。反之，如果不是平衡狀態，飛機就做變速度運動，飛行速度的大小或方向發生變化，因此飛機原有的運動狀態或飛行姿態改變。例如，如果推力大於阻力，產生前進方向的加速度運動；反之，如果推力小於阻力，產生前進方向的減速度運動。如果橫軸（z 軸）的合力矩不等於 0，飛機就產生俯仰運動。由此可知，飛行姿態和飛行軌跡的改變都是作用在飛機上的力和力矩無法達到平衡的結果。

（二）平衡問題的分類

根據飛機的運動可以將其平衡問題歸納為縱向平衡（longitudinal equilibrium）、橫向平衡（lateral equilibrium）與方向平衡（directional equilibrium）或是垂直軸平衡（perpendicular equilibrium）三種。

1.縱向平衡：飛機在做飛行運動時不繞著橫軸轉動，也就是不會產生俯仰運動的飛行狀態稱為縱向平衡。此時，飛機的運動方程式滿足 $\sum \vec{F}_{x,i} = 0$；$\sum \vec{F}_{y,i} = 0$；$\sum \vec{M}_{z,i} = 0$。式中，$i = 1,2,3........n$。也就是：要達到縱向平衡，飛機在縱軸與垂直軸所受合力與俯仰力矩的合力矩都必須為 0。反之，如果無法滿足縱向平衡的條件，飛機就會產生俯仰運動。

2.橫向平衡：飛機在做飛行運動時不繞著縱軸轉動，也就是不會產生滾轉運動的飛行狀態稱為橫向平衡。此時，飛機的運動方程式滿足 $\sum \vec{M}_{x,i} = 0$，式中，$i = 1,2,3 .... n$。也就是：要達到橫向平衡，飛機滾轉力矩的合力矩必須為 0。反之，如果無法滿足橫向平衡的條件，飛機就會產生滾轉運動。

3.方向平衡：飛機不繞著垂直軸轉動的運動狀態稱為方向平衡，又叫做垂直軸平衡。由於飛機處於方向平衡的狀態時不會產生偏航運動，所以也有人將方向平衡稱為航向平衡。此時滿足運動方程式 $\sum \vec{M}_{y,i} = 0$，$i = 1,2,3 .... n$。也就是：要達到方向平衡，其偏航力矩的合力矩必須為 0。反之，如果無法滿足方向平衡的條件，飛機就會產生偏航運動。

易記口訣

縱軸平衡不俯仰；橫向平衡不滾轉；方向平衡不偏航。

（三）橫側平衡現象

所謂飛機的橫側平衡現象（Roll-yaw equilibrium phenomenon）是指當橫向平衡狀態或航向平衡狀態被破壞時，引發的另一種平衡狀態遭到破壞的現象。簡單地說，它是飛行時的滾轉運動與偏航運動相互影響的一種現象。在自然界，許多現象都是彼此聯繫、彼此依賴以及彼此制約，飛機的橫向平衡和航向平衡之間也是如此。一旦航向平衡被破壞，橫向平衡也不能保持，反之亦然。例如，飛機受到陣風，產生向右偏航，結果飛行速度向和飛機對稱面之間便產生一個側滑角，破壞了機翼相對氣流的對稱性，引起兩邊機翼於升力不相等，左機翼升力大，右機翼升力小，形成向右的滾轉力矩，因此橫向平衡也被破壞，如圖 9-4 所示。

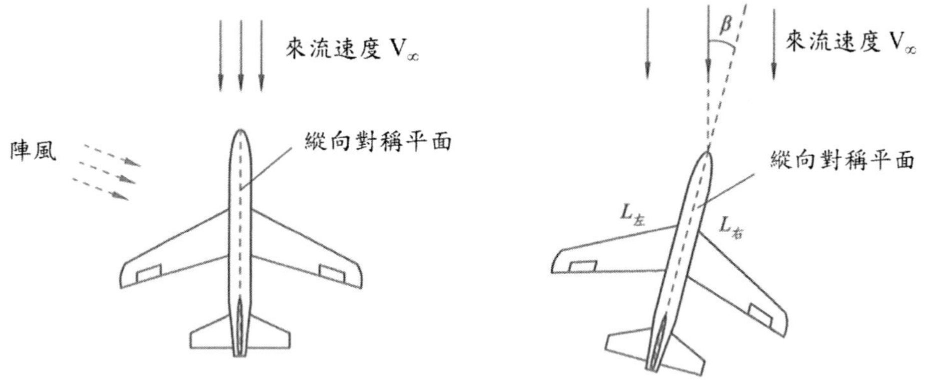

圖 9-4：橫向平衡與航向平衡之間的相互關係示意圖

為避免飛行阻力增加，空速的方向（來流的方向）一般平行於飛機的對稱面，也就是讓側滑角 β=0，但是外界的擾動或水平轉彎操縱不當常造成飛機側滑。橫向平衡和航向平衡之間的關係密切且相互影響，兩者結合在一起，統稱為飛機的橫側平衡（Roll-yaw equilibrium），飛行員經常需要同時操縱副翼和方向舵來保持這種平衡。

三、飛機飛行的穩定性

飛機在飛行的過程中，常常遇到一些偶然、突發與暫態的因素，例如受陣風擾動或者飛行員偶爾觸動一下駕駛桿或腳蹬，都會使飛機的平衡狀態遭到破壞，此時，飛機姿態與速度的變化較劇烈，造成飛行員難以掌控，影響著預定任務的完成和飛行的安全，因此飛機在設計時就提出了穩定性的要求。

（一）穩定性的定義與分類

飛行穩定性是指處於平衡狀態的飛機，受到外界擾動而偏離平衡位置之後，能否自動恢復到原來平衡位置的趨勢或過程。飛行穩定性可以分為靜態穩定性（Static stability）與動態穩定性（Dynamic stability）。

（二）靜態穩定性的定義

飛機的靜態穩定性是指飛機在受到擾動時是否具備恢復到原來平衡狀

態的趨勢。圖 9-5 所示為鋼球受到突發性擾動的示意圖，假設鋼球原來處於靜止平衡狀態，現在給它一個暫態小擾動，例如推它一下，使其偏離平衡狀態。如果在凹型面經過若干次來回擺動，鋼球最後自動恢復到原來的平衡位置，稱為正性靜態穩定（Positive static stability）或靜態穩定，如圖 9-5(a)所示。

如果鋼球在水平面上，因為黏滯效應，慢慢達到平衡，但是不會回到原來的平衡位置，也就是在新的位置達到新的平衡，稱為中性靜態穩定（Neutral static stability），如圖 9-5(b)所示。如果在凸型面，鋼球沿著弧形坡道滾下，離原來的平衡位置越來越遠，假設凸型面為無限大（弧形坡道無限長），則根本不可能達到平衡狀態，更不會自動地恢復到原來的平衡位置，稱為負性靜態穩定（Negative static stability）或靜態不穩定（Static instability），如圖 9-5(c)所示。

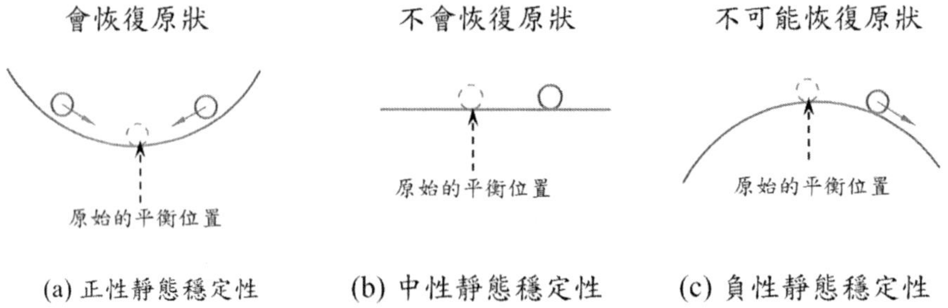

圖 9-5：靜態穩定性的示意圖

對飛機而言，其穩定性如何與圓球情況在實質上類似。如果因為外界暫態的微小擾動而偏離，飛機有回到原來平衡狀態與位置的趨勢，稱為飛機的靜態穩定；如果沒有回到原來平衡狀態與位置的趨勢，稱為飛機的靜態不穩定。設計者與製造商都希望受到陣風擾動後，飛機能回到原來的平衡狀態與位置從而確保預定飛行任務計畫的完成與維護飛行安全，靜態穩定性是其設計要求中非常重要的環節。

（三）動態穩定性的定義

飛機的動態穩定性是飛機在外界擾動消失後是否具備恢復到原來平衡位置的收斂性。擾動會使飛機的平衡狀態遭到破壞，而擾動消失回到原來平衡位置的運動過程都會產生振盪。如果飛機飛行時擾動產生的振盪振幅隨著時間增長而消失或減小，則此運動過程稱為正性動態穩定（Positive dynamic stability）或動態穩定，如圖 9-6(a)所示。如果擾動產生的振盪振幅隨著時間的增長而保持不變，則此運動過程稱為中性動態穩定，如圖 9-6(b)所示。如果擾動產生的振盪振幅不僅不隨著時間的增長而衰減，反而逐漸增大，則此運動過程稱為負性動態穩定（Negative dynamic stability）或動態不穩定（dynamic instability），如圖 9-6(c)所示。

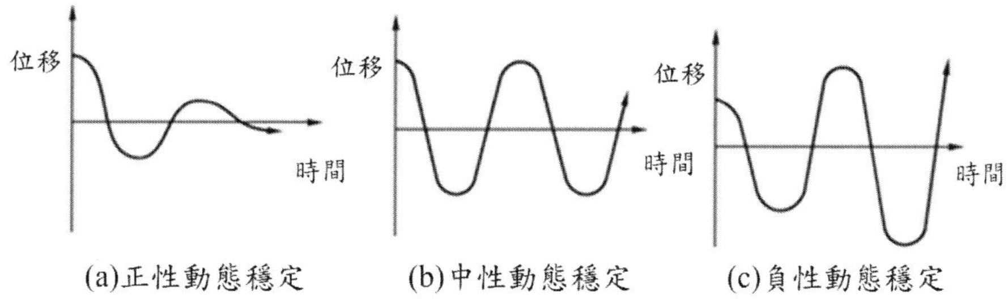

圖 9-6：動態穩定性的示意圖

（四）動態穩定與靜態穩定的關聯性

飛機具備靜態穩定的特性，只是表示在受到外界擾動時，飛機具有自動恢復到平衡狀態的趨勢，但不能表示在整個過程中，最後一定能夠恢復到原來的平衡狀態，所以靜態穩定是飛行穩定性的必要條件，但不夠充分。唯有同時滿足靜態穩定和動態穩定條件，飛機飛行才能保持穩定。動態穩定與靜態穩定的關係密切，通常只要選擇適當的靜穩定性，就能獲得良好的動穩定特性。

四、飛機靜態穩定問題的分類與設計

（一）靜態穩定問題的分類

靜態穩定是指飛機受到暫態微小擾動而破壞原先的平衡狀態與偏離了原先的平衡位置時，飛機具有回復到原來平衡位置的趨勢。根據飛機平衡問題的分類，靜態穩定問題可分為縱向靜態穩定（Longitudinal static stability），橫向靜態穩定（Lateral static stability）與方向靜態穩定（Directional static stability）三種類型。

1.縱向靜態穩定：飛機在飛行中受到擾動產生俯仰運動時具備不經飛行員或航空駕駛操縱就能夠自動恢復到原來飛行攻角的趨勢稱為縱向靜態穩定（Longitudinal static stability），也稱為俯仰靜態穩定（Pitching static stability）。

2.橫向靜態穩定：飛機在飛行中受到擾動而機身產生翻轉運動時具備不經飛行員或航空駕駛操縱就能自動恢復到原來飛行姿態的趨勢稱為橫向靜態穩定（Lateral static stability），也稱為滾轉靜態穩定（Rolling static stability）。

3.方向靜態穩定：飛機在飛行中受到擾動產生偏航運動時具備不經飛行員或航空駕駛操縱就能自動恢復到原來飛行航向的趨勢叫作方向靜態穩定（Directional static stability），也稱為偏航靜態穩定（Yawing static stability）。

（二）保持縱向靜態穩定的方法

如前所述，縱向靜態穩定又稱俯仰靜態穩定，也就是飛機在飛行中受到擾動產生俯仰運動時具有不經飛行員的操縱就能讓飛行攻角自動恢復到原有位置的趨勢。縱向靜態穩定性取決於水平尾翼的面積以及飛機重心和空氣動力中心（焦點）的位置與兩者之間的距離。所以保持方法有調整飛機的配重與水平安定面。

1.調整飛機的配重：調整飛機配重的作用就是確定飛機重心與空氣動

中心（焦點）的位置，以及兩者之間的距離。

（1） 重心位置與縱向靜穩定性的關係：飛機各部分重力的合力作用點稱為飛機的重心（Centre of gravity），重心所在的位置稱為重心位置（Centre-of-gravity position）。飛機飛行中，重心位置不隨著姿態改變，其在空中的一切運動，無論怎樣錯綜複雜，都可以視為隨著重心移動或繞著重心的轉動。空氣動力中心（Aerodynamic center）可視為飛機空氣動力（升力）增量的作用點，其位置不隨著攻角改變。在飛機的穩定性設計中，如果重心在空氣動力中心（焦點）之前則飛機具有縱向靜穩定性；反之，則為縱向靜不穩定，如圖 9-7 所示。

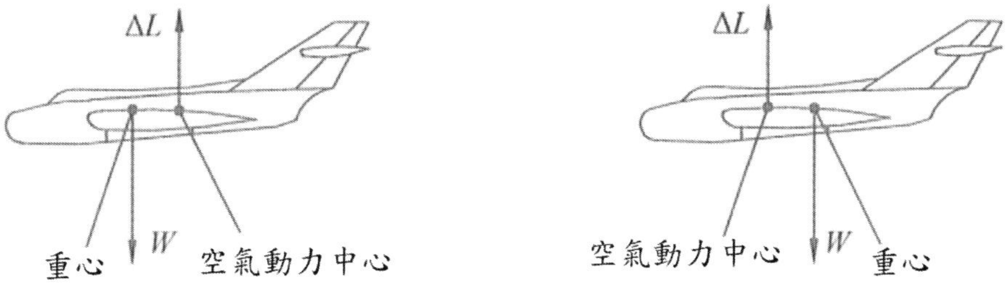

(a)縱向靜穩定 (b)縱向靜不穩定

圖 9-7：動態穩定性的示意圖

（2） 調整飛機的配重保持縱向靜態穩定的原理：傳統飛機縱向的靜態穩定性設計，是使飛機重心的位置位於空氣動力中心之前，可使飛機受到擾動而導致飛行攻角增加時，升力的增量同時對重心產生一個低頭力矩（恢復力矩），以穩定飛行姿態避免飛機攻角持續增大。這樣在擾動造成飛行攻角增大與升力增加時，有恢復到原來的飛行攻角的趨勢，所以飛機具有縱向靜態穩定性。反之，如果重心位置位於空氣動力中心之後，隨著攻角增大，升力的增量對重心產生一個抬頭力矩（偏離力矩），將使飛機更加偏離原來的飛行姿態，最後導致失速，所以飛機並不具備縱向靜態穩定性，如圖 9-8 所示。從圖中可以看出，只有飛機重心位於空氣動力中心之前，飛機才具有縱向靜態穩定性重心與空氣動力中心兩者之間的距離越遠，飛機的縱向靜態穩定性越強。

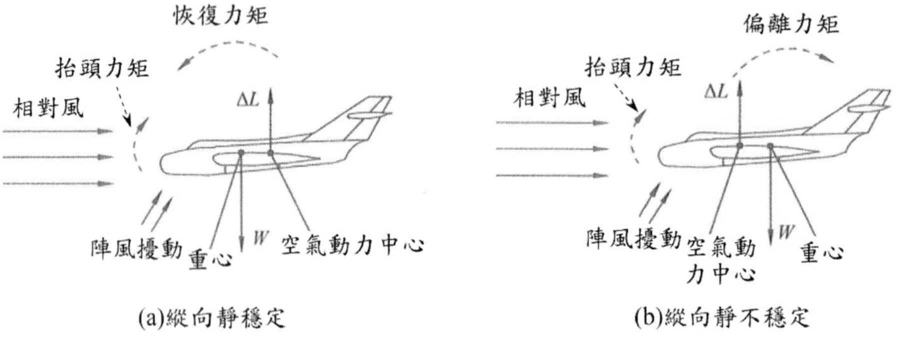

圖 9-8：飛機配重保持縱向靜態穩定原理的示意圖

（3） 縱向靜穩定裕度的定義：在小攻角（飛行攻角小於臨界攻角時，飛機縱向靜態穩定性只取決於全機焦點和重心之間的相對位置。重心位置在全機空氣動力中心的位置之前，則飛機是縱向靜態穩定。重心位置與全機空氣動力中心重合，飛機是縱向中性靜態穩定，重心位置在全機空氣動力中心的位置之後，則飛機是縱向靜態不穩定。全機空氣動力中心 $\overline{X}_F$ 與重心位置 $\overline{X}_w$ 之間的距離稱為縱向靜穩定裕度（Stability margin） K_F，也就是 $K_F = \overline{X}_F - \overline{X}_w$。在公式中，$\overline{X}_F$ 與 $\overline{X}_w$ 分別為空氣動力中心（焦點）與重心的位置距飛機機翼前緣的水平距離與平均空氣動力弦長的比值。為了保證飛機具有一定的縱向靜穩定性，不但要求 $K_F>0$，也就是要求全機空氣動力中心的位置在重心之後，而且要求 K_F 達到一定的數值，不同用途的飛機對重心到焦點的距離有著不同的要求，對於民用飛機，縱向靜穩定裕度大約在平均空氣動力弦長的 10%~15%之間。由於飛機在低速飛行時（飛機的飛行速度低於臨界馬赫數）時，飛機的空氣動力中心的位置是固定不變，但是飛機重心的位置卻會因為燃料的消耗、裝載的改變以及投彈等而發生移動，如果飛機重心原來位於飛機焦點之前的話，飛機會處於靜穩定的狀態。但是倘若因為前述原因造成飛機重心逐漸向後移動的話，則將導致飛機的靜穩定性逐漸降低。當重心後移到飛機空氣動力中心之後時，原來縱向靜穩定的飛機就會失去靜穩定的特性，因此民用客機及運輸機對於飛機重心變化的範圍必須要有嚴格的限制。

2.水平安定面保持縱向靜態穩定的原理：如圖 9-9 所示，飛機受到陣風擾動而產生下俯運動（飛機機頭向下移動）的同時，相對風（與飛機行進路徑反方向的氣流）撞擊水平安定面的上表面，從而產生使機尾向下的力矩，其效應等於產生一個使機頭上仰的恢復力矩，使飛機具有恢復到原來的飛行攻角的趨勢，所以水平安定面具有使飛機保持縱向靜態穩定的功能，且水平安定面的俯視面積越大，飛機的縱向靜態穩定性越強。

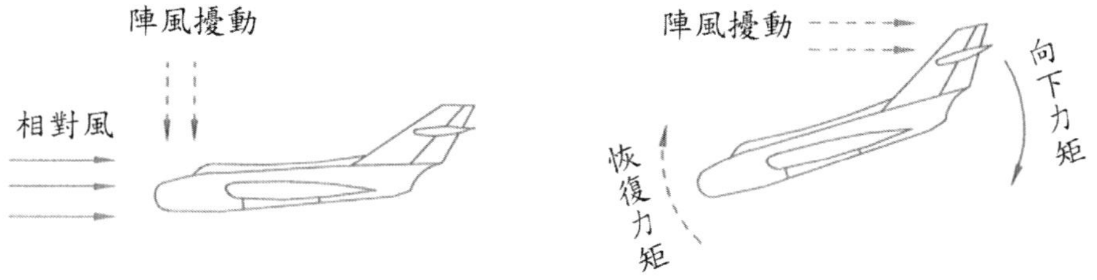

(a)陣風擾動時　(b)陣風消失後

圖 9-9：水平安定面產生縱向靜態平衡原理的示意圖

同理，當飛機受到陣風擾動而產生上仰運動（飛機機頭向上移動）時，相對風撞擊水平安定面的下表面，從而使飛機產生機頭下俯的恢復力矩，飛行攻角變小，飛機恢復到原來飛行攻角的趨勢。

（三）保持橫向靜態穩定的方法

橫向靜態穩定又稱為滾轉靜態穩定，也就是指飛機在飛行中受到擾動產生滾轉運動時具有能夠不經飛行員的操縱而讓飛機自動恢復到原來飛行姿態的趨勢。而讓飛機具備橫向穩定的方法大抵有上反角與後掠角二種。

1.上反角保持橫向靜態穩定的原理：將機身水平放置，機翼基準面與水平線的夾角，稱為機翼與機身的反角，用符號 Ψ 表示。從飛機側面看去，如果翼尖上翹，就叫上反角，Ψ 為正，如圖 9-10 所示。

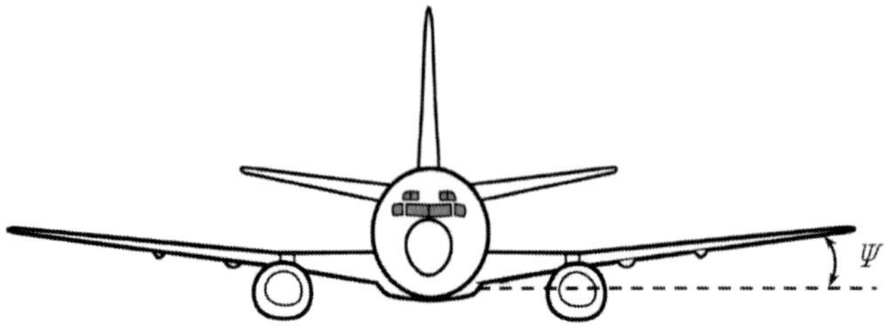

圖 9-10：上反角定義的示意圖

由於上反角的角度增加時，機翼上的升力會變小，當飛機受到陣風擾動而向左滾轉的同時，右側機翼的上反角增加，因此導致右邊的升力減低，而左側的機翼因為上反角減少，導致左邊的升力增加。因為兩側機翼的升力差使得飛機機身產生一個向右翻轉的恢復力矩讓飛機具有回復到原來飛行姿態的趨勢，如圖 9-11 所示。

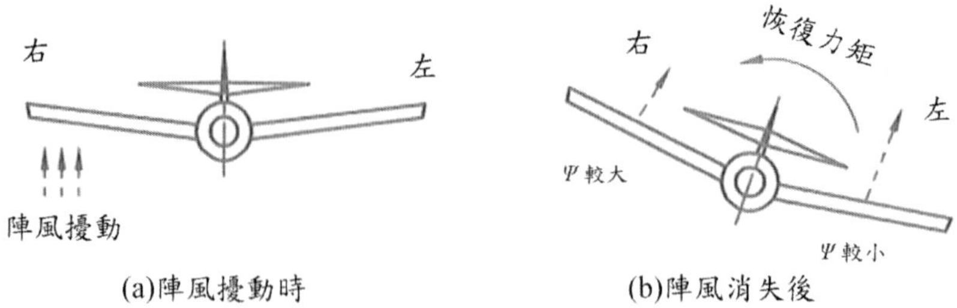

圖 9-11：上反角保持橫向靜態穩定原理的示意圖

同理，飛機向右滾轉時，右側機翼的上反角變小，升力較大，而左側機翼的上反角變大，升力較小，兩側機翼的升力差導致飛機產生向左翻轉的恢復力矩，具有恢復到原來飛行姿態的趨勢。

2.後掠角保持橫向靜態穩定的原理：飛機受到陣風擾動向右滾轉時，相對氣流對右側機翼的有效分速（相對風垂直於機翼的分速）變大，導致右邊的升力較大，而相對氣流對左側機翼的有效分速變小，導致左邊的升力較小。兩側機翼的升力差，使得飛機產生向左翻轉的恢復力矩，具有恢復到原來飛行姿態的趨勢，如圖 9-12 所示。

圖 9-12：後掠角保持橫向靜態穩定原理的示意圖

同理，後掠翼飛機向左滾轉時，左側機翼的有效分速變大，升力較大，而右側機翼的有效分速變小，升力較小，兩側機翼的升力差使得飛機產生向右翻轉的恢復力矩，具有恢復到原來飛行姿態的趨勢。

（四）保持方向靜態穩定的方法

方向靜態穩定又稱為偏航靜態穩定，也就是指飛機在飛行中受到擾動產生偏航運動時能夠具備不經飛行員操縱而自動恢復到原來飛行航向的趨勢。而讓飛機具備方向靜態穩定的方法大抵計有垂直安定面與後掠角二種。

1.垂直安定面保持方向靜態穩定的原理：如圖 9-13 所示，當飛機受到陣風擾動向右偏航（飛機機頭向右移動）時，相對風（與飛機路徑反方向的氣流）撞擊垂直安定面的左側面，產生使機尾向右的力矩，其效應等於產生使機頭向左的恢復力矩，所以垂直安定面具有使飛機保持方向靜態穩定的功能。垂直安定面的側視面積越大，飛機的方向靜態穩定性越強。

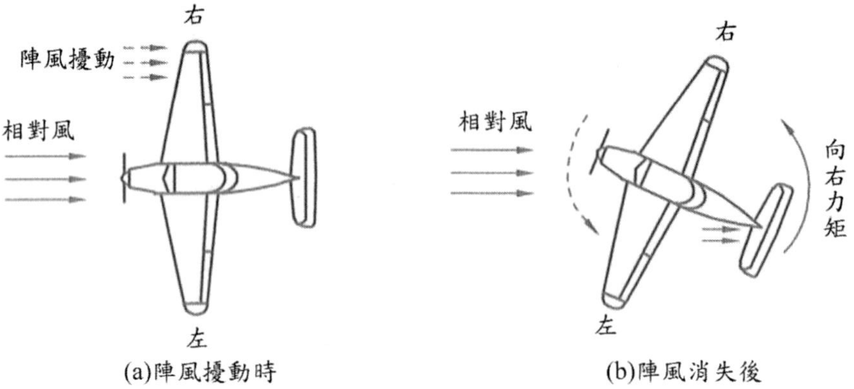

圖 9-13：垂直安定面保持航向靜態穩定原理的示意圖

同理，當飛機向左偏航時，相對風撞擊到飛機垂直安定面的右側面，產生使機頭向右的恢復力矩，使飛機具有恢復到原來飛行航向的趨勢。

2.後掠角保持方向靜態穩定的原理：如圖 9-14 所示，當飛機受到陣風擾動向右偏航（飛機的機頭向右移動）時，因為後掠角的緣故，右側機翼的前視面積變小，導致飛機右側的阻力較小，而左側機翼的前視面積變大，導致飛機身左側的阻力較大。兩側的阻力差，使機頭產生向左的恢復力矩，使飛機具有恢復到原來飛行航向的趨勢。

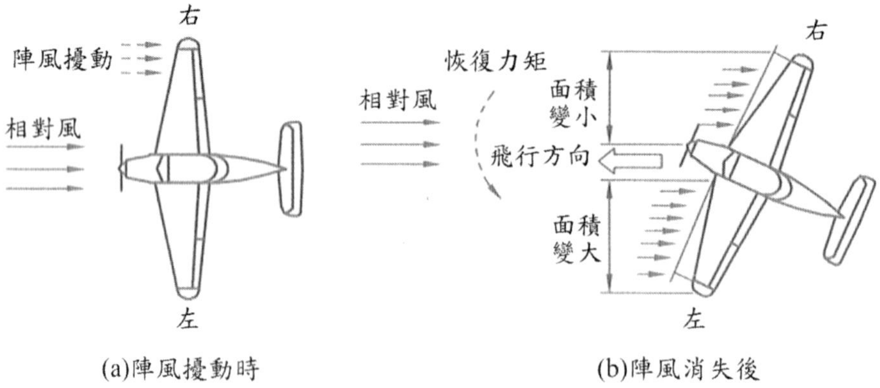

圖 9-14：後掠角保持方向靜態穩定原理的示意圖

同理，後掠翼飛機向左偏航時，左側機翼的阻力較小而右側機翼的阻力較大，兩側的阻力差，使機頭產生向右的恢復力矩，使飛機具有恢復到原來飛行航向的趨勢。

五、飛機飛行的動態穩定性問題的分類

飛機的動態穩定性是指飛機在外界擾動消失後，飛機的運動過程是否具備自動回復到原來平衡位置的收斂性，其主要的研究重點是在研究飛機回復到原來平衡位置的運動過程是否收斂與其對飛機飛行的安全性。同靜態穩定類似，可以將飛機動態穩定問題，歸結為縱向動態穩定、橫向動態穩定以及方向動態穩定等三種類型的問題，但是因為滾轉運動與偏航運動二者關係密切且彼此影響，必須一併討論，所以航空界多將飛機飛行的動態穩定問題分成縱向動態穩定（longitudinal dynamic stability）與橫側動態穩定（roll-yaw dynamic stability）二種類型討論。

（一）飛機的縱向動態穩定

飛機的縱向動態穩定是指飛機受到擾動會產生俯仰運動，最終恢復到原來縱向平衡位置的過程，而擾動產生的振盪也隨著時間不斷減小直至消失。縱向動態穩定過程主要由飛機的縱向靜態穩定力矩（Longitudinal static stability moment）、在俯仰擺動中的俯仰慣性力矩（Pitching inertia moment）以及俯仰阻尼力矩（Pitching damping moment）相互作用的結果來確定，其運動可以簡化為短週期俯仰振盪運動與長週期縱向動態穩定運動兩種典型模式。

1.縱向動態穩定過程所受的力矩類型

（1） 縱向靜態穩定力矩：要使飛機具備縱向動態穩定的條件，首先必須有足夠的縱向靜穩定力矩，簡單地說，飛機具備動態穩定，首先必須滿足靜態穩定。飛機的縱軸靜態穩定力矩主要由縱軸靜穩定裕度與水平安定面產生的恢復力矩組成。

（2） 俯仰慣性力矩是指飛機在俯仰擺動（飛機機頭上下擺動）的過程中，因為慣性作用使得飛機繼續維持原先轉動方向的力矩。如果飛機具有縱軸的動態穩定性，其上下擺動將受到空氣的黏滯效應與俯仰阻尼力矩作用而逐漸衰減，慢慢消失。

（3） 俯仰阻尼力矩是指飛機在俯仰擺動（飛機機頭上下擺動）的過

程中，產生與擺動角速度方向相反的附加力矩，此力矩對飛機繞著重心的上下擺動起阻尼的作用。飛機的俯仰阻尼力矩主要由水平尾翼產生。當飛機抬頭時，飛行攻角增加的同時，水平尾翼的附加升力也隨之增加，其效應等同於機頭產生下俯力矩（低頭力矩），阻止飛機繼續抬頭轉動，如圖 9-15 所示。

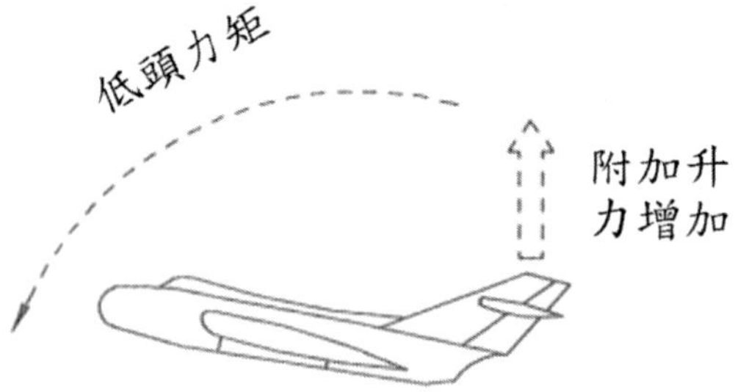

圖 9-15：俯仰阻尼力矩產生的示意圖

（4） 相互作用的關係：飛機具備縱向靜態穩定的特性，只是表示飛機在受到外界擾動時具有自動恢復到原來縱向平衡狀態的趨勢，並不能表示飛機在整個縱向穩定的運動過程中，最後一定能夠恢復到原來的飛行姿態。想要做到這一點，除了飛機必須具有足夠的縱向靜穩定力矩，還必須具有足夠的俯仰阻尼力矩，藉由空氣的黏滯效應使得俯仰慣性力矩逐漸衰減而慢慢消失，才能夠使飛機的俯仰擺動振幅逐漸減小而最終回復至原來的飛行姿態。

科學小常識

阻尼（damping）是指任何振動系統在振動中，由於外界作用或系統本身固有的原因引起的振動幅度逐漸下降的特性，其物理意義是使作用力衰減或者是使在運動中的物體產生能量耗散的作用或裝置。簡單地說，就是阻止物體繼續運動的效應。如果當物體受到外力作用而振動時，會產生一種使外力衰減的反力的話，則該反力就被稱為阻尼力或者是減震力。而阻尼力和作用力的比值即被稱為阻尼係數。阻尼作用在日常生活隨處可見，例如，彈一下搖頭娃娃，雖然娃娃在當時為產生搖擺，但是會慢慢停止，就是因為彈簧的阻尼作用，在此過程中彈簧就被稱為阻尼裝置。

2.縱向動態穩定運動的型態及特徵：飛機在擾動消失後從俯仰擺動（飛機機頭上下擺動）回復到原有飛行姿態的運動過程可以簡化看成是兩種典型週期性運動模式所組合構成，一種是週期很短且衰減很快的短週期俯仰震盪運動（Short period pitching oscillation motion），而另一種則是週期長且衰減很慢的長週期縱向動態穩定運動（Long period longitudinal dynamic stabilization motion）運動模式。

（1） 短週期俯仰震盪運動模式：短週期運動俯仰震盪運動主要是發生在擾動消失後的最初階段，它是一種週期短且衰減快的俯仰震盪運動。在此俯仰震盪的運動過程中，飛機的震盪運動主要是飛機繞重心的擺動過程，其外在的表現為攻角和俯仰角速度成週期性地迅速變化，而其飛行速度的大小則基本上保持不變，如圖 9-16 所示。在短週期俯仰振盪運動過程中，產生的靜態穩定力矩迫使飛機返回原來的飛行姿態，也就是回到陣風擾動前的攻角。但是飛機的慣性作用導致的俯仰慣性力矩，不可能在原先的攻角時飛機就停止，還會繼續轉動並超過原來攻角，因此又產生方向相反的靜態穩定力矩，迫使飛機再朝原來的飛行姿態轉動。這一反復過程造成了飛機的攻角和俯仰角速度不斷變化，但是空氣的黏滯效應與飛機的俯仰阻尼力矩與靜態穩定力矩的相互作用使俯仰振盪的振幅迅速地衰減，這種週期性的俯仰振盪運動在開始的幾秒鐘內就基本結束，所以稱為短週期俯仰振盪運動。

圖 9-16：短週期俯仰震盪運動的示意圖

（2） 長週期縱向動態穩定運動模式：長週期縱向動態穩定運動主要發生在短週期俯仰振盪運動結束之後，它是一種週期長且衰減慢的振盪運動。在運動過程中，飛機的縱向力矩基本恢復平衡，不再繞著橫軸做俯仰運動。飛機外在的表現為飛行攻角基本保持不變，而其飛行速度與航跡呈緩慢地變化，如圖 9-17 所示。在長週期縱向動態穩定的運動過程中，縱向力矩基本恢復平衡，但是飛機受作用其上的外力，仍然處於不平衡狀態，航跡是上下彎曲的。飛機的重力、升力、阻力和發動機推力之間的相互作用，使得飛行高度增加，導致升力與飛行速度減少，造成航跡逐漸轉為向下彎曲。而向下彎曲的航跡又導致高度減少，造成升力及飛行速度增加，飛機的航跡又逐漸轉為向上彎曲。如此反復，形成了飛機重心的上下緩慢振盪。縱向動態穩定的運動過程衰減很慢，週期非常長，因此稱為長週期縱向動態穩定運動。

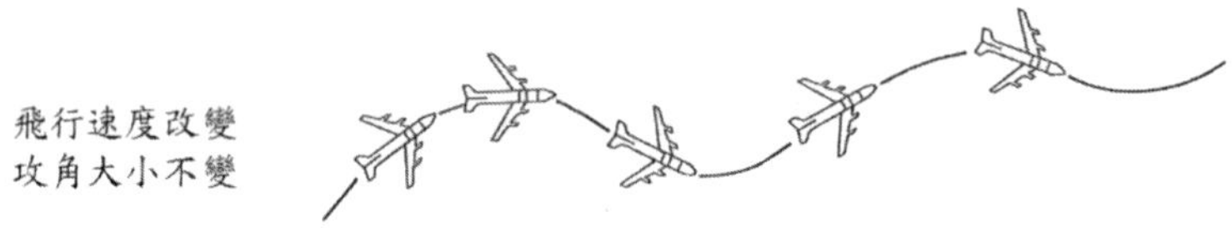

圖 9-17：長週期縱向動態穩定運動的示意圖

（3）兩種運動模式對飛行的影響：短週期俯仰震盪運動的變化週期短，飛機的攻角和俯仰角速度的變化非常快，飛行員往往來不及反應並予以制止，因此會造成乘客的不適，甚至會影響到飛行的安全。由於在接近臨界攻角時，飛行攻角的改變可能會造成飛機失速的危險。為了保證飛行的安全，所以在相應於飛機飛行姿態的失速速度與最大允許速度之間所發生的任何短週期俯仰振盪，都要求必須有足夠的俯仰阻尼力矩。對於長週期縱軸動態穩定模式，因為它的振盪週期長，飛行速度與航跡角變化緩慢，飛行員有足夠的時間進行修正，通常不涉及飛行安全問題，所以對此運動模式所提的要求會比前者的要求為低。

（二）飛機的橫側動態穩定

由於飛機的滾轉運動與偏航運動二者關係密切且彼此影響，滾轉運動會引發偏航運動，偏航運動也會引發滾轉運動。所以在討論飛機飛行的動態穩定的問題時，必須合併討論，歸納為橫側動態穩定（roll-yaw dynamic stability）問題。而在討論橫側動態穩定問題時，側滑角 β 與滾轉角 Φ 是研究飛機橫側運動的重要參數。

1.側滑角的定義：側滑角（sideslip angle）是指相對氣流（與飛機飛行速度大小而方向相反的氣流）方向與飛機縱向對稱平面之間的左右夾角，也就是相對氣流與飛機縱向對稱面的左右角度差，用符號 β 表示。當飛機因為陣風擾動產生側滑時，相對氣流位於飛機縱向對稱面的右方稱為右側滑，而相對氣流位於飛機縱向對稱面的左方稱為左側滑。由此可知：飛機受到陣風擾動向左偏航產生右側滑，而向右偏航時產生左側滑，如圖 9-18 所示。

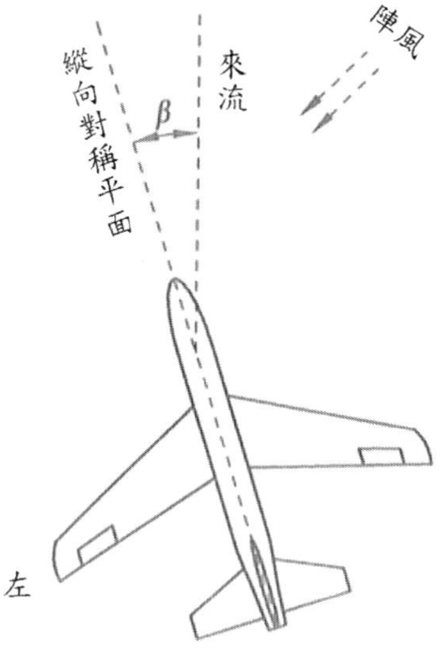

圖 9-18：飛機側滑角的示意圖

飛機在飛行中，相對氣流一般都是與飛機的對稱面平行，也就是側滑角 β=0，以防止增加阻力。但是有時候會因為外界擾動或水平轉彎操縱不當而產生側滑。另外在有些情況下，飛機還須採用適當的側滑角以利飛行，例如飛機在側風著陸與不對稱動力飛行時的側滑角 β 即不為 0，也就是 β≠0。

2.滾轉角的定義：滾轉角（rolling angle）是指飛機重心的垂直線與飛機垂直軸對稱平面之間的左右夾角，用符號 Φ 表示。飛機受到陣風擾動產生滾轉時，對稱平面位於飛機重心垂線的右方稱為向右滾轉，位於左方稱為向左滾轉，如圖 9-19 所示。

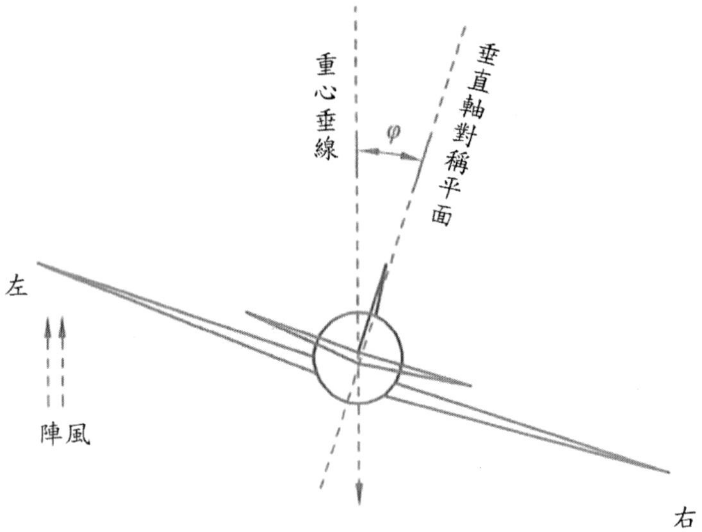

圖 9-19：飛機滾轉角的示意圖

3.相互作用的關係：飛機受到陣風擾動產生滾轉運動造成滾轉角 Φ 改變的同時，會引發偏航。同理，飛機在產生偏航運動造成側滑角 β 改變的同時，也會引發滾轉。Φ 和 β 的改變不是彼此獨立而是相互影響。

4.交叉力矩

（1） 交叉力矩的定義：所謂交叉力矩（Cross moment）是指由滾轉運動引起的偏航力矩以及由偏航運動引起的滾轉力矩。飛機向右滾轉會引發其向右偏航，向左滾轉會引發其向左偏航，而由滾轉運動引發的偏航力矩稱為交叉偏航力矩（Cross yawing moment）。飛機向右偏航會引發其向右滾轉，向左偏航會引發其向左滾轉，而由偏航運動引發的滾轉力矩稱為交叉滾轉力矩（Cross rolling moment）。

（2）交叉偏航力矩產生的原因：飛機向右滾轉會引發其向右偏航，而向左滾轉會引發其向左偏航。其主要的原因是飛機向右滾轉時，右機翼的攻角變大所以阻力增大；左機翼攻角變小所以阻力減小，由於二側機翼的阻力不平衡使得飛機向右偏航。同理，當飛機向左滾轉時，左機翼的攻角變大使得阻力增大；右機翼攻角變小使得阻力減小，由於二側機翼阻力不平衡使得飛機向左偏航。另外，當飛機向右滾轉時，飛機的垂直安定面也會隨之向右下方運動，當相對氣流流過垂直安定面時會因其二邊側面的空氣動力不平衡，從而導致對垂直安定面產生指向左側的側力，也會產生使機頭向右偏轉的偏航力矩。同理，當飛機向左滾轉時，飛機垂直安定面會隨之向左下方運動，使得垂直安定面二邊側面的空氣動力不平衡，從而導致使飛機向左偏航。這些由於滾轉運動所引發的偏航力矩稱為交叉偏航力矩。

（3）交叉滾轉力矩產生的原因：飛機向右偏航時，流經右機翼相對氣流的有效速度變小所以升力減小，流經左機翼相對氣流的有效速度變大所以升力增加，由於二側機翼升力不平衡的現象使得飛機向右滾轉。同理，當飛機向左偏航時，流經左機翼相對氣流的有效速度變小所以升力減小，流經右機翼相對氣流的有效速度變大所以升力增加，由於二側機翼升力不平衡使得飛機向左滾轉。另外，當飛機向右偏航時，飛機的垂直安定面也會隨之向右偏轉，相對風（與飛機行徑路徑反方向的氣流）會撞擊飛機垂直安定面的左邊側面。由於相對風對垂直安定面所產生的撞擊力與飛機縱軸有一定的距離，所以會產生一個使機身向右的滾轉力矩。同理，當飛機向左偏航時，飛機的垂直安定面也會隨之向左偏轉，由於相對風會撞擊飛機垂直安定面的右邊側面而產生一個使機身向左滾轉的力矩。這些由於偏航運動所引發的滾轉力矩稱為交叉滾轉力矩。

3.橫側動態穩定運動過程所受的力矩類型：橫側動態穩定是指當飛機受到擾動產生滾轉運動與偏航運動，而在擾動消失後回復到擾動前原有姿態的過程中，因為擾動所產生的振盪會隨著時間增長減小而終致消失的運動過程。飛機在擾動消失後是否可回復到擾動前的原有姿態，也就是飛機是否可以達到橫側動態穩定的運動過程，乃是由橫側靜態穩定力矩（roll-yaw static stability moment）、轉動慣性力矩（rotational inertia moment）以及橫側氣動力阻尼力矩（roll-yaw aerodynamic damping moment）等力矩間的相互作用結果來確定。

（1） 橫側靜態穩定力矩：橫側靜態穩定力矩是指維持橫向靜態穩定（滾轉靜態穩定）與維持方向靜態穩定（偏航靜態穩定）的方法在受到擾動時所產生的恢復力矩，一般是由飛機的上反角、後掠角與垂直安定面所產生的恢復力矩所組成。

（2） 轉動慣性力矩：轉動慣性力矩是指飛機繞著縱軸與垂直軸加速轉動時，也就是滾轉與偏航運動時，因為飛機的慣性作用而使飛機繼續維持轉動的力矩，其大小與飛機結構尺寸，質量大小及分布等因素有關。

（3） 橫側氣動力阻尼力矩：橫側氣動力阻尼力矩是指飛機因為暫態擾動而造成滾轉與偏航運動，在回復到原來飛行姿態的運動過程（橫側動態穩定的過程）中，因為作用在飛機上的氣動力產生的阻尼力矩。當飛機因為暫態擾動而出現滾轉和偏航運動時，機翼與垂直尾翼部件上的氣動力變化就會產生與已有滾轉與偏航運動方向相反的阻礙轉動力矩，我們稱此種力矩為氣動力阻尼力矩。在飛機因為滾轉運動所引起的氣動力阻尼力矩中以機翼起主要的作用；而在飛機因為偏航運動所引起的氣動力阻尼力矩中則是由垂直尾翼起主要的作用。

（4） 相互作用的關係：飛機具備橫側靜態穩定的特性，只是表示飛機在受到外界擾動產生滾轉與偏航運動時具有自動恢復到原來飛行姿態的趨勢，並不能保證其在整個橫側穩定的運動過程中，最後一定能夠恢復到原來的飛行姿態。想要做到這一點，除了飛機必須具有足夠的橫側靜態穩定力矩，還必須具有足夠的橫側氣動力阻尼力矩，藉由空氣的黏滯效應使得轉動慣性力矩逐漸衰減而慢慢消失，才能夠使飛機的橫側擺動振幅逐漸減小而最終回復至原來的飛行姿態。

4.橫側動態穩定運動的型態及特徵：研究飛機的動態穩定性時，研究的重點在於飛機動態穩定運動的過程是否收斂以及可否滿足飛機的飛行安全或任務需求。根據理論分析和實驗證明，飛機在受到擾動產生橫側運動後，當飛機自動回復到原來平衡姿態的整個過程中，依照其外在所表現的主要特性，可以簡單分為滾轉收斂模式（rolling convergence model）、螺旋運動模式（spiral motion model）與荷蘭滾模式（Holland rolling model）三種。

（1） 滾轉收斂模式：在飛機的橫側動態穩定的運動模式中，滾轉收斂模式可視為一種近似單純的繞飛機縱軸的滾轉運動。

①運動形式：橫側動態穩定的運動模式中，滾轉收斂模式對外所表現的形式如圖 9-20 所示。

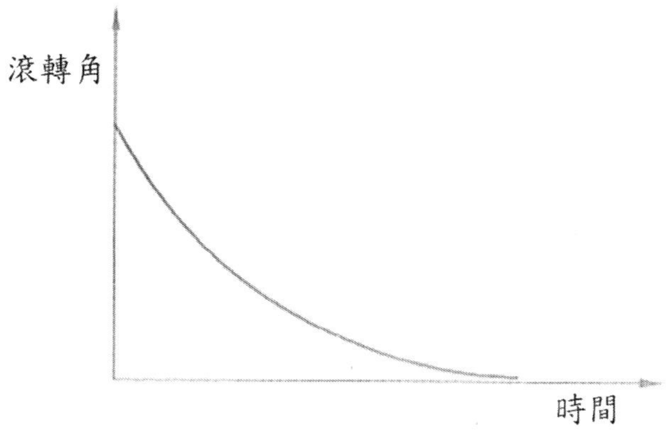

圖 9-20：滾轉收斂運動模式時的外在表現形式示意圖

②運動特性：在滾轉收斂的模式中，飛機的滾轉角和滾轉速度迅速變化，而側滑角和偏航角的變化很小，因此整個運動過程可以視為單純的滾轉運動。

③對飛行的影響：在滾轉的收斂模式中，飛機的滾轉慣性較小

而滾轉阻尼力矩較大，因為滾轉阻尼力矩大於滾轉慣性力矩的緣故，所以這擾動所引發的滾轉運動很快就會因為飛機的阻尼效應與空氣的黏滯效應的衰減而消失。所以滾轉收斂模式可以看成是一種衰減很快的滾轉運動，目前一般飛機的設計都能夠滿足滾轉收斂模式的穩定性要求。

（2） 螺旋運動模式：在飛機的設計中，如果方向靜穩定性（偏航靜穩定性）過大而橫向靜穩定性（滾轉靜穩定性）過小，一旦受到擾動產生橫側運動，當飛機自動恢復到原有飛行姿態時，將會產生螺旋不穩定運動。

①運動形式：螺旋運動模式是一種非週期性的、運動參數變化比較緩慢的橫向與航向的組合運動模式，在螺旋模態運動中，飛機的側滑角 β 近似為零，偏航角 φ 大於滾轉角 Φ，所以螺旋運動模式主要是是略帶滾轉與側滑角 β 近似為零的偏航運動。如果飛機的方向靜穩定性（偏航靜穩定性）過大而橫向靜穩定性（滾轉靜穩定性）過小時，一旦飛機受到擾動產生滾轉與側滑時，就會產生緩慢的螺旋下降，其外在表現的形式如圖 9-21 所示。

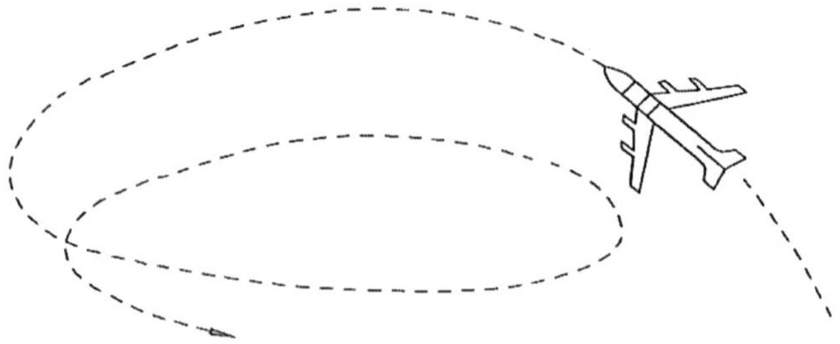

圖 9-21：螺旋運動模式時的外在表現形式示意圖

②運動特性：螺旋運動模式中，橫向靜穩定性（滾轉靜穩定性）過小，再加上恢復原有航向時產生的交叉滾轉力矩，飛機因為擾動所產生的滾轉運動不但得不到糾正，反而會繼續加大。而且滾轉後的升力垂直分量將小於飛機的重力，一旦

受到擾動產生滾轉與側滑，飛機的機身就會向一側偏轉傾側，且機頭下沉並不斷地對準來流而沿著螺旋線航跡盤旋下降，形成螺旋發散運動。

③對飛行的影響：雖然螺旋運動模式受到擾動後所產生的振盪振幅不僅不隨著時間的增長而衰減、收斂，反而逐漸增大，呈現螺旋性的發散，好在螺旋運動模式的發展速度比較緩慢，也就是飛機的運動參數變化極慢，飛行員有足夠時間進行糾正，所以其對飛行安全並無重大的危害。

（3） 荷蘭滾模式。在飛機計中，如果橫向靜穩定性（滾轉靜穩定性）過大而方向靜穩定性（偏航靜穩定性）過小，一旦受到擾動產生橫側運動後，飛機在自動恢復到原有飛行姿態時，將產生荷蘭滾模式的不穩定。

①運動形式。荷蘭滾模式是頻率較快（週期僅為幾秒）的橫向與航向的組合振盪運動，其發生的原因在於橫向靜穩定性（滾轉靜穩定性）過大而方向靜穩定性（偏航靜穩定性）過小，一旦受到擾動產生滾轉與側滑，飛機機身就會傾側，形成機頭偏航的飄擺不穩定運動，其外在表現形式如圖 9-22 所示。

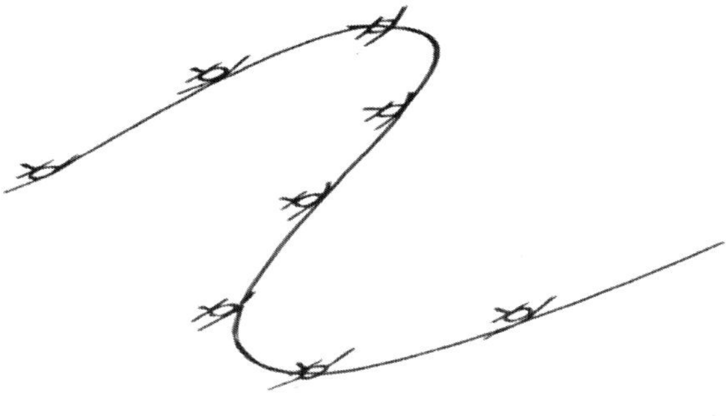

圖 9-22：荷蘭滾模式時的外在表現形式示意圖

②運動特性。由於橫向靜穩定性（滾轉靜穩定性）過大而方向靜穩定性（偏航靜穩定性）過小，一旦受到擾動發生滾轉和

側滑時，過大的橫向靜穩定性（滾轉靜穩定性）會使滾轉很快得到修正，機翼復平。但是方向靜穩定性來不及修正偏航，在機翼復平後，方向靜穩定性引發的交叉滾轉力矩使飛機產生反向滾轉，然後過大的橫向靜穩定性（滾轉靜穩定性）又在偏航運動來不及修正的情況下使得機翼再次複平。如此反復地運動，飛機進入一方面反復滾轉、一方面左右偏航的飄擺不穩定運動狀態。

③對飛行的影響。荷蘭滾模式不穩定的危害性在於飛機飄擺的振盪頻率高和週期短，而且振幅會逐漸地增大與迅速地左右搖晃。飄擺振盪週期只有幾秒，修正飄擺振盪實已超出人的反應能力，且修正過程極易造成推波助瀾作用，使得飄擺振盪的振幅與頻率加大。飛行員對這種高頻率振動很難控制，往往造成飛行的危險，所以在飛機的設計過程中必須避免這種運動現象的發生。

5.橫側動態穩定性的影響因素與改善措施

（1） 影響因素：橫側動態穩定性的主要影響因素是橫向靜穩定性（滾轉靜穩定性）與方向靜穩定性（偏航靜穩定性）的比例，如果方向靜穩定性過大而橫向靜穩定性過小，一旦受到擾動產生橫側運動，飛機將產生螺旋不穩定運動；如果橫向靜穩定性過大而方向靜穩定性過小，飛機將產生荷蘭滾不穩定運動。

（2） 改良考慮的出發點：橫向靜穩定性（滾轉靜穩定性）主要由機翼的上反角和後掠角決定，而方向靜穩定性（偏航靜穩定性）主要由飛機的垂直安定面與後掠角決定。飛機在螺旋運動不穩定運動中的運動參數變化極慢，飛行員有足夠時間進行糾正，對飛行安全無重大危害。然而在荷蘭滾不穩定運動中飄擺的振盪頻率高與週期短，飛行員極難控制，所以改善飛機橫側動態穩定性主要以改良荷蘭滾不穩定運動來考慮。

（3） 改善措施：荷蘭滾的發生原因主是因為橫向靜穩定性（滾轉靜穩定性）過大而方向靜穩定性（偏航靜穩定性）過小。橫向靜穩定性（滾轉靜穩定性）主要由機翼的上反角和後掠角決定，而方向靜穩定性（偏航靜穩定性）主要由飛機的垂直安定面與後掠角所決定。後掠角的設計關係到臨界馬赫數的確定，因此只有改變機翼上反角與垂直安定面。現代大型高速運輸機，往往不用上反角以避免橫向靜穩定性過大，有的飛機甚至使用下反角使橫向和航向靜穩定性保持在適當的比值。現代大型高速運輸機的重力大，垂直安定面保持方向靜穩定性（偏航靜穩定性）的功能降低，相比之下，飛機的橫向靜穩定性（滾轉靜穩定性）會顯得過大，因此在高空和低速飛行時為防止荷蘭滾飄擺不穩定運動，廣泛使用偏航阻尼器（Yawing damper），降低荷蘭滾可能造成飛行的危害。

六、飛機的操縱性

飛機不僅應有自動保持其原有平衡狀態的穩定性，而且由於執行任務與飛行階段的不同，飛機不可能始終保持相同飛行狀態飛行，因此必須經常地改變飛機的飛行姿態。例如飛機在起飛、爬升、巡航、下降與著陸等飛行過程中的飛行狀態都不相同，這就必須要求飛機具有一定的操縱性。所謂飛機的操縱性（maneuverability）是指飛機在飛行員操縱與控制下，從一種飛行狀態過渡到另一種飛行狀態的特性，對於飛行員操縱反應過於靈敏或過於遲鈍的飛機都會給飛行員帶來操縱時的困難。

（一）飛機的操縱性與穩定性的關係

飛機操縱性的好壞與穩定性的大小有密切關係。穩定性越大則飛機保持原有飛行狀態的能力就越強，要改變它的飛行狀態也就越不容易，操縱起來也就越費勁。反之，飛機的穩定性過小，則飛機的機動性過大，飛行員很難精確控制飛機且飛機也容易會因為操縱反應過大而造成失速或結構上的損壞。因此很穩定的飛機，操縱往往不靈敏；操縱很靈敏的飛機，則往往不太穩定。一般來說，對於戰鬥機而言，操縱必須很靈敏，而對於民用客機來說，則應有較高的穩定性。例如飛機的重心在空氣動力中心之前，有助於飛機的縱軸穩定，所以民用客機必須注意飛機的配重，以確保飛機的縱軸穩定性。但是戰鬥機往往為了機動性，而放棄其穩定性，因此在設計戰鬥機時，也就是飛機的重心都是空氣動力中心之後，以確保其機動性（操縱靈敏性）。在設計飛機時，穩定性與操縱性應該要綜合考慮，才可以獲得最佳的飛機性能。

（二）飛機操縱性問題的分類與定義

飛機的操縱性是指飛機在飛行員的操縱下改變其飛行狀態的特性。在航空界中，飛行的操縱性（maneuverability）又稱為飛行的可控性（controllability）。和飛機的穩定一樣，飛機的操縱性可以分成縱向操縱性（longitudinal maneuverability）、橫向操縱性（lateral maneuverability）以及方向操縱性（directional maneuverability）等三種類型。

1.縱向操縱性：縱向操縱性是指飛機按照飛行員的操縱指令，繞著橫軸轉動，增大或減少攻角，改變其原來飛行姿態的能力。簡單地說，就是飛機在飛行員的操縱下改變其原有俯仰姿態的能力。如圖 9-23 所示，飛行員通過駕駛桿或盤向前或向後操縱水平尾翼上的升降舵偏轉角度。在直線飛行中，飛行員向後拉駕駛桿，升降舵向上偏轉一個角度，從而導致機頭上仰。反之，飛行員向前推桿，則機頭下俯。

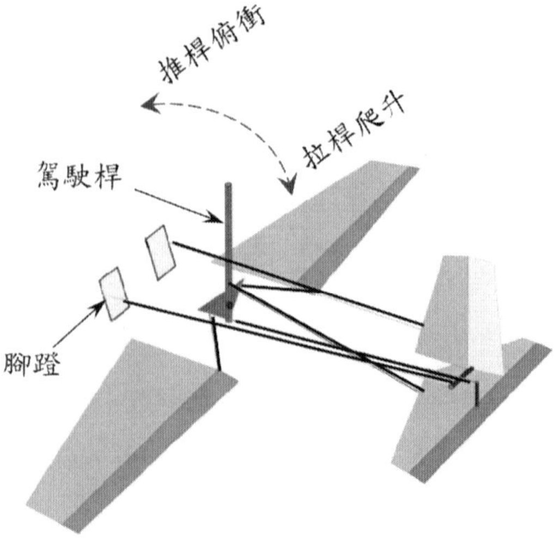

圖 9-23：飛行員縱向操縱的示意圖

2.橫向操縱性：橫向操縱性是指飛機按照飛行員的操縱指令，繞著縱軸轉動，增大或減少滾轉角，改變其原來飛行姿態的能力。簡單地說，就是指飛機在飛行員操縱下改變其原有滾轉姿態的能力。如圖 9-24 所示，飛行員通過駕駛桿或盤向左或向右操縱副翼偏轉角度。飛行員左壓駕駛桿，右副翼下偏，左副翼上偏，飛機向左加速滾轉。反之，飛行員右壓駕駛桿，則飛機向右加速滾轉。

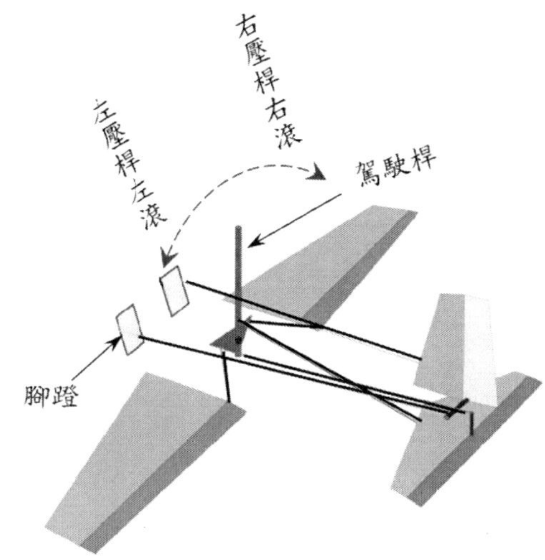

圖 9-24：飛行員橫向操縱的示意圖

3.方向操縱性：方向操縱性是指飛機按照飛行員的操縱指令，繞著垂直軸轉動，向左或向右偏轉，改變原有其飛行航向的能力。簡單地說，就是指飛機在飛行員操縱下改變其原有偏航姿態的能力。如圖 9-25 所示，飛行員通過腳蹬操縱方向舵偏轉角度。飛行員蹬右舵，會使飛機產生向右偏航的力矩，使機頭向右偏轉。反之，飛行員蹬左舵，會使飛機產生向左偏航的力矩，使機頭向左偏轉。

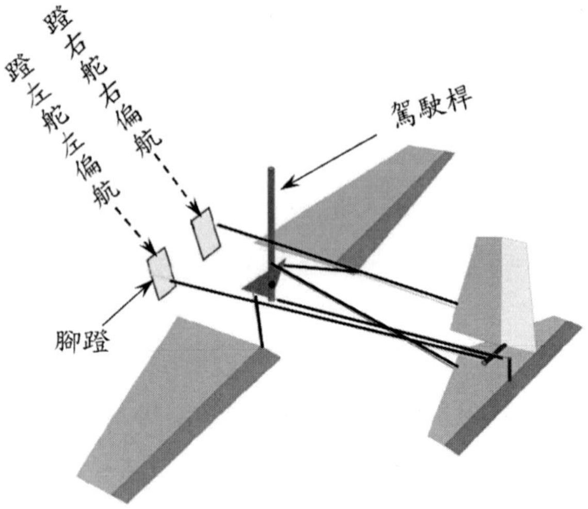

圖 9-25：飛行員方向操縱的示意圖

易記口訣

縱軸操縱會俯仰；橫向操縱會滾轉；方向操縱會偏航。

七、飛機的飛行操縱

所謂飛機的飛行操縱是飛行員通過操縱指令調整飛機的操縱面（control surface）與配平片（trimming tab）來完成對飛機的飛行狀態與氣動力外形的控制，藉以實現其飛行姿態與航向的改變。在空氣動力學中，在探討飛機的飛行操縱問題時，主要的重點在於飛行操縱的裝置與其制動的原理。

（一）飛機的操縱面

飛機的飛行操縱是飛行員通過操縱指令調整飛機的操縱面與配平片來達到飛行姿態與航向改變的目的。通常飛行員是藉由操縱飛機的升降舵（elevator）、方向舵（rudder）或副翼（aileron）三個操縱面來實現其飛行姿態與航向的改變。其中升降舵是控制飛機的俯仰運動；方向舵是控制飛機的偏航運動；而副翼是控制飛機的偏航運動，這三種操縱面在飛機的位置如圖 9-26 所示。

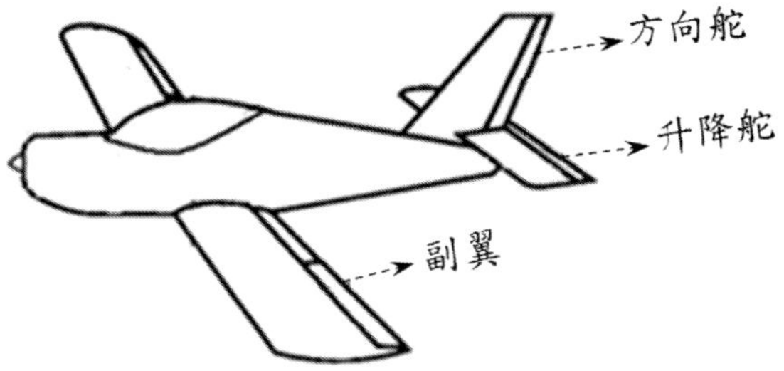

圖 9-26：飛機操縱控制面的位置示意圖

（二）飛機操縱面的制動原理

飛機操縱面的制動原理一般是使用體積守恆定律與伯努利定律來解釋，也就是相對氣流流經彎曲表面，較凸表面的流線較密，所以流管較細，流速較快，而壓力較小。而另一表面的流線較疏，所以流管較粗，流速較慢，而壓力較大，如圖 9-27 所示。

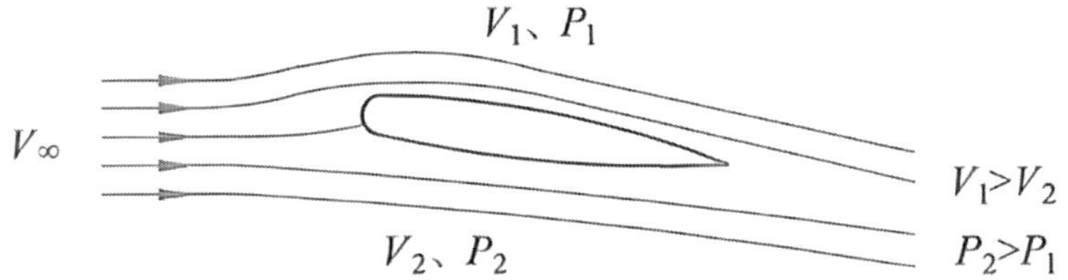

圖 9-27：伯努利定理解釋飛機操縱制動原理的示意圖

飛機操縱面的制動原理就是藉由飛機的操縱面的偏轉所引起的壓力差來達到飛行控制的效果，其縱向操縱、橫向操縱以及方向操縱具體制動原理敘述如下。

1.飛機的縱向操縱：飛機的縱向操縱是指飛行員通過操縱指令控制飛機產生俯仰運動，來達到改變其飛行攻角的目的。飛機的升降舵（elevator）是用來控制飛機俯仰運動的主要操縱面，使用時飛機機身二邊的升降舵必須同時向上或同時向下。圖 9-28 為升降舵控制飛機進行上仰運動的制動原理示意圖，當升降舵向上偏轉，由於升降舵上表面的速度比下表面的速度較慢，上表面的壓力比下表面的壓力較大，所以會對尾端產生一個向下壓的力矩，其效應等於使飛機機頭產生上抬的力矩，所以飛機的飛行攻角增加。

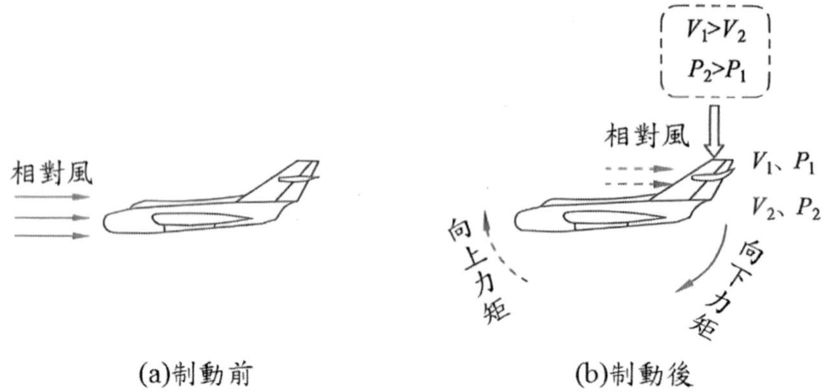

圖 9-28 升降舵控制飛機上仰運動的制動原理示意圖

同理，如果飛機想要執行下俯運動，則升降舵必須向下偏轉，藉以對飛機機頭產生一個向下力矩，帶動飛機機頭下俯，使得飛行攻角減少。

2.飛機的橫向操縱：飛機的橫向操縱是指飛行員通過操縱指令控制飛機產生滾轉運動，來達到機身傾側的目的。飛機的副翼（aileron）是用來控制飛機的滾轉運動的主要操縱面，在控制飛機進行滾轉運動時，機身二邊的副翼偏轉的方向必須相反。圖 9-29 為飛機副翼控制飛機向右滾轉的制動原理示意圖，當飛機想要執行向右滾轉控制時，機身右邊的副翼必須向上偏轉，而左邊的副翼則必須向下偏轉，因為體積守恆定律與伯努利定律，右側機翼會產生一個向下壓的力量，左側機翼會產生一個向上舉的力量，因此會產生一個向右滾轉的力矩，帶動機身向右翻轉。

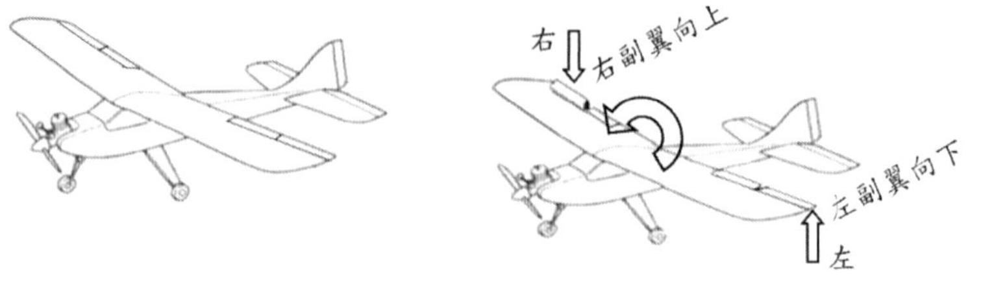

圖 9-29：副翼控制飛機右滾運動的制動原理示意圖

同理，如果想要飛機執行向左滾轉運動時，飛機機身左邊的副翼必須向上偏轉，右邊副翼則必須向下偏轉，藉以對機身產生一個向左滾轉的力矩，帶動機身向左翻轉。一般飛機在控制滾轉時，常使用飛行擾流板與渦流發生器，前者的作用是可以增加對飛機機身的翻滾力矩，而後者的作用是延緩副翼在大偏轉角與高速時邊界層氣流分離，此二種裝置都有助於飛機橫向（滾轉）操縱效率的提高。

3.飛機的方向操縱：所謂飛機的方向操縱是指飛行員通過操縱指令控制飛機產生偏航運動，來達到改變飛機飛行航向的目的。方向舵（rudder）是用來控制飛機的偏航運動的主要操縱面，如果想要飛機執行向左偏航運動時，飛機的方向舵必須向左偏轉；反之，如果想要飛機執行向右偏航運動時，飛機的方向舵則必須向右偏轉。圖 9-30 為飛機方向舵控制飛機向左偏航的制動原理示意圖，當飛機的方向舵向左偏轉時，因為體積守恆定律與伯努利定律所以方向舵左面的速度比右面的速度較慢從而導致方向舵左面的壓力會比右面的壓力較大，因此會對飛機機頭產生一個向左偏轉的力矩，帶動飛機向左偏航。

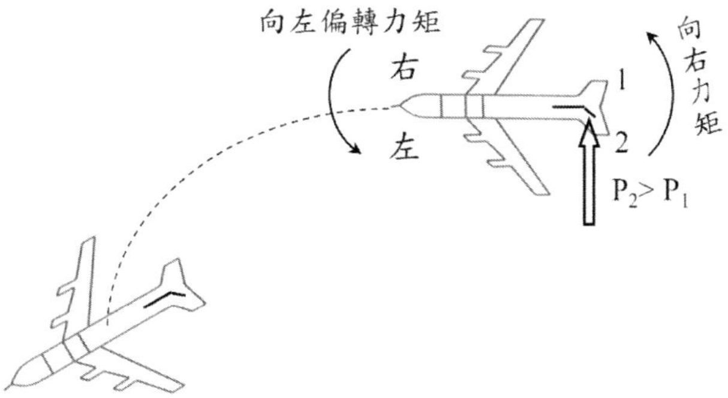

圖 9-30：方向舵控制飛機向左偏航的制動原理示意圖

同理，如果想要飛機向右偏航時，飛機的方向舵必須向右偏轉，藉以對飛機機頭產生一個向右偏轉的力矩，帶動飛機向右偏航。

（三）飛機配平

飛機的配平片（Trimming tab）是一個有效的輔助操縱裝置，這裏對配平的意義、作用等進行說明。

1.配平的意義：所謂配平就是利用裝置對飛機的操縱面，也就是飛機的副翼、升降舵與方向舵進行微調，以達到穩定飛行姿態與航向的功能，這樣可以降低飛行員調整或保持希望的飛行姿態所需的力量。大型飛機通常針對飛機的操縱面（副翼、升降舵、方向舵）都設有配平調整片裝置，小型飛機往往只配備有升降舵的配平。透過調整配平片的位置，能夠使操縱面的舵壓達到 0，飛行員感覺不到舵壓對手的作用，這就是達到配平關斷（Trim off）狀態。此時飛行員即使把手從駕駛桿拿開，飛機仍然能夠正常穩定飛行。

2.配平的作用：配平的作用主要是由配平機構帶動飛機的配平片或飛機的操縱面消除不平衡力矩和穩定飛行時駕駛桿的桿力，得以降低飛行員長時間操縱飛機帶來的疲勞。配平一般分為人工配平（Manual trim）和自動配平（Auto trim）兩種類型。人工配平由飛行員驅動配平機構（Trim mechanism）實現，而自動配平在飛行員不參與的條件下由自動配平系統完成。

3.配平的使用時機：在大坡度轉彎或者頻繁地調節油門時並不使用，因為不可能達成，也容易造成飛行不穩定，並影響其他的基本操作。飛機配平用於巡航狀態或者姿態穩定的飛行中，得以降低飛行員的操縱負擔。飛機改變飛行姿態進入到另一個穩定狀態，例如從爬升到巡航，或者從巡航到下滑等過程之後，都應該再次調整配平，重新達到穩定飛行狀態。在飛機接近反效速度時，操縱面的操縱效率已大幅降低，此時調整配平根本不起作用。

4.配平攻角的定義：水平安定面是維持飛機縱向靜態穩定的裝置之一，等速直線飛行時，不同的飛行速度要求不同的攻角，攻角不同則機翼升力的大小與壓力中心的位置也就不同，對飛機的重心也就產生大小不同的低頭力矩，因此必須通過縱向配平的方式去改變升降舵的偏轉角或者水平安定面的配平角，使得水平尾翼產生與之平衡的抬頭力矩，以保持飛機的縱向平衡。每個攻角下的等速直線飛行都有一個升降舵的偏轉角或水平安定面的配平角，這個攻角就叫作配平攻角（Trim angle of attack），又稱為平衡攻角（Equilibrium angle of attack）。

5.馬赫數配平的定義：馬赫數配平（Mach trim）是自動配平的一種，它是在飛行員不參與的條件下由自動配平系統完成的配平方式。跨聲速飛行時，馬赫數增大和空氣動力中心（焦點）後移，飛機自動進入俯衝而易造成飛行危險。為了克服這種危險，當飛行速度超過臨界馬赫數時，馬赫數感測器輸出信號給配平電腦。電腦的輸出指令是馬赫數的函數，它會改變升降舵的偏轉角或者水平安定面的配平角，以補償空氣動力中心（焦點）後移所產生的低頭力矩，自動平衡縱向力矩。

6.配平油箱的功用：配平油箱（Trimming tank）裝在飛機尾部，一般安裝在水平安定面內。飛行時，燃油管理系統可以根據需要將燃油送進或排出配平油箱，調整飛機重心的位置以減小水平尾翼配平攻角從而達到降低飛行阻力的目的。

八、有害偏航力矩

有害偏航是指由於副翼偏轉時會造成飛機二側機翼之間的誘導阻力的差值改變所產生的偏航力矩，其值雖然不大，但是因為其對飛機的橫側操縱（roll-yaw control）不利，所以被稱為有害偏航力矩（harmful yawing moment）。

（一）產生原因

飛機的滾轉運動是利用飛機的副翼來控制，兩邊的副翼偏轉的方向必須相反，也就是一側副翼向上偏轉，另一側副翼則向下偏轉。副翼向上偏轉時，該側機翼的升力減少，伴隨升力產生的誘導阻力也就隨之減小；同理，副翼向下偏轉時，該側機翼的升力增加，誘導阻力也隨之增加。副翼偏轉時造成兩側誘導阻力改變所引發的偏航效應等同於產生與飛機滾轉運動交叉偏航力矩方向相反的偏航力矩。例如，向左滾轉時，左側機翼的副翼是向上偏轉的，左側機翼的升力減小，誘導阻力就隨之減小；而右側機翼的副翼是向下偏轉的，右側機翼的升力增加，誘導阻力就隨之增加。兩側機翼誘導阻力改變所引發的偏航效應等同於產生一個向右偏航的力矩，此力矩即為有害偏航力矩。同理，向右滾轉時，副翼偏轉產生的有害偏航力矩是向左偏航的力矩。從前文「飛機滾轉運動所產生的交叉偏航力矩」內容可知，向左滾轉所產生的交叉偏航力矩是向左偏航的力矩，而向右滾轉所產生的交叉偏航力矩是向右偏航的力矩。這樣副翼偏轉產生的有害偏航力矩較飛機滾轉運動所產生的交叉偏航力矩小且其方向相反，兩者相互抵消，使得飛機的橫側操縱效率降低。

（二）不利的影響

有害偏航力矩造成飛機的橫側操縱效率（Roll-yaw control efficiency）減少，導致飛機的滾轉操縱效率（Roll control efficiency）降低以及對飛機水平轉彎操縱（Horizontal turn control）有不利的影響，其原因敘述如下。

1.造成飛機的滾轉操縱效率降低：飛機向左滾轉引發向右的有害偏航力矩，而有害偏航力矩引發的交叉滾轉力矩是向右的，與飛機原先向左滾轉的力矩相互抵消，減少原先向左滾轉的操縱力矩，其向右滾轉時也是相同原理。由此可知，有害偏航力矩造成飛機的滾轉操縱效率降低。

2.對飛機水平轉彎操縱不利：飛機向左滾轉進入盤旋，主要是利用原先左滾轉的操縱力矩引發的交叉偏航力矩使飛機向左偏航，但是兩側機翼之間的誘導阻力差引發了向右的有害偏航力矩，因此原本向左滾轉，但操縱力矩產生的交叉偏航力矩與有害偏航力矩相互抵消從而對飛機的盤旋或水平轉彎產生不利的影響，飛機向右滾轉進入盤旋也是相同原理。由此可推知，有害偏航力矩對飛機的盤旋或水平轉彎操縱不利。

（三）改善措施

通常克服有害偏航力矩的方法是使用差動副翼（differential aileron）與弗來茲副翼（Frise aileron）等二種副翼。

1.差動副翼的使用原理：差動副翼的原理主要是當飛機在滾轉時，向上偏轉副翼的上偏角度大於向下偏轉偏副翼的下偏角度，這種副翼是讓副翼上偏的一側機翼，也就是會讓副翼偏轉所造成誘導阻力減少的一側機翼產生較大的寄生阻力（壓差阻力），藉以平衡機身二側機翼因為副翼偏轉所造成的誘導阻力差值的改變，從而消除有害偏航力矩所帶來的不利影響。

2.弗來茲副翼的使用原理：弗來茲副翼是另外一種可以用來克服有害偏航力矩所帶來不利影響的副翼，其主要的原理是將副翼的轉軸由副翼的前緣向後移，並安排在副翼的下表面。當副翼向下偏轉時，即使達到最大偏轉角¡A 副翼的前緣也不會露出機翼的上表面，而當副翼向上偏轉時，即使偏轉很小的角度，副翼的前緣也會露出機翼的上表面。此一設計是讓副翼上偏的一側機翼所增加的寄生阻力大於副翼下偏的另一側機翼，也就是使得因為副翼偏轉所造成誘導阻力減少的一側機翼產生較大的寄生阻力（壓差阻力），藉以平衡機身二側機翼因為副翼偏轉所造成的誘導阻力的差值改變，從而消除有害偏航力矩所帶來的不利影響，其結構如圖 9-31 所示。

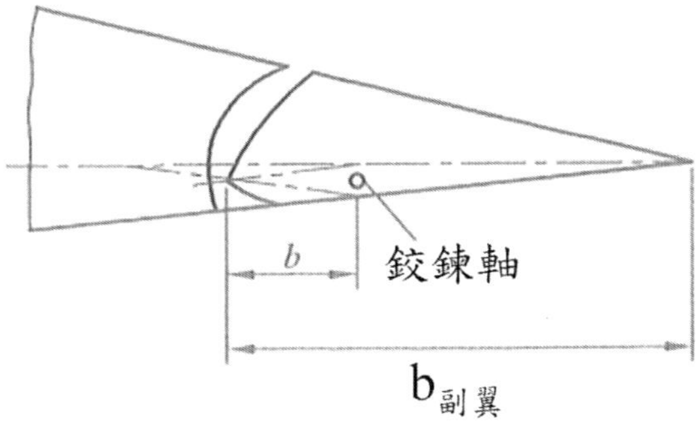

圖 9-31：弗來茲副翼結構的示意圖

九、副翼反逆

所謂副翼反逆是指飛機在高速飛行時，由於氣動力負載而引起的機翼扭轉彈性變形過大，使得偏轉副翼時所引起的總滾轉力矩與預期方向相反，甚至會造成飛行安全的現象。

（一）產生原因

飛機的機翼就實際上來說是一個彈性體，而副翼一般又安裝在扭轉剛度較低的機翼翼尖部位，由於機翼扭轉彈性變形過大，偏轉副翼時會使副翼失效或使飛機產生與操縱要求相反的滾轉運動。如圖 9-32 所示，飛機操縱副翼所產生的滾轉力矩，稱為操縱力矩，以符號 M_1 表示，因為機翼扭轉彈性變形所產生的滾轉力矩方向相反的力矩，我們稱為反操縱力矩，以符號 M_2 表示。當飛機的飛行速度較小時，操縱力矩 M_1 後大於反操縱力矩 M_2，此時副翼的操縱效率雖然會因為機翼的扭轉彈性變形而有所降低，仍然能夠對飛機進行正常的橫向操縱（滾轉操縱）。當飛機的飛行速度到達到某一定值時，操縱力矩 M_1 等於反操縱力矩 M_2，再操縱副翼就不會產生滾轉力矩，這種現象叫做副翼失效（Aileron failure），而在副翼失效時所對應的飛行速度被稱為副翼反逆臨界速度（Aileron inverse critical velocity），用符號 $V_{反逆臨界}$表示。如果飛機的飛行速度繼續增加，也就是飛機的飛行速度大於副翼反逆臨界速度時，操縱力矩 M_1 將會小於反操縱力矩 M_2，此時操縱副翼反而會造成飛機往預期相反的方向滾轉，我們稱為副翼反逆（Aileron inverse）或副翼反操作（Aileron reverse operation）。

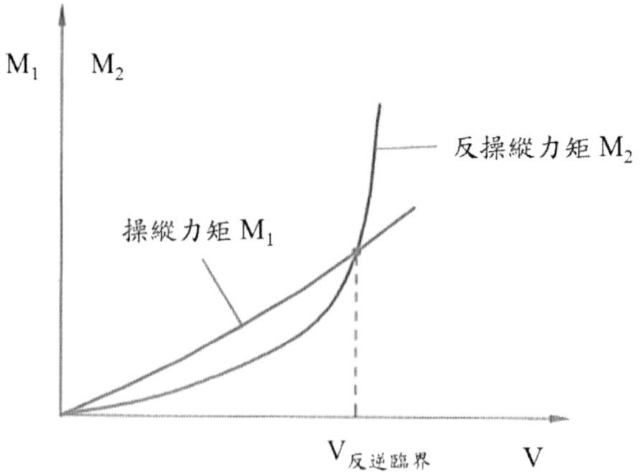

圖 9-32：操縱力矩和反操縱力矩與飛行速度的關係

（二）預防措施

一般而言，為了防止副翼失效或副翼反逆現象的發生，通常可使用提高機翼的抗扭剛度與採用混合副翼等二種方法加以避免。

1.提高機翼的抗扭剛度：剛度是指材料或結構在受力時抵抗彈性變形的能力，而副翼失效與副翼反逆現象是因為高速飛行機翼扭轉彈性變形過大所造成的。機翼的抗扭剛度增大能夠使飛行速度對機翼所產生的扭轉彈性變形降低，因此機翼的抗扭剛度越大，副翼的反逆臨界速度也就越高。飛機設計必須提高機翼的抗扭剛度，設計的副翼反逆臨界速度要比預期飛機所能達到的最大允許速度還要大，以防止副翼失效與副翼反逆現象發生。在維護保養時，一旦發現機翼蒙皮上的腐蝕損傷、疲勞裂紋以及碰撞產生的外形凹陷，都必須及時維修處理，避免結構與外形的損傷導致機翼抗扭剛度的降低，從而造成副翼反逆臨界速度的減小。

2.採用混合副翼：在每側機翼的後緣安排兩組副翼:一組安排在靠近機翼翼尖部位，稱為外側副翼（Outboard aileron）；一組安排在接近機翼的翼根部位，稱為內側副翼（Inboard aileron）。兩組副翼合稱為混合副翼（Hybrid aileron）。低速飛行進行滾轉操縱時，可以僅使用外側副翼或內外側兩組副翼合併使用。而在高速飛行進行滾轉操縱時，僅可使用內側副翼，因為內側副翼靠近翼根所以機翼扭轉的剛度大，不會產生副翼失效或副翼反逆現象，得以保障飛機高速飛行的橫向操縱性（滾轉操縱性）與飛行安全。由此，內側副翼又稱為高速副翼，外側副翼又稱為低速副翼，其位置如圖 9-33 所示。

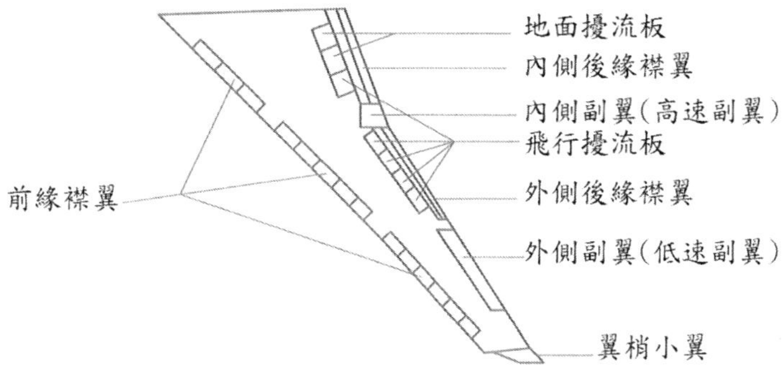

圖 9-33：飛機混合副翼的示意圖

✈課後練習與思考

[1] 請問飛機縱向平衡、橫向平衡與方向平衡的滿足條件是什麼？

[2] 試舉例兩種保持縱向靜態穩定的方法。

[3] 請問飛機短週期俯仰振盪運動模式的定義為何？

[4] 請問飛機在橫側動態穩定運動過程中滾轉收斂模式的定義為何？

[5] 請問飛機操縱性的定義為何？

[6] 請問飛機的升降舵、方向舵與副翼的功用是什麼？

[7] 請問有害偏航力矩對飛機飛行產生哪些不利的影響？

[8] 請問副翼反逆的定義是什麼？

[9] 請問副翼反逆的主要預防措施有哪些？

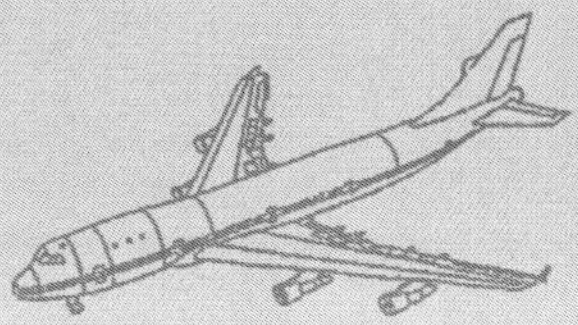

第十章

現代噴氣式飛機的飛行性能

在飛機設計中，「性能」是一個核心術語，用以確保飛機滿足適航性與設計目標。不同種類的飛機對飛行性能指標的需求各異，因此，必須依據飛機具體的飛行任務來進行性能分析，這樣才能精確地掌握飛機的設計方向和狀態。通過性能分析，除了可以確定飛機起飛和著陸時所需的跑道長度與飛行速度、航程、航時和燃料消耗量等參數，還能預防潛在的安全風險，從而提高飛行的安全性。鑒於現代中高速飛機大多採用噴氣式發動機，因此，在本章中，本書將以噴氣式飛機為例，對飛機的飛行性能進行探討，並提供簡要的說明，期能幫助讀者對飛機的飛行原理和相關設計課程有更深刻的理解和認識。

一、飛機性能分析的基本觀念

飛機的飛行性能主要是受其空氣動力特性和動力裝置特性所影響，並與飛機的飛行環境緊密相連。除此之外，飛機的重量、飛行速度與載荷係數也是決定飛行性能的重要參數。

（一）國際標準大氣的概念

飛機在大氣層內飛行時所處的大氣條件稱為飛機的飛行環境，飛機上的空氣動力及發動機所能提供的推力都與大氣特性有關。由於大氣的物理性質會隨著所在地理位置、季節和高度而產生變化，即使是同一類型的飛機分別在不同地點、季節或時間試飛也會得出不同的飛行性能結果；為了能夠統一計算、整理和比較，並確保飛機性能資料的標準化，為此制定了國際標準大氣（international standard atmosphere，ISA）做為統一參照的標準。飛機飛行手冊中所列出的飛行性能資料是在國際標準大氣的條件下得出，實際的飛行性能必須根據實際大氣情況與國際標準大氣之間的差異進行修正。

（二）飛機的飛行重力

飛機飛行時所受的重力稱為飛行重力，它等於飛機的質量和地球引力加速度的乘積，即 $W=mg$。由於燃油消耗等因素，飛機的飛行重力會不斷地變化。但是為了簡化計算，通常把它當作已知的常數值，並根據不同的飛行階段選擇相應的飛行重力值。在分析飛機的起飛性能時，採用起飛重力 W_{TO}，而在評估著陸性能時，則使用著陸重力 W_L。對於其他性能指標的分析，除非有特殊說明，一般默認使用正常飛行重力，也就是$W_{飛機} = \dfrac{W_{TO}+W_L}{2}$。

（三）現代噴氣式發動機的工作狀態

渦輪發動機是現代噴氣式飛機應用最廣的發動機，主要分為渦輪螺旋槳發動機、渦輪風扇發動機以及渦輪噴氣發動機三種類型，飛機動力裝置的特性主要與採用的發動機類型有關。現代噴氣式發動機常用工作狀態推力表示動力大小，民用噴氣發動機的工作狀態通常可以分成起飛推力狀態、最大連續工作狀態、最大巡航工作狀態以及慢車工作狀態等四種狀態。

1.起飛推力狀態：所謂起飛推力狀態，指的是發動機在起飛過程中所達到的最大推力輸出狀態。在此狀態下，發動機提供的推力需足以克服飛機的重力和空氣阻力，使其順利離地。然而，由於在這一狀態下發動機所產生的渦輪溫度較高，為了避免潛在的熱損傷，發動機在起飛推力狀態下的連續工作時間是受到嚴格限制的。飛行員需遵循這一限制，確保發動機的安全運行。

2.最大連續工作狀態：所謂最大連續工作狀態，指的是發動機在持續工作時所能承受的最大推力極限。在這個狀態下，發動機可以保持穩定的工作，但一旦超過這個推力極限，就可能會對發動機造成損害。因此，在發動機運行過程中，必須嚴格遵守最大連續工作狀態的規定，以確保發動機的安全和穩定運行。

3.最大巡航工作狀態：所謂最大巡航工作狀態，指的是在設計飛機巡航階段時，根據飛行高度和飛行速度計算出的發動機最大推力許可值。在這個狀態下，發動機可以持續提供足夠的推力，以維持飛機在巡航高度的穩定飛行。然而，為了確保發動機的可靠性和壽命，設計師對最大巡航工作狀態下的持續工作時間有所限制。因此，飛行員需在規定的時間範圍內使用最大巡航工作狀態，以保證飛機的安全和經濟效益。

4.慢車工作狀態：所謂慢車工作狀態，指的是發動機在轉速較低但仍能保持穩定運行的狀態。在地面滑行或著陸階段，飛機往往不需要大量推力，因此慢車工作狀態適用於這一時段。此時，發動機提供的推力正好滿足飛機在低速情況下的需求，既能保證飛機的平穩運行，又能節約燃料。然而，需要注意的是，在慢車工作狀態下，發動機的輸出功率較低，長時間使用可能會對發動機的性能造成一定影響。因此，飛行員需根據實際情況適時調整發動機的工作狀態。

（四）噴氣式發動機的性能指標

飛機動力裝置的核心是航空發動機，主要的功能是產生拉力或推力，從而使飛機起飛、前進與加速。現代高速飛機主要採用渦輪噴氣式和渦輪風扇式發動機。評定噴氣式發動機的主要指標有推力（Thrust）、耗油率（Thrust Specific Fuel Consumption TSFC）與推重比（Thrust-weight ratio）等指標，當然發動機的尺寸與體積、安全可靠性、使用壽命以及維修的便捷性和成本效益也是評估發動機性能的重要指標，然而這些因素通常與飛機和發動機的外形設計、成本控制和預算規劃緊密相關，涉及廣泛的工程和商業考量，更多地屬於設計和管理類領域，並不在本書討論範圍之內。

1.推力（Thrust）：使飛機產生向前的驅動力，用符號 T 表示，是衡量發動機效率的主要指標。同等條件下，發動機產生的推力越大，飛機的可加速性越好。在飛機的性能分析中通常使用可用推力、需求推力與剩餘推力等三種推力來加以描述。

（1） 可用推力。可用推力（Available thrust）是指飛機在特定高度下飛行時，發動機給定的油門狀態下所能提供的實際推力，用符號 $T_{可用}$表示。

（2） 需求推力。需求推力（Required thrust）是指飛機在特定高度下飛行時，克服飛行阻力所需要的推力，用符號 $T_{需求}$表示。

（3） 剩餘推力。剩餘推力（Excess thrust）是指飛機在飛行時，可用推力減去需求推力後的差值，用符號ΔT 表示。

從以上定義中可知，可用推力、需求推力與剩餘推力三種推力之間的關係式為可用推力－需求推力＝剩餘推力，也就是 $\Delta T = T_{可用} - T_{需求}$。

2.耗油率（Fuel consumption rate）：是衡量發動機經濟性的重要指標，用符號 TSFC 表示。它表示單位時間內產生單位推力的燃油消耗量，又稱為單位推力小時耗油率，公制單位為 kg/（N・h）。發動機耗油率越小，代表越省油。

3.推重比（Thrust weight ratio）：是飛機和航空發動機重要的技術性能指標，用符號 T/W 表示，表示發動機或飛機單位重力所產生的推力。它是一個綜合性的性能指標，同時體現出噴氣發動機與飛機結構的設計水平。飛機的最大平飛速度、爬升率、升限、機動性等飛行性能都與推重比有關，推重比越大，飛機的性能越優越。提高推重比可以通過兩種方式實現：一是減輕飛機或發動機本身的重量，採用更輕質材料進行製造；二是增加發動機的推力。

（五）飛機的空氣動力性能指標

飛機的基本性能在很大程度上取決於其空氣動力特性，而決定飛行性能最重要的空氣動力特性主要是飛機的臨界迎角（最大升力係數）、臨界馬赫數與最大升阻比等幾個性能指標。由於這些性能指標在本書先前的章節中已有詳盡討論，這裏僅做簡單的介紹與歸納。

1.臨界攻角（$\alpha_{critical}$ 或 α_{max}）：指飛機大攻角失速時所對應的攻角，當飛機的飛行攻角大於臨界攻角時，升力係數會急劇下降，阻力係數會急劇增加，此時飛機無法保持正常飛行，這種現象就叫做失速，飛機在正常飛行下攻角不得大於臨界攻角，它是飛機正常飛行的攻角限制。臨界攻角所對應的升力係數，稱為最大升力係數（C_{Lmax}），它是飛機在某飛行速度飛行時升力係數的最大值。

2.臨界馬赫數：所謂臨界速度（$Ma_{critical}$）是指飛機機翼開始產生局部音速時的飛行馬赫數。次音速飛機的飛行速度一旦超過臨界馬赫數，除了阻力會突然增大使得飛機難以加速外，還會出現飛機抖振的現象，導致飛機失去控制，甚至會造成嚴重的飛行事故，所以規定次音速飛機的飛行速度不可以超過臨界馬赫數。簡單地說，臨界馬赫數就是次音速飛機飛行的最大速度限制。

3.最大升阻比：升阻比是綜合衡量飛機的空氣動力性能的指標，為飛行馬赫數和攻角的函數。一般總是希望飛機的最大升阻比越大越好。

（1） 最大升阻比的物理定義：當飛機以最大升阻比 Kmax 飛行時，它的氣動效率將會是最高，所以最大升阻比是飛機飛行時的氣動力效率最高時升力 L 與阻力 D 的比值，也就是 $K_{max} = (\frac{L}{D})_{max}$。最大升阻比所對應的飛行攻角稱為有利攻角，也就是飛機飛行時的氣動力效率最高時的攻角。

（2） 最大升阻比的求法：當飛機以最大升阻比飛行時，飛機的誘導阻力係數 C_{Di} 等於零升力阻力係數 C_{D0}，所以飛機的阻力係數 C_D 是零升力阻力係數 C_{D0} 的二倍。最大升阻比 K_{max} 可以表示為$K_{max}=\frac{1}{2\sqrt{kC_{D0}}}$，式中 k 為常數，稱為誘導因數（Induced factor）或升致因數（Lift induced factor）。

（3）最大升阻比的觀察角度。最大升阻比可從兩個角度去觀察，一個觀察角度是對於飛機設計人員來說，可以由計算、模擬和風洞試驗改變升力和阻力。這種情況與實際的飛行情況不同，升阻比的最大值既不是在升力最大時出現，也不是在阻力最小時出現，而是在升力與阻力的比值最大時出現。在不同的重力與機翼參數條件下，選擇一個巡航狀態，找出一個最佳攻角（Optimum angle of attack）以獲得最佳升阻比，這些選擇可以將航程、續航能力或者任何一個性能指標最大化。除了這個最佳選擇外，使用其他空速或攻角飛行都會導致飛機性能損失。另一個觀察角度是對於飛行員來說，飛機進行水平直線飛行時，升力等於重力，最大升阻比就簡單地意味著阻力最小。

二、載荷係數

飛機在飛行任務中，姿態與狀態不會相同。為了說明飛機在各種飛行姿態與狀態下飛機的受力情況，引入了一個無因次係數 n_L，這個係數稱為載荷係數（Load factor），它被定義為飛機所承受的負載除以飛機本身的重量。由於飛機在做機動飛行，也就是飛機的速度、高度和飛行方向等飛機的飛行狀態會隨著時間變化的飛行動作，或者是飛行中遇到陣風時，在飛機結構的受力影響最為嚴重，因此使用飛機飛行所需要的升力來取代飛機所承受的負載，所以載荷係數被定義為 $n_L=L/W$，在公式中，n_L 為飛機的載荷係數，L 為飛機飛行所需要的升力，而 W 則代表飛機的重量。所謂的「飛機超載」指的就是 n_L，飛機在做結構設計時必須要確定飛機能夠承受的載荷，在使用時，不能超過所規定的載荷係數 n_L 值，否則飛機飛行就會產生抖振而發生危險。本章以飛機巡航、垂直平面內的機動飛行與水平平面內的機動飛行以及飛機的等速爬升和等速下滑的直線飛行為例，說明飛機的載荷係數 n_L 的計算。

（一）飛機在做巡航飛行時的載荷係數

如圖 10-1 所示，飛機在做水平直線飛行或者是巡航飛行時，升力等於重力，所以飛機的載荷係數 $n_L=L/W=1$。

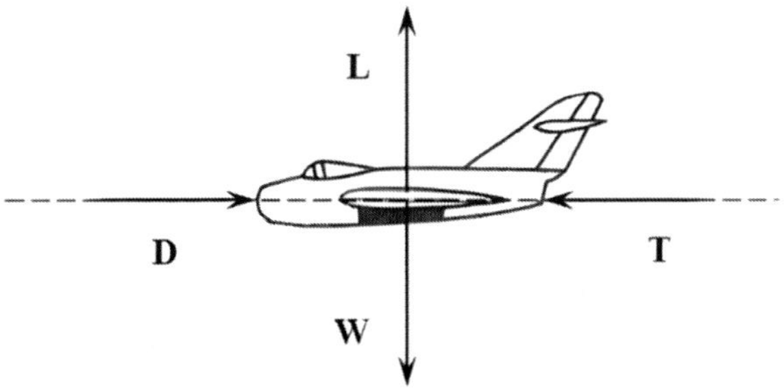

圖 10-1：飛機巡航或水平直線飛行受載情況的示意圖

（二）飛機在做垂直平面圓周運動時的載荷係數

如圖 10-2 所示，飛機以速度 V_∞ 沿著半徑 R 做鉛垂平面圓周運動的機動飛行時，速度的方向不斷地變化，飛機飛行所需的升力為向心力（$\frac{mV_\infty^2}{R}=\frac{WV_\infty^2}{Rg}$）加飛機重力在升力方向的分量 $W\cos\theta$，也就是 $L=\frac{WV_\infty^2}{Rg}+W\cos\theta$。在公式中，L 為飛機在垂直平面內機動飛行所需的升力；m 為飛機的質量；V_∞ 為飛機的飛行速度；R 為圓周半徑；W 為飛機的重量；g 為重力加速度；而 θ 為飛機所在位置升力向量與垂直方向的夾角。根據載荷係數的定義為 $n_L=\frac{L}{W}$，可以求得飛機在做垂直平面圓周運動時的載荷係數 n_L 的計算公式為 $n_L=\frac{L}{W}=\frac{\frac{WV_\infty^2}{Rg}+W\cos\theta}{W}=\cos\theta+\frac{V_\infty^2}{gR}$。

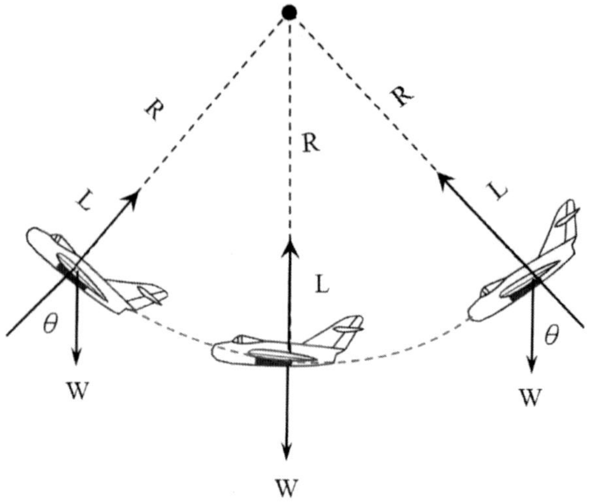

圖 10-2：飛機在垂直平面內機動飛行受載情況的示意圖

從以上關係式可以發現幾個物理特性：

1.飛機在做垂直平面圓周運動時的載荷係數大於 1。所謂機動飛行（Maneuver flight）是指飛行狀態（速度、高度和飛行方向）隨時間變化的飛行動作。飛行狀態改變的範圍越大，所需的時間越短，飛機的機動性就越好，而載荷係數 n_L 也就越大。飛機做俯衝拉起或從平飛狀態突然向上拉高的機動飛行時，升力比重力大很多，所以載荷係數 n_L 大於 1。

2.飛機做垂直平面圓周運動時於航跡最低點的載荷係數為最大。因為飛機在做鉛垂平面圓周運動的機動飛行時的載荷係數 n_L 計算式為 $n_L = \cos\theta + \frac{V_\infty^{\ 2}}{gR}$，當 θ＝0 時，$\cos\theta$ 為最大值 1，所以在航跡最低點的位置，也就是在 θ＝0 位置時的載荷係數最大。

3.飛行速度越大與飛行軌跡半徑越小的飛機較容易失速或損壞：根據載荷係數 n_L 的計算公式 $n_L = \frac{L}{W} = \cos\theta + \frac{V_\infty^{\ 2}}{gR}$，飛行的速度越大與機動飛行的軌跡半徑越小，所需要的升力與載荷係數越大，因此飛機就越容易失速或損壞。

4.機翼翼根部位元通常要承受較大的負載：由於飛機在垂直平面內做俯衝拉起或從平飛狀態突然向上拉高的機動飛行時，機翼所承受的升力可能遠遠地超過飛機的重力，在這種情況下，飛機機翼翼根部位往往要承受較大的負載。

（三）飛機在做水平平面圓周運動時的載荷係數

如圖 10-3 所示，飛機以速度 V∞沿著半徑 R 做水平平面圓周運動的機動飛行時，雖然飛行速度不變，但是速度的方向不斷的改變，如果航向改變的角度大於 360°，我們稱此一機動飛行做水平盤旋，如果航向改變的角度小於 360°，我們稱此一機動飛行做水平轉彎。

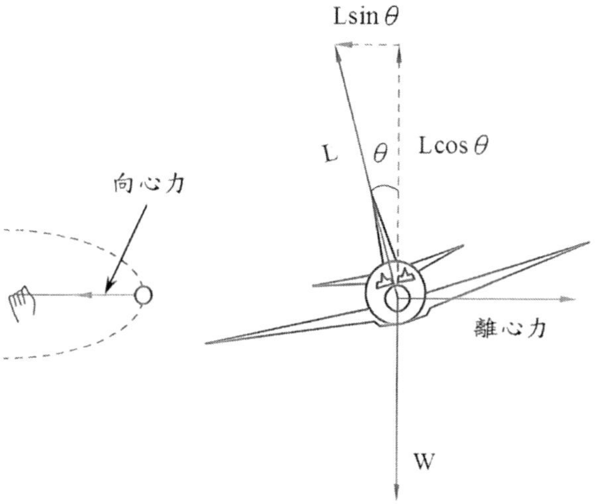

圖 10-3：飛機在做水平轉彎或盤旋的受力情況示意圖

從圖中可以看出：$L\sin\theta$ 是為了克服飛機在做水平平面圓周運動時離心作用所需的向心力 Fn，而 $L\cos\theta$ 是為了克服飛機在做水平平面圓周運動重力作用所需的向上的抬舉力。因此我們可以得到 $L\sin\theta = F_n = \dfrac{mV_\infty^2}{R} = \dfrac{WV_\infty^2}{Rg}$ 與 $L\cos\theta = W$ 二個方程式。在公式中，L 為飛機做水平轉彎或盤旋時所需的升力；θ 為操縱副翼使飛機產生的傾側角度（又稱為盤旋坡度）；Fn 為向心力；m 為飛機的質量；V∞為飛機的飛行速度；R 為圓周半徑；g 為重力加速度；W 為飛機的重量。因為 $L\cos\theta = W$，所以能夠得到 $L = \dfrac{W}{\cos\theta}$ 的關係式。又根據載荷係數的定義為 $n_L = \dfrac{L}{W}$，因此可以求得飛機做水平轉彎或盤旋時機動飛行的載荷係數 n_L 的計算公式為

$$n_L = \frac{L}{W} = \frac{\frac{W}{\cos\theta}}{W} = \frac{1}{\cos\theta}$$，據此可以發現幾個物理特性。

1.飛機在進行水平轉彎或盤旋時首先必須要操縱副翼：因為向心力 $F_n = L\sin\theta$，所以在操縱飛機進行水平轉彎或盤旋時，首先要操縱副翼使飛機傾斜產生傾側角，升力才能在水平方向產生分量，為飛機在進行水平轉彎或盤旋時提供向心力。

2.飛機在進行水平轉彎或盤旋時的載荷係數總是大於 1：因為飛機在做水平轉彎或盤旋時的載荷係數 $n_L = \frac{L}{W} = \frac{1}{\cos\theta}$，載荷係數總是大於 1。因為飛機在做水平轉彎或盤旋時所需的升力總是大於飛機的重量，所以在保持飛行速度不變的情況下，飛機在做水平轉彎或盤旋時，駕駛員必須將駕駛杆向後拉，使飛機抬頭，增大攻角，藉以提高升力，防止飛機的飛行高度掉落。

3.在水平轉彎或盤旋時的載荷係數會隨著傾側角的增大而增大：因為飛機在做水平轉彎或盤旋時的載荷係數 $n_L = \frac{1}{\cos\theta}$，而 cosθ 的值會隨著 θ 的增大而變小。所以載荷係數隨著傾側角 θ 的增大而增大。飛機的傾側角 θ 越大則其在做水平轉彎或盤旋的機動飛行時所需的升力就越大。在實際飛行中，由於飛機結構強度、發動機推力和飛機臨界攻角的限制，所以飛機在做水平轉彎或盤旋時，其能夠產生的升力與最大傾斜側角均為有限。目前一般戰鬥機正常轉彎的最大傾側角約為 75°~80°與飛機升力約為飛機重力的 4~6 倍，而一般運輸機正常轉彎的最大傾側角約為 30°~40°與飛機升力約為飛機重力的 1.16~1.31 倍。

（四）等速爬升的載荷係數

為獲得飛行高度，飛機沿著一定的角度傾斜向上的等速度飛行，稱為等速爬升。根據牛頓第一運動定律（又稱為慣性定律），只有當飛機所受外力為 0，飛機才能等速度飛行。因此，飛機要做等速爬升，其所承受的外力總和必須為 0。如圖 10-4 所示，飛機在做等速爬升飛行時所受到重力、推力、升力以及阻力等四種作用力的關係。

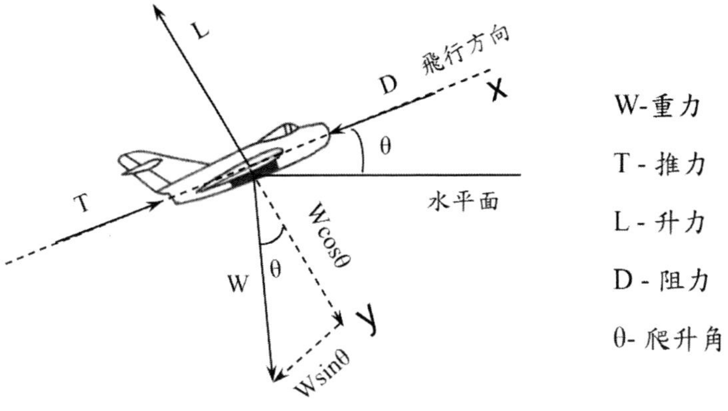

圖 10-4：飛機等速爬升的受力情況示意圖

從圖中，可以看出：飛機要做等速爬升，必須滿足$L-W\cos\theta=0$與$T-D-W\sin\theta=0$，因此可以得到$L=W\cos\theta$與$T=D+W\sin\theta$二個關係式。此時，載荷係數n_L為$n_L=\frac{L}{W}=\frac{W\cos\theta}{W}=\cos\theta$，據此可以發現幾個物理特性。

1.飛機在做等速爬升飛行時的載荷係數總是小於 1：因為飛機在做等速爬升時載荷係數的計算式$n_L=\cos\theta$，cosθ 總是小於 1，所以載荷係數總是小於 1。

2.飛機在做等速爬升飛行時可用推力必須大於需用推力：根據飛機在做等速爬升時的關係式$T=D+W\sin\theta$，飛機在做等速爬升時所需的推力必須大於飛行的阻力，由此可知：飛機發動機的可用推力必須大於飛行的需用推力時，也就是有剩餘推力時，飛機才能進行等速爬升。

（五）等速下滑的載荷係數

等速下滑是指飛機在零推力的狀態下，沿直線等速下降的運動。如同本書在本章前面的內容中所述，根據牛頓第一運動，飛機要做等速下滑飛行時，飛機的受力必須等於 0。又因為飛機在等速下滑時，推力為零（T=0），所以其在做等速下滑飛行時只有受到重力、升力以及阻力等三種作用力的作用且這三種作用力合力為 0，如圖 10-5 所示。

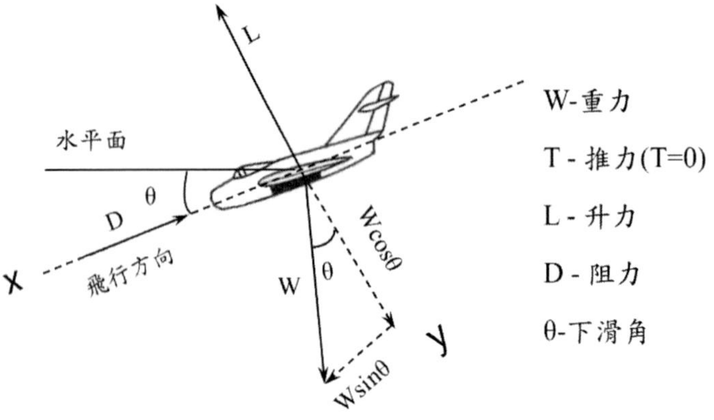

圖 10-5：飛機等速下滑的受力情況示意圖

從圖中，可以看出：飛機要做等速下滑，必須滿足$L-W\cos\theta=0$與$D-W\sin\theta=0$。因此可以推得$L=W\cos\theta$與$D=W\sin\theta$二個關係式。。此時，載荷係數n_L為$n_L=\dfrac{L}{W}=\dfrac{W\cos\theta}{W}=\cos\theta$，據此可以發現幾個物理特性。

1.飛機在做等速下滑飛行時的載荷係數總是小於 1：因為飛機在做等速下滑時載荷係數的計算式$n_L=\cos\theta$，cosθ 總是小於 1，所以載荷係數總是小於 1。

2.飛機在做等速下滑時的下降的距離隨著升阻比的增加而變大：根據飛機在等速下滑時$L=W\cos\theta$與$D=W\sin\theta$二個作用力的關係式，可以得到飛機的升阻比$K=\dfrac{L}{D}=\dfrac{W\cos\theta}{W\sin\theta}=\dfrac{1}{\tan\theta}$，也就是下滑角$\theta=\tan^{-1}\dfrac{1}{K}$，所以飛機的升阻比越大，下滑角就越小。在下降高度一定的情況下，下降的距離就越長。而且下滑角和下滑距離與飛機的重量無關。

（六）綜合討論

根據前面的分析結果可以知道，在不同的飛行狀態下，飛機載荷係數的大小往往不一樣。飛機的載荷係數表示了飛機結構的承載能力與機動性的好壞。其值可能等於 1、大於 1、小於 1、等於零，甚至為負值。飛機在做等速度水平直線飛行（平飛）或是巡航時，升力等於飛機的重力，載荷係數等於 1，飛機在做圓周運動或等速爬升與等速下滑飛行時，升力通常不等於重力，所以載荷係數通常不等於 1。例如在前面的分析內容中，飛機在做垂直或是水平平面圓周運動的機動飛行時，載荷係數總是大於 1，而飛機在等速爬升與等速下滑飛行的直線飛行時，載荷係數總是小於 1。當飛機以零升力迎（攻）角向下俯衝時，載荷係數等於 0，飛機除了在平飛時突然遇到強烈的垂直向下陣風或飛行員在平飛狀態猛然推杆向下俯衝時，載荷係數為負值外，一般均為正值。

（七）常用飛機限制載荷係數的類型

飛機的結構強度一般用飛機可以承受的最大載荷係數來加以限制。常用的限制載荷係數通常分為限制載荷係數和極限載荷係數二種。限制載荷係數是指飛機結構必須能夠承受而無有害永久變形的載荷係數。極限載荷係數是指飛機結構必須能夠承受且至少 3 秒而不被破壞的載荷係數，極限載荷係數是限制載荷係數的 1.5 倍。根據飛機適航規定，各種飛機的極限載荷係數如表 10-1 所示。

表 10-1：各種飛機的極限載荷係數

類別 限制載荷係數	正常類	實用類	特技類	運輸類
正過載	3.8	4.4	6.0	2.5
負過載	1.5	1.8	3.0	1.0

三、飛機基本飛行性能

飛機在垂直平面內的等速直線飛行是飛機最常見也是飛機設計師最為關心的運動形式之一，所謂等速運動是指飛機的速度的大小與方向不會隨著時間改變而改變，所以飛機處於受力平衡的狀態。嚴格來講，飛機在飛行中，等速運動是不存在的，因為即使在飛行速度和高度不變的情況下，飛機在飛行中因為燃油的消耗，飛機的重量也會因此不斷改變，因此無法達到受力平衡。可是如果飛機運動參數隨著時間的變化非常緩慢，至少在一段時間內，可以認為飛機的飛行運動是處於平衡狀態，這就是所謂的

「擬似平衡（quasi-equilibrium）」或「擬似等速運動（quasi-equal velocity motion）」的觀念。所謂飛機的基本飛行性能指的就是飛機在「等速運動」或「擬似等速運動」時的運動特性，包括飛機的平飛性能、等速爬升性能、升限以及等速下滑性能等項目。

（一）飛機的等速直線運動

如圖 10-6 所示，飛機做飛行運動，作用在飛機上的外力有升力 L、阻力 D、推力 T 和重力 W 等四種力。如果飛機必須保持等速直線飛行的話，則這些作用力必須保持平衡狀態，也就是所有作用力的合力必須為 0。

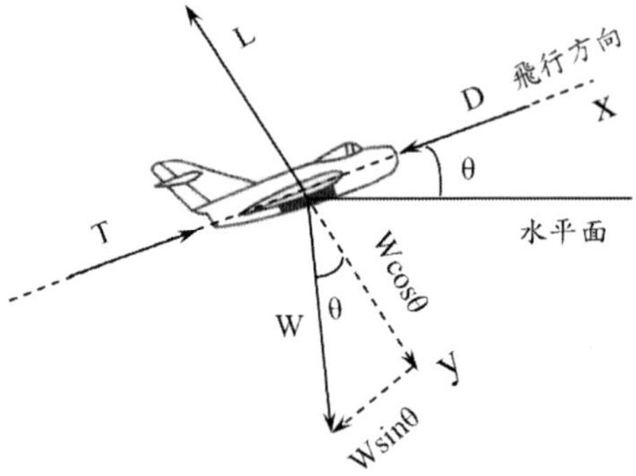

L-升力;D-阻力;T-推力;W-重力;θ-航跡角

圖 10-6：飛機等速飛行的受力情況示意圖

如圖所示，如果作用在飛機上的外力合力為 0（受力為 0），航跡角 $\theta=0$，則飛機為等速水平飛行（又稱為平飛）；如果 $\theta>0$ 的話，則飛機做等速爬升運動；如果 $\theta<0$ 且推力 $T=0$ 的話，則飛機做等速下滑運動。

（二）飛機的平飛性能

平飛（Level Flight）是指飛機在某一高度上進行等速水平直線飛行，飛機的平飛是飛機在整個飛行過程中最簡單也是最常見的運動形式，它是認識更複雜的運動形式的基礎，其主要性能包括平飛最大速度、平飛最小速度以及平飛速度範圍。

1.飛機保持等速平飛的條件：如圖 10-7 所示，飛機維持等速度水平飛行的條件是升力 L 等於重力 W 以及推力 T 等於阻力 D，也就是其平飛的運動方程式必須要滿足$L = W = \frac{1}{2}\rho V^2 C_L S$與$T = D = \frac{1}{2}\rho V^2 C_D S$的條件。

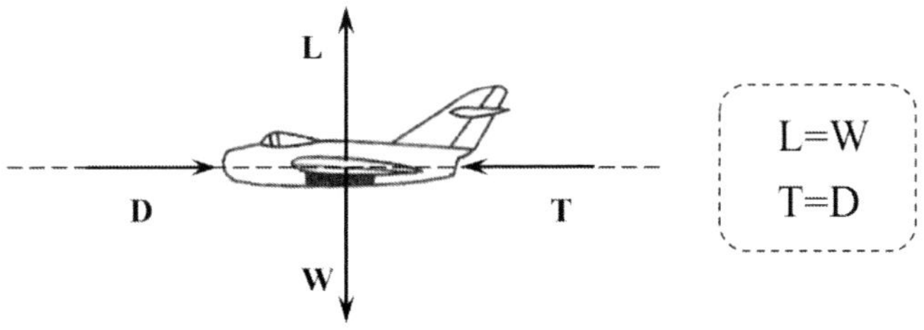

圖 10-7：飛機保持等速度平飛條件的示意圖

2.飛機的平飛速度：飛機必須有足夠的升力來平衡飛機重量，才能保持平飛，此一飛行速度稱為平飛速度，用符號 $V_{平飛}$表示。由於飛機在平飛時飛機的升力 L 必須等於飛機的重量 W 且基於升力公式，可以得到飛機平飛速度與升力 L 與 W 的關係式$L = W = \frac{1}{2}\rho V_{平飛}{}^2 C_L S$。據此可以導出飛機平飛速度的計算公式為$V_{平飛} = \sqrt{\frac{2W}{\rho C_L S}}$。式中，$V_{平飛}$為飛機的平飛速度、W 為飛機的重量、ρ 為空氣密度、C_L 為升力係數以及 S 為飛機的機翼面積。

3.飛機平飛速度的影響因素：從飛機平飛速度的計算公式$V_{平飛} = \sqrt{\frac{2W}{\rho C_L S}}$中可以看出：影響平飛所需速度的因素有飛機重量 W、機翼面積 S、空氣密度 ρ 和升力係數 C_L。飛機載重量越大，飛機維持平飛狀態所需要的飛行速度就越大。由於飛機在特定高度做平飛飛行時，機翼面積和空氣密度都不變，因此飛機維持平飛狀態所需要的飛行速度只與飛機重量和升力係數有關。雖然飛機在實際飛行中，飛機的重量會隨著燃油的消耗而逐漸減少。但是為了簡化飛行性能計算的複雜度通常會把飛機重量視為常數。因此可將飛機平飛所需的速度視為只與升力係數有關，而升力係數又隨著攻角的變化而改變。所以飛機在特定高度的平飛速度主要是隨攻角的變化而改變。飛機的飛行攻角減小，飛機平飛所需的速度加大，飛機的飛行攻角增大，飛機平飛所需的速度減小。

4.平飛需求推力曲線：飛機在平飛時推力和阻力相等，所以需求推力曲線可用阻力曲線表示，如圖 10-8 所示。A 點對應的速度是平飛時阻力最小的速度，稱為平飛有利速度（Flat fly favorable velocity），用符號 $V_{有利}$表示，也稱為平飛最小阻力速度（Minimum drag velocity of flat flight），用符號 V_{MD} 表示。

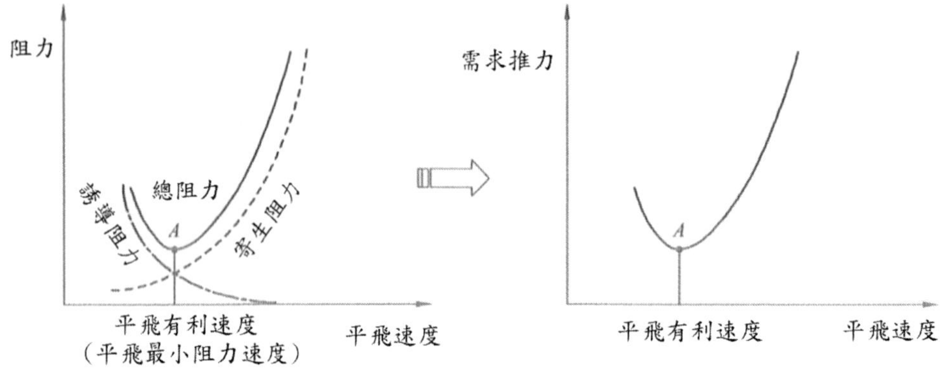

圖 10-8：飛機平飛需求推力曲線示意圖

從平飛的成立條件 L=W，T=D、升阻比 K 的定義公式 K=L/D 與飛機的需求推力定義可以得到 L=W=KD=KT 的關係式。據此可以求出飛機在平飛時的需求推力 T 需求的計算公式為 $T_{需求}$=W/K。在公式中，W 為飛機的重量與 K 為飛機的升阻比。從需求推力的計算公式中可以看出飛機在平飛時所需的推力與飛機重量 W 成正比，而與飛機的升阻比 K 成反比。也就是說如果飛機的重量（飛機本身的重量、裝載重量與燃油重量）越重，則飛機要保持平飛所需的推力也就越大。而在相同重量時，如果升阻比越大，則飛機要保持平飛所需的推力也就越小。由於飛機的升阻比又與飛行攻角有關，而根據升阻比隨攻角變化的規律是隨著攻角的增加先增加而後減少，如圖 10-9 所示，所以平飛時的需求推力是隨著攻角的增加先減小而後增大。

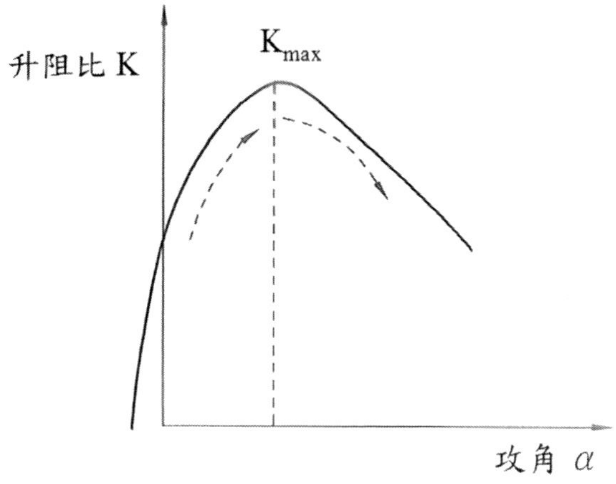

圖 10-9：飛機升阻比隨攻角變化趨勢的示意圖

5.平飛需求功率曲線：飛機為了保持水平直線飛行，其動力裝置就必須提供一定的推力克服阻力來對飛機做功，而動力裝置在平飛時每秒必須對飛機所做的功就是飛機的平飛需求功率，用符號 $P_{需求}$表示，其計算公式為 $P_{需求}=T_{需求}\times V_{平飛}$計算。從公式中可以看出，平飛所需功率取決於平飛所需推力 $T_{需求}$和平飛速度 $V_{平飛}$的大小，如圖 10-10 所示。

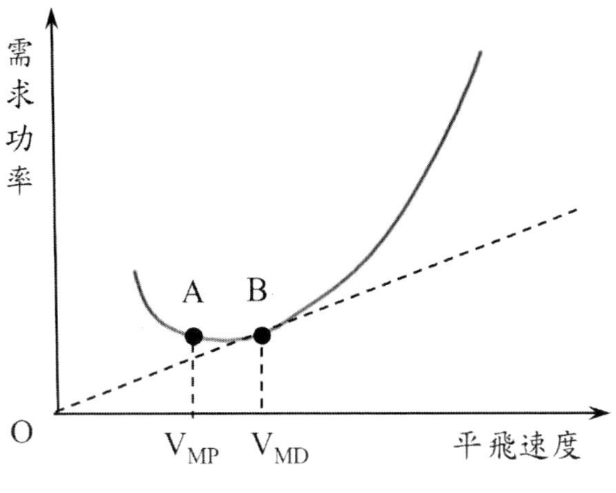

圖 10-10：飛機平飛需求功率曲線示意圖

從圖中可以看出：飛機的平飛需求功率會隨著平飛速度速度的增加先減小而後增大。在圖中，A 點所對應的速度是平飛需求功率速度，也就是飛機保持等速水平直線飛行時所需功率最小的速度。此一速度又被稱為平飛經濟速度（Flat fly economic velocity），用符號 $V_{經濟}$表示；或者稱為平飛最小功率速度（Minimum power velocity of flat flight），用符號 V_{MP} 表示。而從平飛功率曲線原點向曲線所引切線的切點，也就是 B 點所對應的速度則為平飛最小阻力速度，用符號 V_{MD} 表示，飛機以此速度平飛時所需推力最小。

6.平飛推力曲線：把相同高度的平飛需用推力曲線和相應的滿油門狀態下的可用推力曲線繪製在一起，稱為平飛推力曲線，如圖 10-11 所示。噴氣式飛機利用發動機向後噴氣產生推力，而螺旋槳飛機利用螺旋槳拍擊大氣空氣產生拉力，從而使飛機獲得向前的驅動力，因此平飛推力曲線既可適用於噴氣式飛機也適用於螺旋槳飛機。

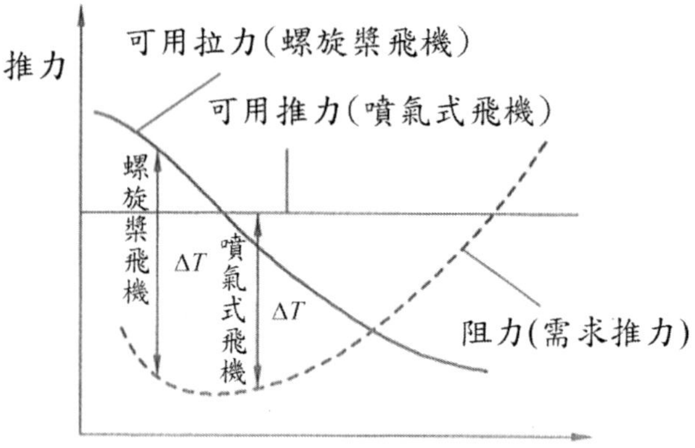

圖 10-11：飛機平飛推力曲線示意圖

飛機平飛時的可用推力 $T_{可用}$是指飛機在特定高度下平飛時，發動機在給定的油門狀態下，所能提供的實際推力。飛機平飛時的需求推力 $T_{需求}$ 是指飛機在特定高度下平飛時，克服飛行阻力所需要的推力。而二者之間的差值被稱為剩餘推力 ΔT，也就是 $\Delta T=T_{可用}-T_{需求}$。從公式中可以推知：如果飛機的最大可用推力小於飛機在平飛時的所需推力，也就是 $\Delta T<0$ 的話，飛機根本不能保持平飛。而如果剩餘推力 $\Delta T>0$ 時的話，則其可被用來使飛機加速或爬升，所以如果飛機的剩餘推力 ΔT 越大的話，其機動性能就越好。螺旋槳飛機因為最大可用拉力會隨著速度的增大而減小，因此其最大剩餘拉力不會在最小阻力時產生。

7.飛機平飛性能的判定指標：飛機的平飛性能的判定主要是依據最大平飛速度（V_{max} 或 Ma_{max}）、最小平飛速度（V_{min} 或 Ma_{min}）以及平飛速度範圍三個重要指標。

（1） 最大平飛速度：所謂飛機的最大平飛速度 V_{max} 是指在一定的高度和重量下，發動機滿油門（最大推力狀態）工作時，飛機所能達到的穩定平飛速度，也就是飛機在某一特定高度下做等速水平直線飛行（平飛）所能達到的極限速度。就理論上來看，飛機的最大平飛速度 V_{max} 是飛機最大推力 T_{max} 所對應的平飛速度，而飛機要維持平飛時，飛機的推力 T 必須等於飛機的阻力 D（T=D）且根據阻力計算公式$D=\frac{1}{2}\rho V_{\infty}^{2}C_{D}S$，所以飛機的最大平飛速度 V_{max} 的計算公式為$V_{max}=\sqrt{\frac{2T_{max}}{\rho C_{D}S}}$。式中，ρ 為空氣密度、$C_D$ 為飛機的阻力係數與 S 為飛機的機翼面積。由於發動機不能長時間在最大功率狀態下工作，再加上飛機結構強度與穩定性的限制，所以飛機在實際上所使用的平飛最大速度通常小於飛機的最大平飛速度 V_{max}。

（2） 最小平飛速度：所謂飛機的最小平飛速度 V_{min} 是指飛機在一定的高度和重量下能夠保持平飛狀態時所使用的最小穩定速度。就理論上，飛機的最小平飛速度 V_{min} 是飛機臨界攻角 $\alpha_{critical}$ 所對應的平飛速度，也就是飛機升力係數 C_L 為最大升力係數 C_{Lmax} 時的平飛速度。因為飛機要維持平飛時，飛機的升力 L 必須等於飛機的重量 W（L=W）且根據升力計算公式 $L=\frac{1}{2}\rho V_{\infty}^{2}C_{L}S$，所以飛機的最小平飛速度 V_{min} 的計算公式為 $V_{min}=\sqrt{\frac{2W}{\rho C_{L\max}S}}$。式中，ρ 為空氣密度、$C_{Lmax}$ 為飛機的最大升力係數與 S 為飛機的機翼面積。在實際飛行時，C_{Lmax} 為飛機開始失速的升力係數，為了安全起見，飛機在實務飛行時常使用允許/安全升力係數 $C_{L,安全}\cong(0.7\sim0.9)C_{L\max}$ 來計算飛機平飛的最小速度，所以飛機在實務飛行時使用的平飛最小速度會

比最小平飛速度 V_{min} 來的大。對於飛機的性能要求來說，平飛最小速度越小越好，因為平飛最小速度越小，飛機就可用更小的速度接地，以改善飛機的著陸性能。隨著飛行高度的增加，密度 ρ 將會減小，飛機的最小平飛速度也隨之增加。

（3） 平飛的速度範圍：從平飛最大速度到平飛最小速度的速度區間範圍稱為飛機的平飛速度範圍，從理論上來說在此範圍中的每一個速度都可以保持平飛。但是在實務上，通常飛機不用最大平飛速度長時間飛行，因為耗油太多，而且發動機容易損壞，縮短使用壽命，除作戰或特殊需要外，一般以比較省油的巡航速度飛行，這個速度一般為飛機最大平飛速度的 70%~80%。而為了安全起見，飛機也不可能在臨界攻角下飛行，必須用比大於平飛最小速度 V_{min} 的速度飛行。因此在實際上，飛機的平飛的速度範圍會小於理論上的平飛的速度範圍，而飛機的平飛速度範圍越大，平飛的性能越好。

（三）飛機的等速爬升性能

爬升是飛機取得高度的基本方法，飛機沿向上傾斜的軌跡所做的等速直線飛行稱為等速爬升飛行。飛機等速爬升性能的判定指標主要為等速爬升速度、等速爬升角、等速爬升梯度與等速爬升率。

1.飛機保持等速爬升的條件：如圖 10-12 所示，飛機等速爬升時的成立條件為 $L-W\cos\theta=0$ 與 $T-D-W\sin\theta=0$。式中，L、W、T 與 D 分別為飛機的升力、重量、推力與阻力，而 θ 是飛機等速爬升軌跡與水平面之間的夾角，稱為等速爬升角。

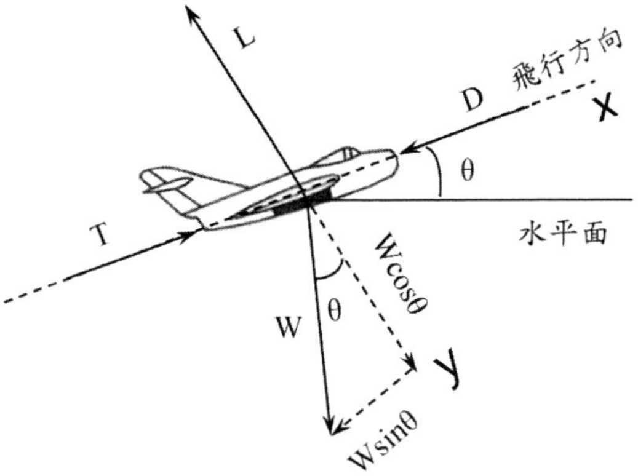

L-升力;D-阻力;T-推力;W-重力;θ-航跡角

圖 10-12：飛機等速爬升的受力情況示意圖

2.等速爬升速度：從圖 10-12 中可以看出：飛機在爬升過程中，需要一定的升力 L 來平衡重力的分力 Wcosθ，也就是 L=Wcosθ。為了產生這個升力所需的速度叫做等速爬升速度（constant climbing velocity），用符號$V_{爬升}$表示。根據升力計算公式$L=\frac{1}{2}\rho V_{\infty}^{2}C_{L}S$與等速爬升成立條件 L=Wcosθ，可以得到$L=\frac{1}{2}\rho V_{爬升}^{2}C_{L}S=W\cos\theta$的關係式，據此能夠得到等速爬升速度$V_{爬升}$的計算式$V_{爬升}=\sqrt{\frac{2W\cos\theta}{\rho C_{L}S}}$或$V_{爬升}=V_{平飛}\sqrt{\cos\theta}$。在公式中，$V_{爬升}$為飛機的等速爬升速度與$V_{平飛}$為飛機的平飛速度。由於 cosθ 總是小於 1，所以飛機在做等速爬升飛行時，爬升所需速度要比用同一攻角平飛所需要的速度小，所需的升力也較小。在實際飛行中，由於爬升角一般都不大，cosθ 值幾乎接近於 1，一般可以認為爬升所需速度與平飛速度相等。

3.等速爬升角的計算：從等速爬升時的條件 T-D-Wsinθ=0 中，可以得到等速爬升角（constant climbing angle）θ 的計算式為$\theta=\sin^{-1}\frac{(T-D)}{W}=\sin^{-1}\frac{\Delta T}{W}$，式中，W 為飛機的重量與 ΔT 為飛機的剩餘推力。

4.等速爬升梯度的定義：所謂等速爬升梯度（constant climbing gradient）是指飛機等速爬升時爬升高度與水平距離的比值，也就是爬升梯度=上升高度／水平距離，即計算公式 $\tan\theta = \frac{H}{X}$，如圖 10-13 所示。

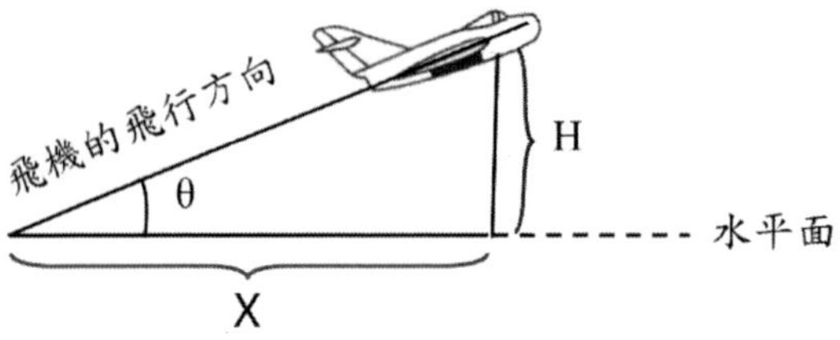

θ-爬升角；H-上升高度；X-水平距離

圖 10-13：飛機平飛推力曲線示意圖

5.等速爬升率：所謂等速爬升率（constant climbing rate）是指飛機在單位時間內等速爬升所獲得的高度，也就是飛機的等速爬升速度 $V_{爬升}$在爬升時的垂直分速，用符號 V_y 表示，即 $V_y=V_{爬升}\sin\theta$，如圖 10-14 所示。

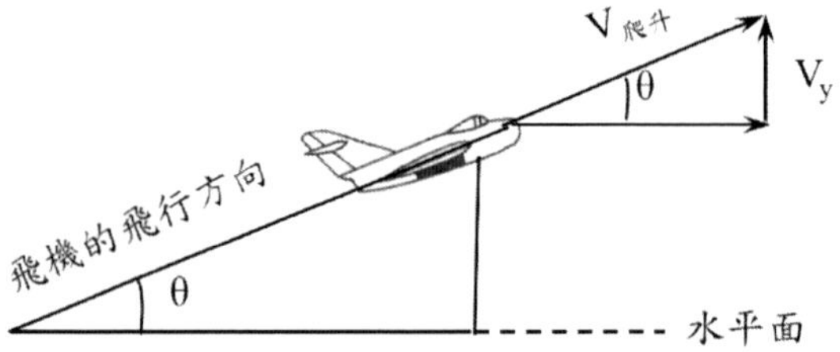

圖 10-14：飛機等速爬升率的示意圖

對於飛行員而言，等速爬升有兩種最主要的形式：最大爬升率爬升與最陡爬升率爬升，如圖 10-15 所示。

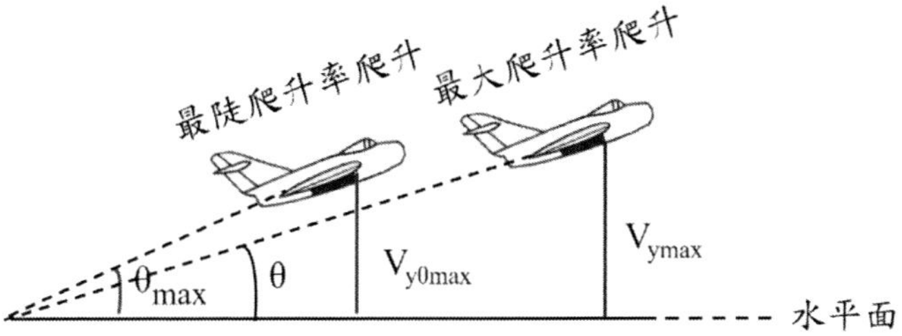

V_{ymax}-最大爬升率；$V_{y\theta max}$- 最陡爬升率；θ_{max}-最大爬升角

圖 10-15：最大爬升率爬升與最陡爬升率爬升的示意圖

（1） 最大爬升率（Maximum climbing rate）是指飛機以最大爬升率 V_{ymax} 向上等速爬升的方式，是飛行員駕駛最有用的爬升方式，又稱為最佳爬升率（Best climbing rate）。以最大爬升率爬升時，可以在相同時間內達到最高的高度，在較高的高度飛行，可以獲得較高的飛行效率，因此，飛機飛行總是希望儘快地爬升到所需的巡航高度。實際上飛機的最大爬升率隨著高度的增加而減少。

（2） 最陡爬升率（Steepest climbing rate）：是指飛機以最大爬升角 θ_{max} 向上等速爬升的方式，又稱為最大爬升坡度爬升（Maximum climbing gradient climb）。飛機在以最陡爬升率 $V_{y\theta max}$ 爬升時能夠在相同水平距離內達到最高的高度。可以想像一架飛機在山谷中飛行，如果要飛過山頂，飛行員當然希望在最短的水平距離內爬升到盡可能高的高度，那就必須以最陡的角度飛行，飛機在剩餘推力最大時可以達到最陡爬升率。實際上飛機的最陡爬升率隨著高度的增加而增加。一般而言，最陡爬升率小於最大爬升率。在到達絕對升限高度時，最陡爬升率與最大爬升率兩者相等。

（四）升限

所謂飛機的升限（ceiling）是指飛機上升限度的簡稱，也就是飛機依靠本身動力上升所能達到的最大飛行高度，飛機的升限分成靜升限和動升限二種。飛機穩定上升所能達到的最大高度稱為靜升限（static ceiling）；利用飛機的動能以躍升的方法所能達到的最大高度稱為動升限（dynamic ceiling）。動升限的值會高於靜升限值，一般所說的升限指的是靜升限。當飛機的飛行高度逐漸增加時，空氣的密度會隨高度的增加而降低，從而影響發動機的進氣量，進入發動機的進氣量減少，其推力也將減小。當飛機達到一定高度時，會因為推力不足，造成飛機無法繼續爬升，只能維持平飛，此一高度即為飛機的升限（靜升限）。飛機的靜升限是指飛機能作等速平飛的最大高度，可以分成絕對升限與實用升限二種方式表示。

1.二種靜升限的定義：飛機的靜升限可分成絕對升限與實用升限二種方式。

（1）絕對升限：所謂絕對升限（absolute ceiling）是指飛機以特定的重量和給定的發動機工作狀態能夠保持等速直線平飛的最大高度，也就是飛機的爬升率等於零時的高度。由於要達到此一平飛高度所需的時間為無窮大，飛機在尚未達標時，所攜燃油就耗盡了，所以絕對升限又被稱為理論升限（theoretical ceiling），在實際上並不具有什麼意義，一般並不常使用這個術語。

（2）實用升限：實用升限（service ceiling）是飛機試圖捕捉的最大可用高度，由於在實際的飛行中根本不可能會有飛機能夠到達理論升限，所以為了讓飛機具有一定的推力儲備和良好的操縱性，飛機在實際使用中不得不在稍低於理論靜升限的高度上飛行，高機動性飛機規定對應於垂直上升速度 V_{ymax} 為 5m/s 時可實際使用的平飛飛行高度為最大平飛飛行高度，此高度即為實用升限。而低次音速飛機則規定對應於垂直上升速度 V_{ymax} 為 0.5m/s 時的平飛飛行高度為實用升限。

2.提升措施：一般而言，提高飛機升限的措施主要有增大發動機在高空時的推力、提高飛機的升力、降低飛行阻力與減輕飛機重量等幾種方式。

（五）飛機的等速下滑性能

下降是飛機降低高度的基本方法，飛機沿向下傾斜的軌跡所做的等速直線飛行叫下降。飛機在下降過程中作用於飛機的外力與平飛與爬升一樣，有升力、重力、推力和阻力等作用力，而在飛機推力趨近於零的下降過程稱為下滑，如圖 10-16 所示。下滑性能的判定指標主要為下滑速度、最小下滑角與最大下滑距離。

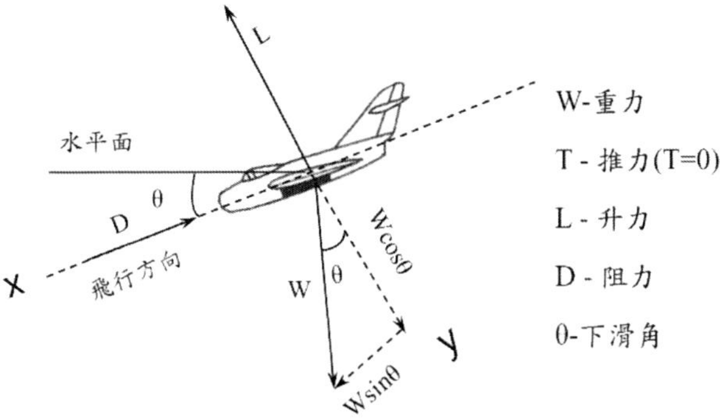

圖 10-16：飛機等速下滑的受力情況示意圖

航空小常識

飛行時飛行員要做好喪失動力的準備，許多人認為一旦失去動力，飛機馬上會從天上掉下來。但是事實並非如此，飛機在沒有動力的情況下仍然可以飛行相當長的一段距離，沒有發動機的飛機就等於性能不佳的滑翔機。飛機失去動力時，飛行員應該儘量延長在空中滑翔的時間，這樣有更多的時間選擇緊急著陸地點，再次啟動發動機並與空中交通管制員聯絡。

高度損失是保證飛機持續滑翔的動力來源，所以為了保證滑翔時間最長，必須將下降率降到最低，此時對應的速度為最久滑翔速度。

1.等速下滑的成立條件：如圖 10-16 所示，飛機等速下滑時的成立條件為 $L=W\cos\theta$ 與 $D=W\sin\theta$。式中，L、W、D 與 θ 分別為飛機的升力、重力、阻力與等速下滑角。

2.等速下滑速度：飛機在等速下滑過程中需要一定的升力來平衡重力的分力 $W\cos\theta$，為了產生這個升力所需速度稱為等速下滑速度（constant gliding velocity），用符號 V 下滑表示。根據升力計算公式$L=\frac{1}{2}\rho V_{\infty}^{2}C_{L}S$與等速下滑成立條件 L=Wcosθ，可以得到$L=\frac{1}{2}\rho V_{下滑}^{2}C_{L}S=W\cos\theta$的關係式，據此能夠得到等速下滑速度 V 下滑的計算公式為$V_{下滑}=\sqrt{\frac{2W\cos\theta}{\rho C_{L}S}}$或者是$V_{下滑}=V_{平飛}\sqrt{\cos\theta}$。式中，V 下滑為飛機的等速下滑速度、V 平飛為飛機的平飛速度、W 為飛機的重量、ρ 為空氣密度、C_L 為飛機的升力係數、S 為飛機的機翼面積與 θ 為飛機的等速下滑角，由於 cosθ 總是小於 1，所以飛機在做等速下滑飛行時，下滑所需的速度要比用同一攻角平飛所需要的速度小，所需的升力也較小。在下滑角不大時，一般可以認為等速下滑時的所需速度與平飛速度相等。

3.**等速下滑角的確定：**根據飛機等速下滑時的成立條件 L=Wcosθ & D=Wsinθ，可以得到$\tan\theta=\frac{\sin\theta}{\cos\theta}=\frac{D}{L}=\frac{1}{K}$，所以能夠獲知$\theta=\tan^{-1}\frac{1}{K}$。式中，K 為升阻比，也就是飛機飛行時升力 L 與阻力 D 的比值，即$K=\frac{L}{D}$。所以飛機等速下滑時的下滑角僅與升阻比有關，而最小等速下滑角 θ_{min} 就是飛機等速下滑時最大升阻比所對應的下滑角，即$\theta_{\min}=\tan^{-1}\frac{1}{K_{\max}}$。

4.**等速下滑梯度的定義：**如圖 10-17 所示，等速下滑梯度（constant gliding gradient）是指飛機等速下滑時下降高度與下滑水平距離的比值。也就是下滑梯度＝下降高度／下滑水平距離，即$\tan\theta=\frac{H}{X}$。

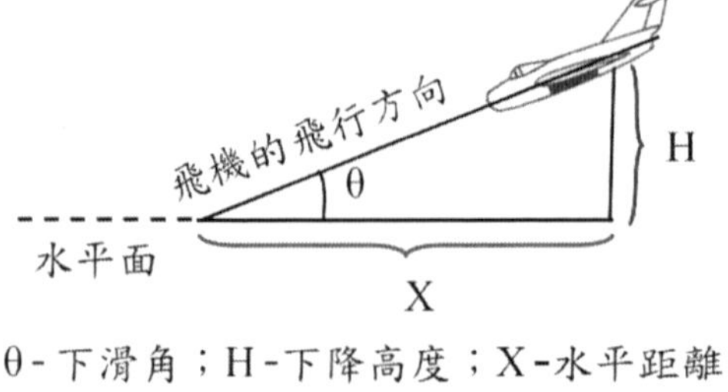

圖 10-17：等速下滑梯度的示意圖

從等速下滑梯度 $\tan\theta = \frac{H}{X}$ 與等速下滑角 $\theta = \tan^{-1}\frac{1}{K}$ 的公式可以推知：下滑水平距離的長短，取決於下降高度和等速下滑角。如果下降高度越高或等速下滑角越小，則飛機下滑時的水平距離就越長。飛機以最大升阻比等速下滑時，下滑角最小，所以在相同的高度以有利攻角下滑的水平距離最長。通常依據滑翔比（Glide ratio）的大小評估飛機做等速下滑時下滑水平距離的長短。滑翔比是下滑水平距離與下降高度的比值，滑翔比越大，在相同高度的情況下，下滑的水平距離就越長。

5.影響飛機下滑性能的因素：飛機下滑時升阻比越大，則飛機下滑角越小，在相同下滑高度時的下滑水平距離越長，所以飛機的下滑性能越好。從而可以推知：所有使升阻比減小的因素，都將使下滑角增大，從而使飛機的下滑性能變差，例如：當放下起落架、襟翼，飛機結冰等動作用都會使飛機下滑角增大從而使得飛機的下滑性能變差。

四、飛行包線

飛行包線是以飛行速度、飛行高度與載荷係數等飛行參數為座標，以飛機飛行的各種限制條件，將可能出現的飛行參數各種組合情況用一條封閉的曲線包圍，這樣的圖形就叫作飛機的飛行包線（Flight envelope），一般以飛機的平飛包線與機動飛行包線最為常見。

（一）飛行包線的意義

為確保飛行安全，必須對飛行速度範圍、高度範圍、飛行載荷等飛行參數做出一些限制，避免發生飛機結構損壞、解體、失速等影響飛行安全的事故或徵候發生。飛行包線就是以飛機的飛行速度、飛行高度與載荷係數等飛行參數為界限所做的封閉幾何圖形，用以表示飛行速度、高度範圍和飛行條件的限制。一般而言，飛行包線的範圍越廣代表飛機的性能越好。

（二）飛行包線的限制

飛行包線對飛行的限制是各種飛行參數的組合只能出現在飛行包線所

局限的範圍內或者在飛行包線的邊界線上。為了安全，大多數飛行是在飛行包線以內進行的，但在緊急的情況下，飛機飛行也會超過正常飛行包線。原則上飛機不得超出飛行包線飛行，否則將被視為結構受到損傷，必須進行特殊檢查。

（三）飛機的平飛包線

當飛機的基本飛行性能計算出來後，以飛機的飛行高度為縱坐標，飛機的飛行速度當為橫坐標，標示出飛機在做等速度水平飛行時高度－速度範圍的邊界線，飛機只能在這個邊界線或所局限的範圍內的正常飛行，在邊界線以外各點所代表的平飛速度和高度的組合情況不可能在正常的飛行中出現，此一由邊界線所做成的封閉幾何圖形稱為飛機的平飛包線（flat flying envelope）。

1.飛機平飛包線的高度與速度範圍：在理論上，飛機平飛包線的高度範圍是由海平面到飛機能保持平飛（等速度水平飛行）的最大高度之間的飛行高度範圍，也就是海平面到絕對升限之間的飛行高度區間，而飛機的速度範圍是指最大平飛速度 V_{max} 和最小平飛速度 V_{min} 之間的飛行速度區間。但是絕對升限僅是一個理論上的升限，並不可能到達絕對升限，在實際上並不具有什麼意義，所以通常是採用絕對升限值較小的實用升限，讓飛機保持一定的推力儲備和良好的操縱性。同時由於受到最大升力係數、發動機可用推力和飛機機構強度限制，飛機在實際飛行時的平飛最大速度會比最大平飛速度 V_{max} 小，而平飛最小速度會比最小平飛速度 V_{min} 來得大，因此實用的平飛包線比理論平飛包線範圍要小一些。

2.超音速飛機的平飛包線：圖 10-18 為超音速飛機平飛包線的示意圖，就理論而言，平飛包線是受到飛機的高度範圍（從海平面到到絕對升限之間的飛行高度區間）與速度範圍（最大平飛速度與最小平飛速度之間的飛行速度區間）的限制。但是在實際上，飛機飛行還受到飛行安全、結構強度、發動機可用推力的限制、氣動加熱以及操縱穩定性（最大馬赫數）的限制。

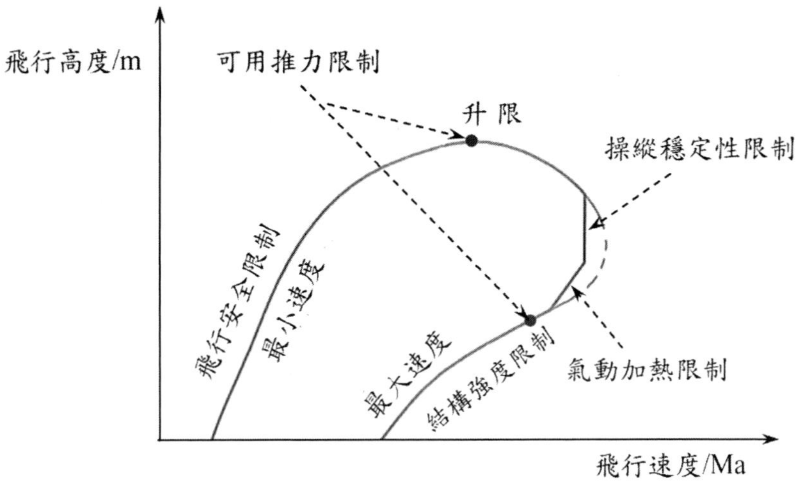

圖 10-18：超音速飛機平飛包線的示意圖

（1） 飛機的飛行安全限制：飛機的最小平飛速度就是飛機的失速速度，為了飛行安全，飛機不可能在超出臨界攻角的情況下飛行，所以飛機實際上所使用的平飛最小速度必須要比理論上所求出的飛機最小平飛速度 V_{min} 大一些。

（2） 發動機的可用推力限制。飛機的最小平飛速度是飛機升力係數為最大升力係數時的平飛速度。平飛時，升力等於重力，推力等於阻力且與密度成正比。飛行高度逐漸增加，最小平飛速度增加，但是阻力也增加，且飛機接近臨界攻角飛行，增大的阻力可能超過發動機的最大可用推力，這樣飛機就不再保持平飛（等速水平飛行），因此飛機的最小平飛速度在高空時還受到發動機可用推力的限制。

（3） 飛機的結構強度限制：飛機的最大平飛速度主要受限於最大動壓與發動機剩餘推力兩個因素，為保證飛機結構不會因為過大的氣動載荷破壞，就必須限制其最大動壓 $q_{max} = \frac{1}{2}\rho V_{max}^2$ ，在公式中，q_{max} 為飛機的最大動壓，ρ 為空氣密度，而 V_{max} 為飛機的最大平飛速度。飛機在低空飛行時，空氣密度 ρ 大所以動壓大。因此在低空時，飛機的速度主要受到動壓的限制，不可超過飛機結構強度允許的最大值，隨著高度上升，空氣密度下降，動壓限制亦隨之提高。飛機在高空飛行時，空氣稀薄且隨著高度的增加而變小，因此會影響發動機的進氣量，造成進入發動機的進氣量變少，從而導致最大可用推力 T_{max} 減少。飛機發動機在高空時，剩餘推力大致與高度成反比，速度的增加對發動機剩餘推力增大的貢獻極小，當發動機的最大可用推力小於飛機的飛行阻力時，飛機將無法在保持平飛（等速水平直線飛行），所以飛機的最大平飛速度在低空時受到動壓的限制，而在高空時受到發動機可用推力的限制。除此之外，由於發動機不能長時間在最大功率狀態下工作，所以飛機在實際上所使用的平飛最大速度通常小於飛機的最大平飛速度 V_{max}。

（4） 氣動加熱的限制：Ma 數越大，飛機表面由於超音速震波的氣動加熱所導致飛機的溫度隨著飛行速度的增加越來越高。對鋁合金結構的飛機而言，Ma>2 時就必須考慮氣動加熱的影響。飛行高度增大時，空氣密度 ρ 下降，氣動加熱的限制也隨高度增加而放寬。

（5） 操縱穩定性（最大 Ma 數）的限制：由於飛機氣動結構佈局的原因，當飛機的飛行馬赫數（Ma 數）大到一定程度時會出現操縱與穩定性嚴重惡化，所以必須要對最大 Ma 數加以限制。

3.高次音速飛機的平飛包線：次音速飛機由於最大 Ma 數小幹臨界馬赫數，可以將氣動加熱的限制忽略，因此其飛行包線可簡化為如圖 10-19 所示。

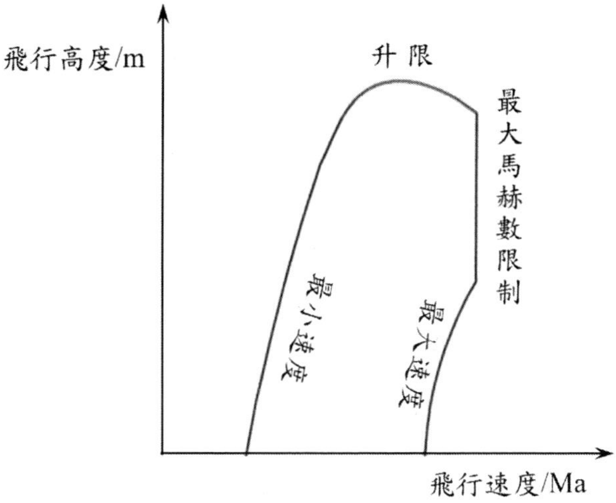

圖 10-19：高次音速飛機平飛包線的示意圖

（四）飛機的機動飛行包線

為了研究飛機結構的強度，以飛行速度和載荷係數為座標，用最大飛行速度、最大正超載（最大正載荷係數）n_{Lmax} 和最小負超載（最小負載荷係數）n_{Lmin} 為邊界，畫出的就是速度－超載包線（velocity-overload envelope；velocity-load factor envelope），又稱為機動飛行包線（Maneuver flight envelope），如圖 10-20 所示。

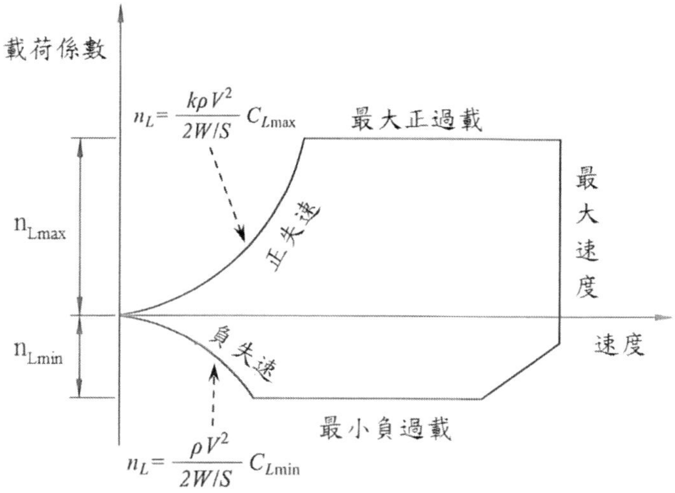

圖 10-20：飛機機動飛行包線的示意圖

在機動飛行包線中，極限超載 n_{Lmax} 與 n_{Lmin} 受到飛機的機動性和結構強度的限制，最大速度受到發動機功率與飛機結構強度的限制，正負失速 C_{Lmax} 與 C_{Lmin} 受到飛機的升力特性和攻角變化範圍的限制。在飛機飛行時，飛機的載荷係數與速度不可以超過此一包線的局限範圍，超出則會將發生危險甚至會造成飛安事故。

五、飛機的續航性能

當飛機爬升到一定高度（巡航高度）時，飛行狀態就轉為等速水平飛行，一般把適於持續（在飛行任務中最為經濟省油）進行、接近等速水平飛行的狀態，稱為巡航狀態。巡航飛行在整個飛行任務過程中所占的比例最大，所以研究飛機的續航性能的重點放在巡航階段上。

（一）航程與航時

飛機續航性能的指標主要為航程與為航時。

1.航程：所謂航程（flight range）是指飛機耗盡其可用燃油沿預定方向所飛過的水平距離。飛機每次航行都包括上升、巡航與下滑等階段，其中巡航飛行階段是飛機飛行過程的主要部分，如圖 10-21 所示。

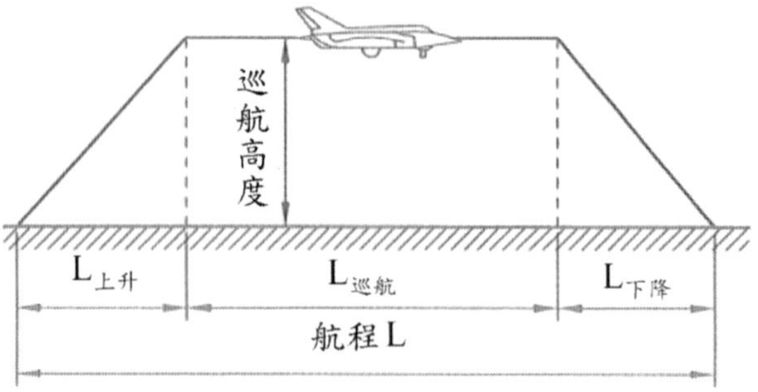

圖 10-21：飛機航程定義的示意圖

在圖中，$L_{上升}$、$L_{巡航}$與 $L_{下滑}$分別表示上升、巡航與下滑等階段所飛過的水平距離，所以 $L=L_{上升}+L_{巡航}+L_{下滑}$。

2.航時（Flight time）：指飛機不進行空中加油的情況下，耗盡其自身攜帶的可用燃料，所能持續飛行的時間。對航時而言，不一定沿某一航線飛行，但一般也包括上升、巡航與下滑階段，航時就是這 3 個階段飛行時間的總和。

（二）可用燃油量與耗油特性

飛機的航程與航時是取決於飛機的可用燃油量與小時耗油量和公里耗油量等二個發動機耗油特性，其定義分別描述及說明如後。

1.可用燃油量：飛機上所裝載的燃油量 W_{fuel} 並不能全部用於續航飛行，其中一部分是用於地面試車和滑行的燃油量 W_1；一部分是用於著陸前在機場上空進行的小航線飛行的燃油量 W_2；還有一部分是受油箱結構影響抽不盡的死油量 W_3。此外為保障飛行安全還必須預留總油量 5%~10% 的備份油量 W_4。所以飛機的可用燃油量 $W_{fuel,可用}$為裝載燃油量扣除前述這些油量所得到的值，也就是$W_{fuel,可用}=W_{fuel}-W_1-W_2-W_3-W_4$。如果是巡航階段的可用燃油量 $W_{fuel,巡航可用}$還必須扣除上升階段的耗油量 W_5 與下滑階段的耗油量 W_6，則$W_{fuel,巡航可用}=W_{fuel}-W_1-W_2-W_3-W_4-W_5-W_6$ $=W_{fuel,可用}-W_5-W_6$。

2.耗油特性：發動機的耗油特性主要由小時耗油量和公里耗油量二個物理量描述。

（1）小時耗油量：小時耗油量又稱為燃油流率（fuel flow rate；$\dot{W}_F$），它是指飛機在單位時間的所消耗的燃油量，用符號 q_h 表示，其公制單位為 kg/h。

（2）公里耗油量：公里耗油量是指飛機在單位時間的所消耗的油量，飛機相對於地面飛行一公里所消耗的燃油量，稱為公里耗油量，用符號 q_{km} 表示，其公制單位為 kg/km。而公里耗油量的倒數，我們稱為燃油里程（specific range），它是指飛機在消耗單位油量所能飛行的距離；用符號 SR 表示，也就是 $SR=\dfrac{1}{q_{km}}$。

（3） 二者與耗油率的關係：發動機的燃油耗油率（fuel consumption rate；TFSC）是指單位時間內產生單位推力的燃油消耗量，又稱為單位推力小時耗油率，用符號 $q_{h,k}$ 表示，其公制單位為 kg/N-h。結合小時耗油量與公里耗油量的定義，可以得到小時耗油量 q_h 和公里耗油量 q_{km} 與燃油耗油率 $q_{h,k}$ 之間的關係計算公式 $q_h = q_{h,k} \times T$ 與 $q_{km} = \dfrac{q_h}{V} = \dfrac{q_{h,k} \times T}{V}$。在式中，T 和 V 分別是多發發動機的總需求推力與飛機的飛行速度。

（三）巡航性能的計算

如同前面的內容中所述，在研究飛機續航性能時，重點是放在飛機的巡航性能上。而飛機巡航性能研究的重點主要是著重在航程、航時與巡航速度三個物理量的計算以及相關因素的影響。

1.巡航段的航時與航程計算：在航空界，一般把適於持續（在飛行任務中最為經濟省油）進行，接近等速水平飛行的狀態稱之為巡航狀態。由於飛機在做巡航飛行時，隨著燃油的消耗，飛機重量不斷地減輕，因此飛機在巡航飛行狀態時不可能是嚴格意義上的等速水平直線運動。但是由於飛機重量 W 變化緩慢，所以對於研究短暫時間內的巡航飛行運動，等速平飛運動方程仍然適用，也就是必須滿足 $T_{可用}=T_{需求}=D$ 和 $L=W$ 的關係式。在公式中，$T_{可用}$、$T_{需求}$、D、L 與 W 分別為飛機的可用推力、需求推力、阻力、升力與重量。又根據升阻比 K 的定義 $K = \dfrac{L}{D}$，可得 $W=KT$。又由於飛機在平飛時的重量減輕值-dW 為燃油消耗量-dw，可獲得在巡航段之航時與航程的計算公式。

（1） 巡航段航時的計算：根據發動機的小時耗油量 q_h 與燃油耗油率 $q_{h,k}$ 的定義與二者間的關係，可以得到巡航段航時 t 的計算式為 $t = -\int \dfrac{dW}{q_h} = -\int \dfrac{dW}{q_{h,k}T} = -\int \dfrac{K}{q_{h,k}} \dfrac{dW}{W}$。

（2） 巡航段航程的計算：根據發動機的公里耗油量 q_{km} 與燃油耗油率 $q_{h,k}$ 的定義與二者間的關係，可以得到巡航段航程 R 的計算

式為 $R=-\int\frac{dW}{q_{km}}=-\int\frac{VdW}{q_{h,k}T}=-\int\frac{KV}{q_{h,k}}\frac{dW}{W}$ 。

從巡航段航時 t 與航程 R 的計算式中，為了獲得最久航時和最大航程，必須使 $\frac{K}{q_{h,k}}$ 與 $\frac{KV}{q_{h,k}}$ 在每一瞬間均保持最大值，也就是說，飛機在飛行過程中必須正確合理選擇飛行狀態和發動機工作狀態，才能實現最佳巡航。

2.飛機最久航時速度與最大航程速度的意義與獲得：在預定高度飛機轉為巡航飛行，這個階段的飛行事故率最低，飛行員只需進行必要的監控。巡航飛行一般選擇以最為經濟的速度，它是執行巡邏任務或遠距離飛行的經濟速度，根據任務要求不同，飛行員選定的巡航速度也不相同，分成最久航時速度（Maximum cruise time velocity）與最大航程速度（Maximum cruise range velocity）。

（1）最久航時速度的意義與獲得。所謂最久航時速度是指要求飛機以最長滯空時間（Endurance time）飛行的巡航速度，以此速度飛行時，發動機單位時間內所耗燃油量（小時耗油量）最少，從而獲得最長的續航時間。實驗與研究證明，螺旋槳飛機在最小功率時以對應的速度實現最久航時巡航，而噴氣式飛機則是在最小阻力時以對應的速度實現最久航時巡航。通常飛機在執行巡邏或搜尋任務時使用最久航時速度做巡航飛行。

（2）最大航程速度的意義與獲得：所謂最大航程速度是指要求飛機以最遠航程飛行的巡航速度，以此速度飛行時，發動機的公里耗油量最少，從而獲得最大的飛行航程。實驗與研究證明，螺旋槳飛機是在最小阻力時以對應的速度實現最大航程巡航，而噴氣式飛機則是在最小阻力與速度比時以對應的速度實現最大航程巡航。民用客機的巡航多以最大航程速度飛行。

3.飛機航程的影響因素：根據巡航段航程的計算公式，可以推論出飛機航程的影響因素大致可分成飛機重量、機翼氣動特性、發動機特性與飛行高度等幾項因素。

（1）飛機重力：從計算公式中可以看出，在相同燃油耗油率的情況下，重力越大，飛機所能飛行的航程越小。

（2） 機翼氣動特性：從計算公式中可以看出，在相同燃油耗油率的情況下，飛機的氣動特性越好（升阻比越大），飛機飛行的航程越大。噴氣式飛機在巡航飛行時最大航程速度為有利速度（最大升阻比所對應的速度）的 1.316 倍。

（3） 發動機特性：從計算公式中可以看出，飛機的燃油消耗率或公里耗油量越小，飛機所能飛行的航程越大。

（4） 飛行高度因素：從計算公式中可以看出，飛行高度越大，大氣密度越低，發動機的公里耗油量越小，也就是燃油里程越大。但是如果飛機的高度太高，發動機推力可能受到限制，通常最有利的巡航高度是低於升限的較高高度。

六、飛機的起飛與著陸性能

飛機的每次飛行，總是以起飛開始，以著陸結束，起飛和著陸是實現一次完整飛行所不可缺少的兩個重要環節。因此飛機除應有良好的空中飛行性能外，還必須具有良好的起飛與著陸性能。

（一）飛機的起飛性能

飛機的起飛性能主要是由飛機的起飛距離、起飛滑跑距離和離地速度所決定。

1.起飛距離的定義：飛機從靜止開始滑跑、離開地面，並上升到安全高度為止所經歷整個加速運動的過程，稱為飛機的起飛過程，而在其過程中所經過的水平距離即為起飛距離（Takeoff distance），如圖 10-22 所示。

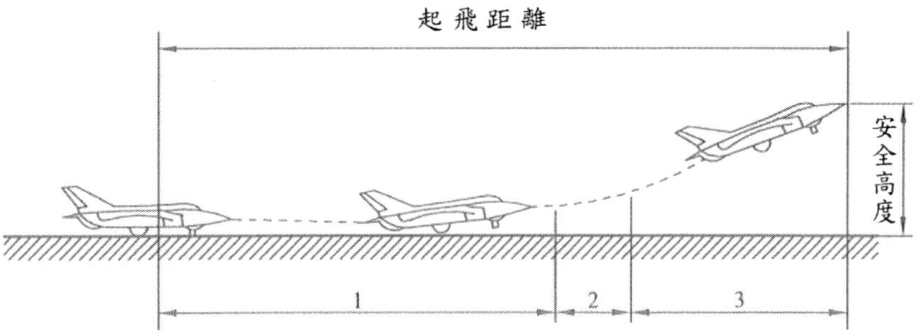

圖 10-22：飛機起飛過程的示意圖

在圖中，L_1、L_2 與 L_3 分別表示飛機在起飛過程中地面加速滑跑與離地和加速爬升等三個階段所飛過的水平距離，而三者的總和即為飛機的起飛距離 $L_{起飛}$，也就是 $L_{起飛}=L_1+L_2+L_3$。飛機的起飛距離和飛機起飛重量（飛機本身的重量與飛機起飛時的載重）、發動機的推力、大氣條件、增升裝置的使用以及爬升階段爬升角的選擇有關。

2.起飛滑跑距離：飛機是重於空氣的航空器，要離開地面，需要足夠的升力來克服重力，所以飛機在起飛前必須積累速度，使飛機產生足夠的升力，當速度加大到升力能平衡飛機重力時，飛機即可離地。飛機從靜止（速度為 0）到離地升空之間的水平距離被稱為飛機在起飛過程中的滑跑距離（Taxiing distance）。飛機起飛滑跑距離的長短是衡量飛機起飛性能好壞的重要標誌，其距離越短則代表其起飛的性能越好。起飛滑跑距離的長短主要是由離地速度和滑跑階段中的加速度決定。

（1） 起飛滑跑段的運動方程式：飛機從起飛滑跑階段時先是三點加速滑跑，當滑跑速度加速到一定數值（約為離地速度 $V_{離地}$的 0.6~0.75 倍）時開始抬起前輪，改成兩點滑跑直到離地升空為止。在起飛滑跑段的作用力，如圖 10-23 所示。從圖中，可以得到在 x 方向的運動方程式為 $m\frac{dV}{dt}=\frac{W}{g}\frac{dV}{dt}=T\cos\theta-D-F$ 與 y 方向的運動方程式 $0=T\sin\theta+L+N-W$。由於在實際飛行中，θ 一般不大，所以 $\cos\theta\approx1$ 與 $\sin\theta\approx0$，因此前面所推導而得的運動方程式可以化簡為 $\frac{W}{g}\frac{dV}{dt}=T-D-F$（x 方向的運動方程式）與$L+N=W$（y 方向的運動方程式）。從公式中，由於起飛滑跑階段是沿著 x 方向的正加速運動，所以$T-D-F>0$。

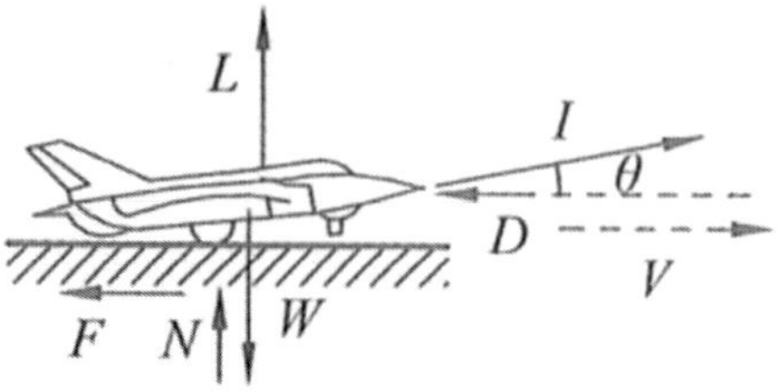

L-升力；D-阻力；T-推力；W-重力；N-正向力；F-摩擦力；θ-爬升角； V-飛機飛行速度

圖 10-23：飛機在起飛滑跑段時的受力示意圖

（2） 起飛滑跑距離的計算：從起飛滑跑段的運動方程式、阻力計算公式、升力計算公式以及摩擦力 F 與地面的垂直反作用力的關係式可以導出：

$$\frac{W}{g}\frac{dV}{dt}=T-\frac{1}{2}\rho V^{2}C_{D}S-f(W-\frac{1}{2}\rho V^{2}C_{L}S)=T-fW-\frac{1}{2}\rho V^{2}(C_{D}-fC_{L})S$$

從而可以推出 $dt=\dfrac{\frac{W}{g}}{T-fW-\frac{1}{2}\rho V^{2}(C_{D}-fC_{L})S}dV$，因為 $\frac{1}{2}\rho V^{2}(C_{D}-fC_{L})S$ 項計算所得的值與 T 值和 fW 值相較非常小，一般可以忽略不計，而 T-fW 值為簡化計算起見，通常視為常數，又因為$dL=Vdt$，所以可得起飛滑跑距離 L_1 的計算公式為 $L_{1}\approx\int_{0}^{V_{離地}}\dfrac{\frac{W}{g}}{T-fW}dV\approx\dfrac{W}{2g}\dfrac{V_{離地}^{2}}{T-fW}$。因此可以得知影響起飛滑跑距離 L_1 的主要因素為飛機的重量、發動機的推力、起飛離地速度以及機輪的使用情況與跑道狀況等幾項因素。

3.起飛離地速度的計算：飛機起飛滑跑時，當升力正好等於飛機重量時的瞬時速度，也就是飛機起飛時支撐飛機重力所需要的速度稱為起飛離地速度（liftoff velocity），用 V 離地表示。根據其定義配合升力計算公式可知：由於飛機在達到起飛離地速度時的升力 L 等於飛機的重量 W，也就是須滿足 $L=\frac{1}{2}\rho V_{離地}^{2}C_{L離地}S=W$ ，所以能夠獲得飛機的起飛離地速度 $V_{離地}=\sqrt{\frac{2W}{\rho C_{L離地}S}}$ 的計算公式。從公式中可以推論飛機的起飛重量 W 越大（飛機起飛時的載重越重）、離地時的空氣密度 ρ 以及離地升力係數 $C_{L離地}$越小，飛機的起飛離地速度也就越大，必須要使用越長的滑跑距離才能加速到起飛離地速度，因此飛機的起飛性能也就越差。

（二）飛機的著陸性能

飛機的著陸性能主要是著陸距離、接地速度與著陸滑跑距離所決定。

1.著陸距離的定義：如圖 10-24 所示，飛機以 3 度下降角，從 50 英尺（15.3 米）過跑道頭高度處開始下滑並過渡到地面滑跑直至完全停止的整個減速運動過程，稱為著陸過程。整個過程主要由下滑、拉平、平飛減速、飄落觸地和地面減速滑跑等五個階段組成，其間所經過的地面距離稱為著陸距離。

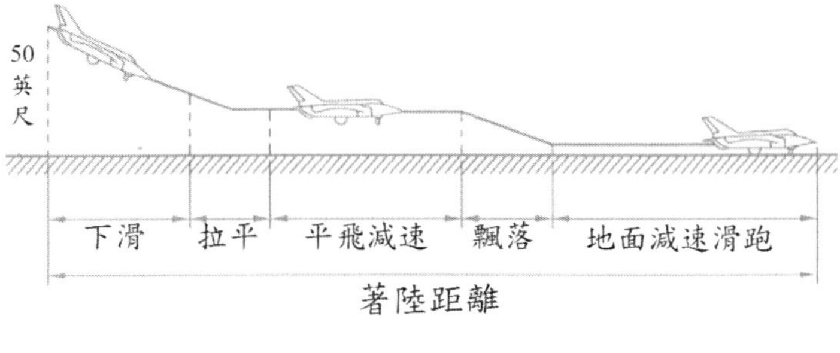

圖 10-24：飛機著陸過程的示意圖

2.著陸接地速度的計算：飛機的著陸接地速度（touchdown velocity）是指飛機在著陸過程中接地瞬間的速度。飛機在著陸時的接地速度越小越好，因為其著陸時的接地速度越小，著陸時也就越安全，著陸滑跑的距離也越短。飛機正常接地時，可以認為升力與重力相等，所以和起飛離地速度一樣，飛機的著陸接地速度 $V_{接地}$ 可以使用升力的計算公式 $L=\frac{1}{2}\rho V_{接地}^2 C_{L接地} S=W$ 導出其計算公式為 $V_{接地}=k\sqrt{\frac{2W}{\rho C_{L接地} S}}$。式中，k 是考慮到飛機在著陸過程的飄落觸地接段中，飛機要向前飄落一段才接地，接地速度要比升力平衡重量所需速度略小一些，所以選取的一個略小於 1 的修正係數（$k \cong 0.95$）。從接地速度 $V_{接地}$ 的計算公式中可以看到，飛機的著陸接地速度與起飛離地速度一樣，其速度值和飛機著陸重量、空氣密度以及接地時的升力係數有關。如果飛機著陸重量過大或者在機場溫度較高以及海拔較高的機場著陸，都會造成接地速度過大，使飛機接地時受到較大的地面撞擊力，損壞起落架和機體受力結構；也會使著陸滑跑距離過長，導致飛機衝出跑道的事故發生。為了飛機著陸的安全，著陸時的重力不能超過規定的著陸重量，而且在不超過臨界攻角的條件下，接地攻角應該取最大值，後緣襟翼在著陸時則要放下到最大的角度，以最大的限度來增加著陸接地時的升力係數藉以減小飛機的接地速度。

3.著陸滑跑距離的計算：飛機從接地開始到滑跑停止所歷經過的距離叫做著陸滑跑距離，通常計算時會將其過程視為等減速直線運動來做近似計算，因此飛機在著陸滑跑階段的距離 L_5 與時間 t_5 的近似算式分別為 $L_5=\frac{V_{接地}^2}{2a_{平均}}$ 與 $t_5=\frac{V_{接地}}{a_{平均}}$。式中，$V_{接地}$ 為飛機的著陸接地速度與 $a_{平均}$ 為平均減速度（平均負加速度），通常用 $a_{平均}=\frac{g}{2}(\frac{1}{K_{接地}}+f)$ 之算式近似求得此值，在算式中，g 為重力加速度，$K_{接地}$ 為飛機著陸接地時的升阻比與 f 為機輪與地面的摩擦係數。從飛機著陸滑跑距離的近似算式 $L_5=\frac{V_{接地}^2}{2a_{平均}}$ 中可以看出：飛機著陸滑跑距離的長短和接地速度的大小與滑跑減速的快慢有關，飛機的接地速度越小或者是滑跑減速越快（平均減速度越大），則其著陸滑跑的距離就越短。為了要使飛機在著陸滑跑階段中儘快地將速度降下來，著陸後要打開減升增阻的擾流板，使用剎車與發動機的反推裝置。

（三）改善飛機起飛與著陸性能的措施

從前面的分析結果可以採用許多方法去改善飛機起飛與著陸的性能，但是從飛機設計的實務經驗中，只有那些不會影響飛機主要飛行性能的方法和措施才能夠採用，在現代噴氣式飛機通常是採取使用增升裝置、增大飛機的推重比和使用增阻裝置及剎車的方式改善。

1.使用增升裝置：在機翼上安裝後緣襟翼，在起飛著陸時放下以增加升力，藉以提升飛機在起飛著陸時 $C_{L\,離地}$與 $C_{L\,接地}$的升力係數值，從而減小飛機的起飛離地速度 $V_{離地}$與著陸接地速度 $V_{接地}$，它是改善起降性能時所最常用的設計措施。

2.增大飛機的推重比：增大發動機的推力，可以讓飛機起飛滑跑時的加速度增大，飛機可以很快的增速到離地速度，縮短起飛滑跑的距離，這也就是現代噴氣式戰鬥機加裝後燃器的原因。

3.使用增阻裝置及剎車：使用減升與增阻裝置，可以讓飛機在著陸滑跑時的平均減速度（平均負加速度）增大，縮短著陸滑跑的距離。飛機在機輪一接觸地面時，地面擾流板開鎖來減升與增阻，藉以增加風阻與機輪與地面的摩擦力，而使用機輪剎車使飛機在著陸滑跑時加強機輪與地面的摩擦力都可以縮短飛機著陸滑跑的距離，從而改善飛機的著陸性能。除此之外，使用阻力傘或減速傘與發動機的反推裝置亦可縮短飛機著陸滑跑的距離，達到改善飛機著陸性能的目的。

✈課後練習與思考

[1] 試繪圖並說明空速與風速的關係。

[2] 請問可用推力、需求推力與剩餘推力的定義和三者間關係為何？

[3] 請問飛機臨界攻角、臨界馬赫數與最大升阻比的定義為何？

[4] 請問飛機載荷係數的定義和巡航飛行時的載荷係數為何？

[5] 請問飛機保持等速平飛的條件是什麼？

[6] 請問絕對升限與實用升限哪個大？

[7] 請問最大爬升率與最陡爬升率在何種情況下相等？

[8] 請問等速爬升和等速下滑的定義為何？並寫出它們的平衡方程。

[9] 試列舉飛機著陸接地速度的計算公式及其影響因素。

第十一章

後掠翼飛機的空氣動力特性

在飛機設計的早期階段，一直是採用平直翼飛機的設計理念。然而，為了減輕或消除局部震波所造成的負面影響，航空工程師放棄了傳統的平直翼設計，轉而尋求後掠翼設計的可行性。後掠翼設計理念的出現代表了機翼形狀設計的重大變革，並對航空技術的進步產生了深遠的影響。雖然後掠翼飛機能夠有效地延遲臨界馬赫數，並減少局部震波所造成的影響，使得飛機的飛行速度做進一步提升。然而，不可諱言的是後掠翼的外型設計會對飛機的氣動力特性產生不良的影響，有時甚至可能造成安全上的危害。鑒於後掠翼飛機是目前民用航空客機的主流，因此，在本章中，本書將針對氣動力學特性、潛在問題、解決方案以及飛機地面效應和其在航空領域的應用進行探討，旨在幫助讀者更全面地理解飛機的飛行原理和設計理念。

一、基本知識介紹

（一）平直翼飛機的定義

平直翼飛機根據其定義進行分類，可以分為狹義定義和廣義定義兩種類型。就狹義的定義而言，平直翼飛機是指機翼 1/4 弦線和機身對稱面垂直的飛機，一般可以分成矩形翼飛機和橢圓翼飛機二種類型的飛機。而就廣義的定義來說，平直翼飛機是指機翼 1/4 弦線與機身對稱面垂直線的夾角小於 25°的飛機，通常可以包括矩形翼飛機、橢圓翼飛機和梯形翼飛機三種類型的飛機，如圖 11-1 所示。

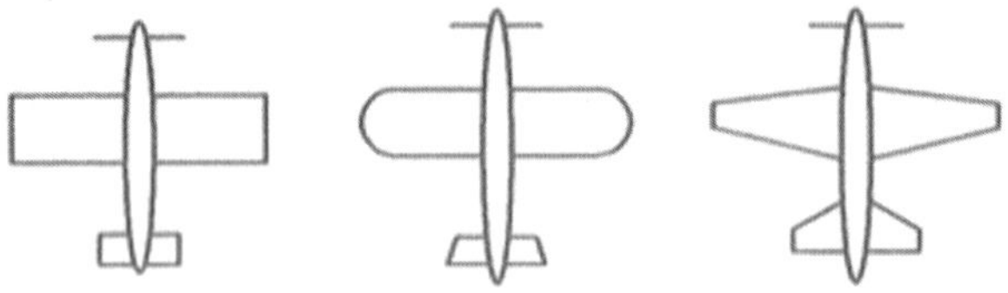

圖 11-1：平直翼飛機機翼外觀的示意圖

由於本章主要是將流經後掠翼飛機機翼的氣流與流經平直翼飛機機翼的氣流做比對，從而找出後掠翼飛機的氣動力特性，所以除非另外敘明，文中所指的「平直翼」一詞指的是「狹義定義下的平直翼」。

（二）後掠角的定義

所謂後掠角是指機翼前緣 1/4 弦長位置的聯機和翼根弦長垂直線的夾角，用符號 θ 表示，如圖 11-2 所示。後掠角的大小表示後掠翼機翼後掠的程度。飛機的後掠角越大，則後掠效應越顯著。

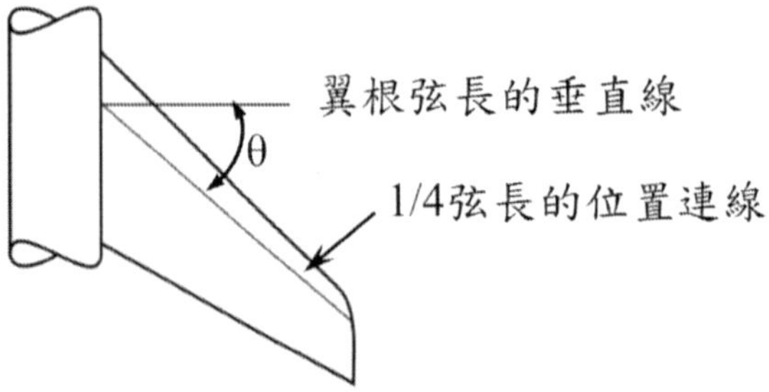

圖 11-2：後掠角定義的示意圖

和平直翼飛機相比，後掠翼飛機因為機翼斜置，所以飛機飛行時所產生的相對氣流並不會和機翼垂直，高次音速飛機多選用後掠翼來擴大飛機飛行馬赫數的使用範圍，但是低次音速飛機一般都不採用後掠翼，因為它並沒有必要使用機翼後掠來解決飛機的氣動力問題，即使會使用後掠翼也主要是利用其來調配重心和焦點的相對位置，以便確保飛機的縱向穩定。

（三）後掠角延遲臨界馬赫數的原理

如圖 11-3 所示，對於平直翼而言，來流速度方向與機翼前緣垂直，垂直於機翼的氣流速度就是來流的速度 V_∞。而對於後掠翼，則由於 V_∞不與機翼前緣垂直，它會被分解成兩個分量，一個是垂直於機翼前緣的法向速度分量 V_n，另一個則是平行於機翼前緣的切向速度分量 V_t，其中 $V_n=V_\infty\cos\theta$，$V_t=V_\infty\sin\theta$，式中 θ 為後掠翼的後掠角。

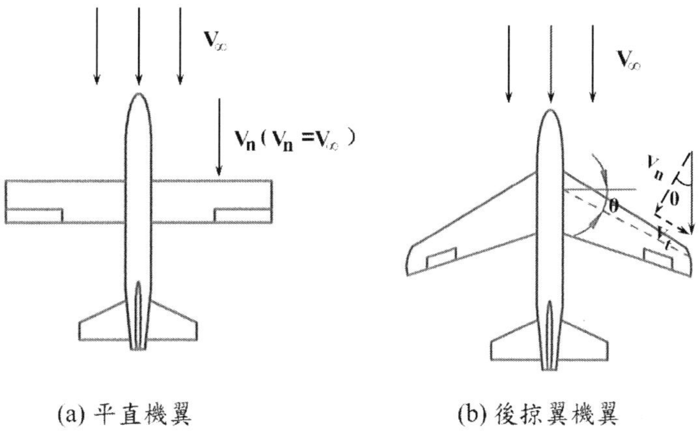

圖 11-3：後掠角延遲臨界馬赫數原理的示意圖

由於氣流過後掠翼機翼時，其空氣動力特性主要取決於垂直於機翼前緣的氣流速度，也就是氣流流經機翼前緣的法向速度分量 V_n，而 V_n總是小於相對氣流的速度 V_∞，所以後掠翼飛機的飛行速度增大到平直翼飛機的臨界速度時，後掠翼上表面還不會產生局部震波。與平直翼相比，後掠翼在更高的飛行速度下才會出現震波，從而推遲了震波的產生，即使產生了震波，也能減弱震波的強度，減小飛行的阻力。由此可知：

1.後掠翼可以延遲臨界馬赫數：相對於平直翼，後掠翼可以在較高的飛行速度下，局部氣流達到音速，也就是說後掠翼可以延遲臨界馬赫數，擴大飛行馬赫數的使用範圍。

2.臨界馬赫數會隨著後掠角的增大而增大：目前高速飛機很多都是後掠翼，其後掠角為 30°~60°。根據 $V_n=V_\infty\cos\theta$，從關係式中可以看出 θ 越大，V_n 就越小，只有在更高的飛行速度下，後掠翼上表面才可能達到局部音速，也就是說飛機的後掠角越大，臨界馬赫數就越大。由此可知，臨界馬赫數隨著後掠角的增大而增大，後掠角越大，提升（延遲）臨界馬赫數的效果就越明顯。

（四）後掠翼的翼根效應和翼尖效應影響

氣流沿著機翼前緣向後的流動過程中，平行於機翼前緣的切向速度分量 V_t 不會發生改變，而垂直於機翼前緣的法向速度分量 V_n 會因為翼型的加減速現象，則會發生先減速、後加速、再減速的變化，導致氣流合速的方向發生左右偏斜，如圖 11-4 所示。流經後掠翼機翼上表面的流線呈 S 形彎曲，出現了所謂的翼根效應和翼尖效應。

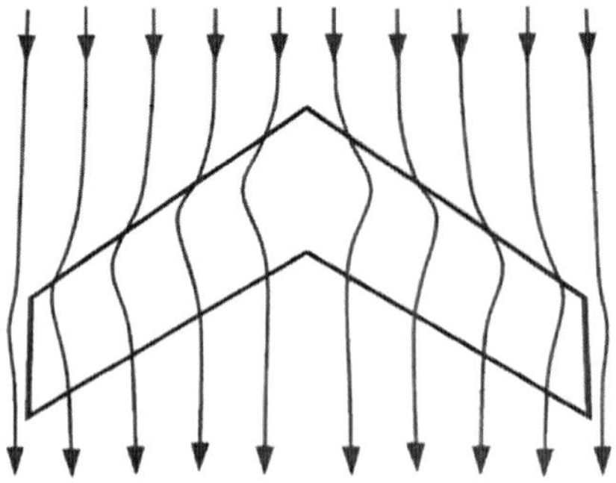

圖 11-4：後掠翼氣流流動的示意圖

1.翼根效應的定義：在低速的條件下，後掠翼翼根部分的上表面前段的流管略為擴張變粗，造成流速略為減慢，壓力略為升高。而在後段，流管略為收縮變細，造成流速略為加快，壓力略為減小。與此同時，因為流管最細的位置後移，使最低壓力點的位置向後移動，這種現象稱為翼根效應。

2.翼尖效應的定義：在低速的條件下，後掠翼翼尖部分的上表面前段的流管略為收縮變細，造成流速略為加快，壓力略為降低，而在後段，流管略為擴張變粗，造成流速略為減慢，壓力略為升高。與此同時，因為流管最細的位置前移，使最低壓力點的位置向前移動，這種現象稱為翼尖效應。

3.造成的影響：後掠翼的翼根效應與翼尖效應會造成機翼的升力係數分布不同、翼尖處會先行產生局部失速以及翼尖處會先行產生局部震波等現象。

（1） 機翼的升力係數分布不同：後掠翼的翼根效應使得翼根部分的上表面負壓力峰減弱，也就是機翼上表面負壓力的平均值減小，升力係數也隨之減小；而翼尖效應使翼根部分的上表面負壓力峰增強，也就是機翼上表面負壓力的平均值增大，升力係數也隨之增大。後掠翼各翼型沿弦線方向的上表面負壓力分布與沿翼展方向各翼型的升力係數分布，如圖 11-5 所示。

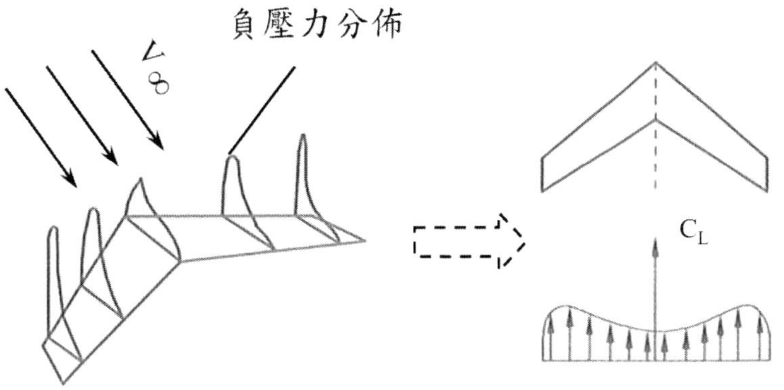

圖 11-5：後掠翼翼根效應和翼尖效應影響的示意圖

（2） 翼尖處先行產生局部失速：機翼失速的原因主要是流經上翼面氣流先加速後減速的效應導致機翼後緣產生正壓力梯度，當後緣的正壓力梯度過大時，產生氣體回流而引發流體分離，因而失速。從翼根效應與翼尖效應來看，後掠翼在翼尖處上翼面先加速後減速的效應比翼根處的大，翼尖處在較小攻角時，會因為後緣正壓力梯度過大而引發流體分離，從而導致失速，也就是後掠翼在翼尖處產生局部先行失速的現象。

（3）翼尖處先行產生局部震波：氣流在上翼面前緣的加速性使得飛行速度接近音速時，上翼面會達到音速，當飛行速度繼續增加，機翼就產生局部震波。從後掠翼的翼根效應與翼尖效應來看，後掠翼在翼尖處上翼面前緣的加速性比翼根處的大，翼尖處在較小飛行速度時，就產生局部震波的現象，也就是後掠翼在翼尖處產生先行局部震波的現象。

二、後掠翼在次音速速度區域對空氣動力特性的影響

氣流過機翼時，空氣動力特性主要取決於垂直於機翼前緣的氣流速度。平直翼飛機飛行時所產生相對氣流速度的方向是和機翼的前緣垂直，因此流經機翼前緣氣流的速度就是垂直於機翼前緣的法向速度。後掠翼由於機翼斜置的關係，飛機飛行時所產生的相對氣流速度 V_∞不會和機翼的前緣垂直，它會被分為二個分量，一個是與機翼前緣垂直的法向速度分量 V_n，而另一個是與機翼前緣平行的切向速度分量 V_t，其中 $V_n=V_\infty\cos\theta$，$V_t=V_\infty\sin\theta$，在式中 θ 為後掠角，據此可推知後掠翼與平直翼飛機在空氣動力特性的主要不同。

（一）後掠翼對壓力係數的影響

根據壓力係數的計算公式 $C_P=\dfrac{P-P_\infty}{\frac{1}{2}\rho V_\infty^2}$ 可以推知：

$$C_{P後掠翼}=\frac{P-P_\infty}{\frac{1}{2}\rho V_\infty^2}==\frac{P-P_\infty}{\frac{1}{2}\rho(V_\infty\cos\theta)^2}\cos^2\theta=\frac{P-P_\infty}{\frac{1}{2}\rho V_n^2}\cos^2\theta=C_{P平直翼}\cos^2\theta$$

。從關係式中可以看出後掠翼的壓力係數會比平直翼的壓力係數來得小，且後掠角 θ 越大，壓力係數值也就越小。

（二）後掠翼對升力係數的影響

同樣地，後掠翼及相應平直翼的升力係數關係式為 $C_{L後掠翼} = C_{L平直翼}\cos^2\theta$，可以看出後掠翼的升力係數比平直翼的小，且後掠角越大，機翼的升力係數值也越小。

（三）後掠翼對升力係數曲線斜率的影響

後掠翼飛機的相對氣流為 V_∞、攻角為 α，垂直於機翼前緣的法向速度分量 Vn 與翼型弦線的夾角為攻角為 α_n。根據幾何關係研究可以得到：當飛行攻角不大時，$\alpha=\alpha_n\cos\theta$，根據升力係數曲線斜率的定義 $\frac{\partial C_L}{\partial \alpha}$，所以 $\left.\frac{\partial C_L}{\partial \alpha}\right|_{後掠翼} = \frac{\partial C_{L後掠翼}}{\partial \alpha} = \frac{\partial(C_{L平直翼}\cos^2\theta)}{\partial(\alpha_n\cos\theta)} = \frac{\partial C_{L平直翼}}{\partial \alpha_n}\cos\theta$，可以看出後掠翼的升力係數曲線斜率也會比平直翼的升力係數曲線斜率小，而且也會隨著後掠角 θ 的增大而變小。

（四）後掠翼對阻力係數的影響

如圖 11-6 所示，如果後掠翼飛機的飛行速度為 V_∞時，後掠翼要產生與其所相對應平直翼同等的阻力時，必須滿足 $D_{後掠翼} = D_{平直翼}\cos\theta$ 以及 $V_n = V_\infty\cos\theta$ 二個關係式，因為 $D_{後掠翼} = \frac{1}{2}\rho V_\infty{}^2 C_{D後掠翼}S$ 和 $D_{平直翼} = \frac{1}{2}\rho V_n{}^2 C_{D平直翼}S$，因此可得出二者間阻力計算的關係式為 $\frac{1}{2}\rho V_\infty{}^2 C_{D後掠翼}S = \frac{1}{2}\rho V_n{}^2 C_{D平直翼}S\cos\theta = \frac{1}{2}\rho V_\infty{}^2(\cos\theta)^2 C_{D平直翼}S\cos\theta$，從而得出：$C_{D後掠翼} = C_{D平直翼}S\cos^3\theta$。從式中，可以看出：後掠翼的阻力係數曲線斜率比平直翼的小，而且隨著後掠角 θ 的增大而變小。

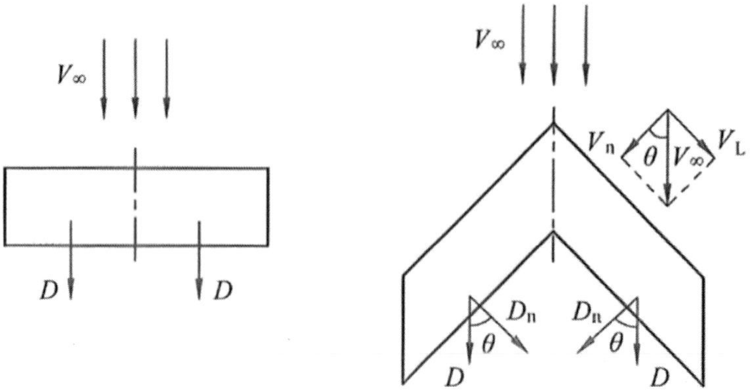

圖 11-6：平直翼與後掠翼的阻力示意圖

（五）後掠翼對最大升力係數與臨界攻角的影響

後掠翼飛機因為機翼斜置，所以導致垂直於翼型前緣的氣流速度變小，因此臨界攻角與最大升力係數會比平直翼來得小，而且後掠角 θ 越大，其臨界攻角與最大升力係數會變得更小，當然後掠翼飛機因為機翼斜置導致升力係數曲線斜率隨著後掠角變大而變小，也是造成最大升力係數 C_{Lmax} 下降的一大主因，其升力係數曲線如圖 11-7 所示。

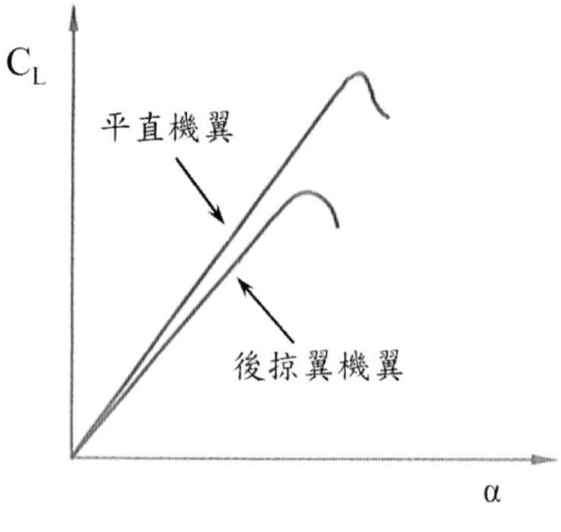

圖 11-7：後掠翼與平直翼升力係數曲線的比較圖

（六）後掠翼對臨界馬赫數的影響

按照經驗公式 $Ma_{cr,後掠翼} = Ma_{cr,平直翼}\dfrac{2}{1+\cos\theta}$，後掠翼飛機的臨界馬赫數會比平直翼飛機的臨界馬赫數來得大，而且隨著後掠角 θ 的增大而變大。其主要的原因是因為後掠翼飛機機翼斜置，導致流經翼型氣流速度變小的緣故，因此需要更大的飛行速度，機翼的上表面才會達到局部音速。

（七）展弦比對後掠翼升力係數的影響

從三維機翼升力係數理論之計算公式 $C_L = \frac{2\pi\sin(\alpha + \frac{2h}{c})}{1 + \frac{2}{AR}}$ 可知：在相同攻角 α 與後掠角 θ 的情況下，展弦比 AR 越大，升力係數 C_L 越大；反之，AR 越小，C_L 越小。原因在於展弦比 AR 越大，翼尖部分的面積在機翼總面積中所占比例就越小，翼尖渦流所引發的下洗氣流效應也就越小。

三、後掠翼在穿音速區域空氣動力特性的影響

（一）後掠翼延遲臨界馬赫數的特性

如圖 11-8 所示，後掠翼飛機由於機翼斜置，垂直於機翼前緣的氣流速度變小，具有延遲臨界馬赫數的特性，且後掠角 θ 越大效果越明顯。其經驗公式為 $Ma_{cr,後掠翼} = Ma_{cr,平直翼} \frac{2}{1+\cos\theta}$。

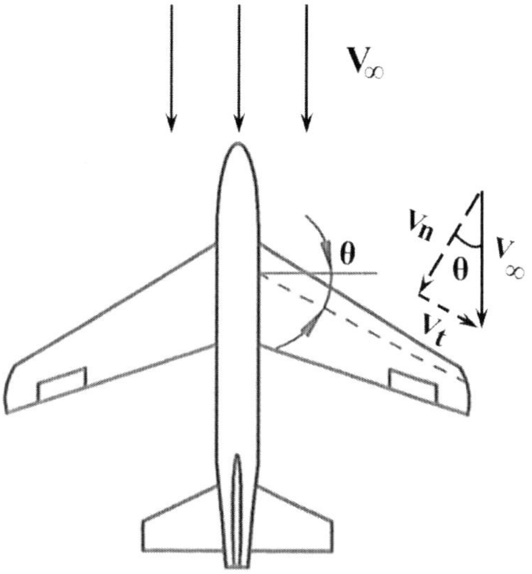

圖 11-8：氣流流經後掠翼的示意圖

（二）後掠翼對阻力係數變化趨勢的影響

圖 11-9 為後掠翼飛機在穿音速區域的阻力係數變化趨勢，從圖中可以看出其具有阻力係數在較大飛行馬赫數下才開始急劇增加、最大阻力係數會在飛行馬赫數大於 1.0 時才出現以及阻力係數在穿音速區域隨著飛行馬赫數的變化較為緩和三個重要特性。

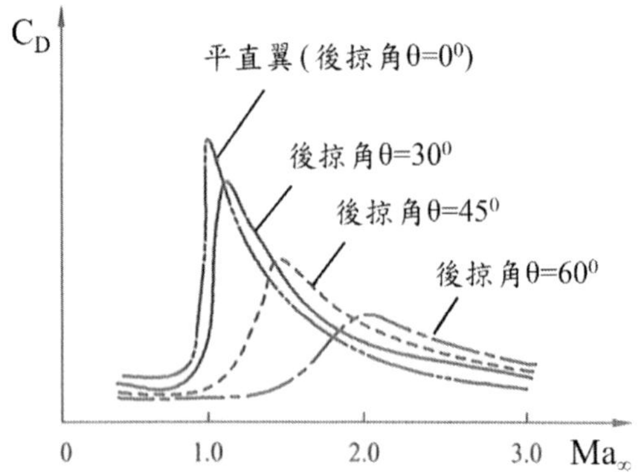

圖 11-9：後掠翼阻力係數隨著飛行馬赫數變化趨勢的示意圖

1.阻力係數在較大飛行馬赫數下才開始急劇增加：後掠翼飛機由於機翼斜置，飛機的飛行速度$V_{後掠翼}$與流經機翼前緣的法向速度 V_n 的關係為$V_n = V_{後掠翼}\cos\theta$，且後掠角 θ 越大，V_n 值就越小。所以與平直翼飛機相比，後掠翼飛機會在更大的飛行速度時才會產生局部震波。且後掠角 θ 越大，產生局部震波的飛行速度也就越大。因此在較大飛行馬赫數下，後掠翼飛機的阻力係數才開始急劇增加，而且後掠角越大，阻力係數開始急劇增加時所對應的飛行馬赫數也就越大。

2.最大阻力係數會在飛行馬赫數大於 1.0 才出現：如前所述，平直翼飛機的最大阻力係數在飛行馬赫數等於 1.0 時才出現，後掠翼飛機因為 V_n 總是小於相對氣流的速度 V_∞，且 θ 越大，V_n 越小，因此最大阻力係數在飛行馬赫數大於 1.0 時才出現。

3.阻力係數在穿音速區域隨著飛行馬赫數的變化較為緩和：因為後掠翼飛機只有在較大的飛行馬赫數才能出現最大阻力係數，而且

$D_{後掠翼} = D_{平直翼}\cos\theta$，所以最大阻力係數的值也較小，因此在穿音速區域阻力係數增長的坡度也就小，所以後掠翼飛機的阻力係數在穿音速區域隨著飛行馬赫數的變化較平直翼飛機緩和，且後掠角 θ 越大，其變化趨勢就越和緩。

（三）後掠翼對升力係數變化趨勢的影響

如圖 11-10 所示，和平直翼相比，後掠翼的升力係數隨飛行馬赫數的變化較為和緩，且隨著後掠角 θ 越大，其變化趨勢就越趨於和緩。

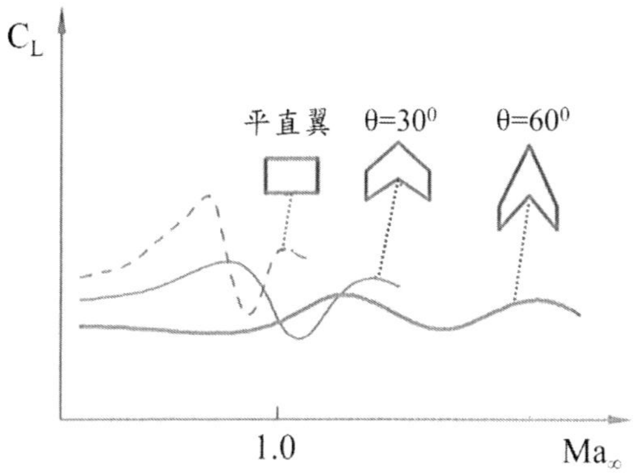

圖 11-10：後掠翼升力係數隨著飛行馬赫數變化趨勢的示意圖

1.升力係數在次音速區域隨著飛行馬赫數的變化較為緩和：從 $C_{L後掠翼} = C_{L平直翼}\cos^2\theta$ 與 $Ma_{cr,後掠翼} = Ma_{cr,平直翼}\dfrac{2}{1+\cos\theta}$ 二個關係式可以得到，後掠翼的升力係數較平直翼小，而臨界馬赫數較平直翼大，所以後掠翼升力係數在次音速區域隨著飛行馬赫數的變化趨勢較平直翼緩和，後掠角 θ 越大，其變化趨勢就越緩和。

2.升力係數在穿音速區域隨著飛行馬赫數的變化較為緩和：升力係數在穿音速區域隨著飛行馬赫數的變化是由上下翼面震波的產生與位置移動，以及震波的強度導致，後掠翼由於機翼斜置的關係，若要在穿音速區域產生與平直翼相同的增減幅度，就需要更大的飛行速度。因此，後掠翼飛機的升力係數在穿音速區域隨著飛行馬赫數的變化趨勢較平直翼緩和，後掠角 θ 越大，其變化趨勢就越緩和。

四、採用後掠翼機翼可能帶來的問題

飛機使用後掠翼雖然可以提高臨界馬赫數，從而使高次音速飛機在更高的飛行速度下飛行，但是也可能對飛機的飛行性能或安全性產生不利的影響。

（一）後掠翼飛機的低速特性較差

與平直翼相比，後掠翼用以產生升力的有效速度減小，所以升力係數減小。因此後掠翼飛機在低速飛行時，不能產生足夠的升力，低速特性不如平直機翼好。後掠翼升力係數較小，導致飛機在起飛離地和著陸接地的速度大，滑跑距離較長。

（二）後掠翼機翼的失速特性不良

與梯形翼一樣，後掠翼飛機在翼尖處先產生失速，同時臨界攻角與最大升力係數也較小。翼尖部位的邊界層先分離，而翼根部位卻沒有，這樣使得機翼壓力中心前移，造成機頭自動上仰，攻角增大，邊界層進一步分離，機翼面臨全面失速。並且，後掠翼飛機的臨界攻角與最大升力係數較小，對機翼失速的影響加重。此外，翼尖失速使副翼的操縱效率大大降低，造成飛機的橫向操縱性能不足，飛機不容易從危險的局部失速狀態脫離。

（三）後掠機翼結構的受力形式不佳

由於後掠的緣故，機翼翼根承受扭矩較大，機翼後樑與機身的接頭受力也較大，因此高次音速民用機機翼的後掠角不會太大，一般在 30°左右，主要用於提高臨界馬赫數。

五、後掠翼飛機延緩翼尖失速的措施

後掠翼的許多優點在於高速，而缺點主要針對低速飛行。後掠翼最大的問題就是翼尖失速，其造成附加一個抬頭力矩，將給飛機的縱向平衡帶來影響，同時加速機翼的整體失速。此外，翼尖過早失速，還將影響副翼在大攻角飛行時的效能，甚至造成安全性危害。為了彌補這一點，現代後掠翼，常採取一系列的措施來延緩翼尖失速。

（一）採用幾何扭轉或者氣動扭轉的方式

所謂採用幾何扭轉的方式就是將機翼各剖面的弦線設置在不同平面上，將翼尖相對於翼根向下扭轉，使得翼尖的局部攻角減少。有的機翼各剖面弦線都在同一個平面上，雖然沒有做幾何扭轉，但是可採用氣動扭轉方式，即沿翼展方向採用不同彎度的非對稱翼型。適當地增大翼尖部面的厚弦比，可延緩翼尖失速。機翼常見的是採用氣動扭轉的方式，或者幾何扭轉與氣動扭轉結合使用。

（二）在機翼上表面安裝翼刀或機翼前緣做成鋸齒狀

除了三維效應引發翼尖渦流導致氣流下洗效應外，導致翼尖失速另一個原因是機翼向後傾斜，使得上翼面氣流自動流往翼尖方向，造成邊界層逐漸向翼尖堆積，導致翼尖處的氣流提前分離，如圖 11-11 所示。

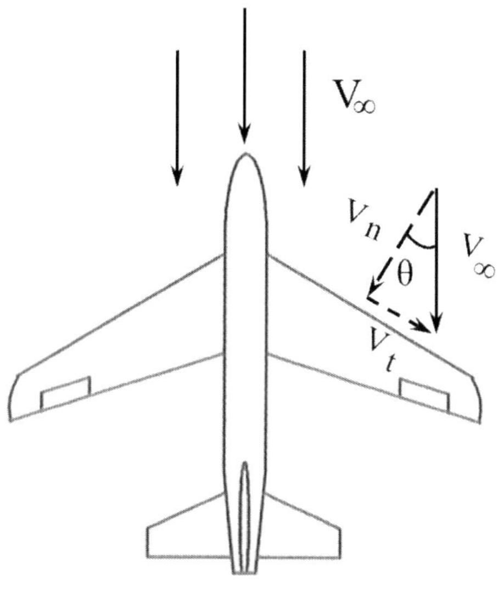

圖 11-11：氣流流經後掠翼速度分解示意圖

改善後掠翼飛機因為翼尖渦流的氣流下洗效應所引發機翼翼尖局部先行失速的措施可採用機翼幾何扭轉與氣動扭轉二種方式改善，至於氣流由翼根流向翼尖所引發的翼尖先行局部失速現象，一般使用翼刀和前緣鋸齒效應防止。

1.安裝翼刀：在後掠翼安裝一兩片一定高度的金屬薄片，也就是翼刀（wing fence），利用翼刀來阻攔氣流向翼尖的方向流動，如圖 11-12(a)所示。

2.在機翼前緣做成鋸齒狀：在飛機機翼的前緣做成鋸齒狀或缺口狀，利用前緣鋸齒（sawtooth leading edge）和前緣缺口（notched leading edge）產生的渦流來阻攔氣流向翼尖的方向流動，如圖 11-12 (b)與圖 11-12 (c)所示。

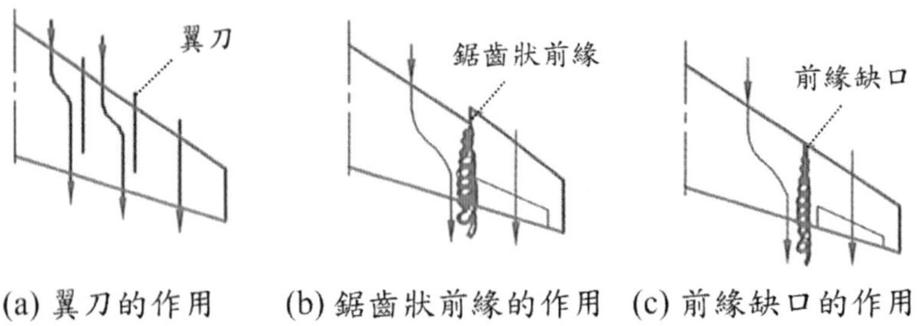

圖 11-12：翼刀和鋸齒狀前緣效應的示意圖

（三）在機翼翼尖部分安裝渦流產生器

渦流產生器（Vortex generator）是改善後掠翼飛機失速特性不良的一種裝置，其作用原理是利用旋渦從外部氣流中將能量帶進邊界層，加快邊界層內氣流流動，防止氣流分離的裝置，它的構造是一種低展弦比小翼段，垂直成排並以一定角度安裝在機翼上表面的若干個小展弦比機翼，當氣流流過機翼並流經渦流產生器時，渦流產生器會產生升力，同時因為展弦比小，將產生較大的翼尖渦流。此時渦流產生器將從邊界層外取得較高能量的空氣，並將其與邊界層內低能量的空氣混合以增強機翼承受正壓力梯度的能力，藉以達到延緩氣流分離的目的，如圖 11-13 所示。

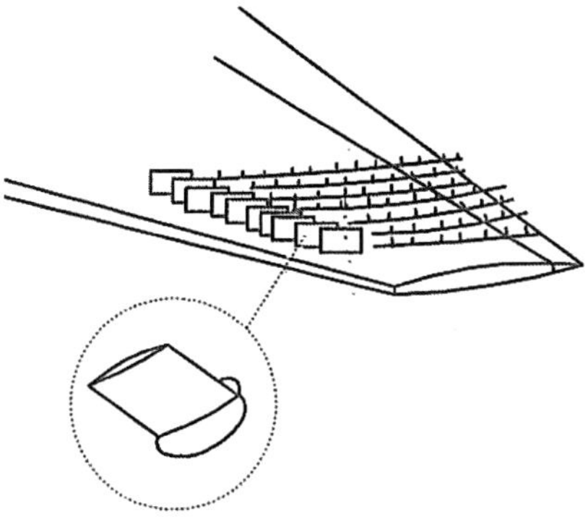

圖 11-13：渦流產生器的示意圖

渦流產生器可以安裝在低速飛機與高次音速飛機的機翼上表面上，起到防止邊界層分離和增加升力的作用，藉以改善飛機的空氣動力特性。

（四）在機翼翼尖部分設置前緣縫翼

前緣縫翼在大攻角（接近臨界攻角）時自動張開，使得下翼面的氣流通過縫道流向上翼面，增大上翼面邊界層的空氣動能，延緩氣流分離的產生，使得臨界攻角增大，改善翼尖失速現象。

六、地面效應

在飛機起飛和著陸階段，當飛機緊貼地面飛行時，流過飛機機翼的氣流會受到地面的影響，從而導致飛機的空氣動力學特性發生變化，影響升力、阻力以及安全性。這種現象被稱為地面效應。

（一）地面效應的定義

地面效應（Ground effect），也稱為翼地效應（Wing-in-ground effect，WIG），是指飛機接近地面飛行時，地面影響了機翼氣流的特性，是一種能夠使飛機誘導阻力減小，同時獲得比空中飛行更高升阻比的空氣動力學效應。

（二）地面效應的發生原因

飛機貼近地面飛行時，一方面是由於通過飛機機翼下表面繞過翼尖往上表面流動的氣流會受到地面的阻擋，致使翼尖渦流強度減弱，導致誘導阻力與平均下洗氣流速度減小。另一方面，由於通過機翼下表面的氣流受到地面的阻滯作用，流速減慢，壓力增大且有一部分空氣改由機翼上表面流動，使機翼上表面氣流的流速進一步加快，壓力減小，致使飛機的升力增加。因為上述二個原因，導致了對飛機空氣動力的影響。

（三）地面效應的作用範圍

研究指出，地面效應的作用範圍（垂直高度）約等同於飛機的翼展長度，飛行高度越貼近地面，飛機的空氣動力特性受地面效應的影響越大。而當飛行高度超過其作用範圍（垂直高度）時，地面效應對飛機的影響幾乎可以忽略不計。

（四）地面效應所造成的影響

1.地面效應對升力係數曲線的影響：在一定攻角範圍內，地面效應的影響會使各攻角下的升力係數普遍提高，同時使飛機飛行的臨界攻角減小，最大升力係數降低，如圖 11-14 所示。

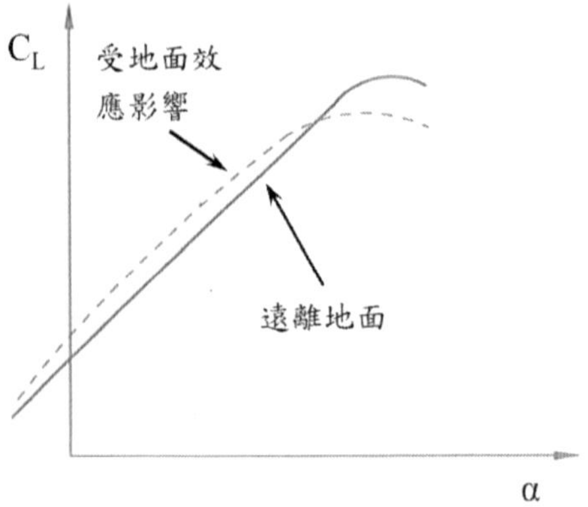

圖 11-14：地面效應對升力係數曲線影響的示意圖

這是因為貼近地面飛行時，翼尖渦流強度減弱，平均下洗速度減小，有效攻角增大，所以機翼的實際升力增大。另外，機翼下表面的氣流受到阻滯，流速減慢，壓力增大；機翼上表面流速進一步加快，壓力減小，這樣上下表面的壓力差增大，從而機翼的升力增大。由於升力增大，在各攻角下對應的升力係數也就普遍提高。但是機翼上表面的流速加快，有效攻角增大，造成氣流提前分離，致使臨界攻角減小，最大升力係數降低。

2.地面效應對升阻比的影響：地面效應造成飛機的升力增大、誘導阻力減小，升阻比必然增大。因為同等的速度和推力下，近地飛行會有更大的升力與升阻比，所以地面效應能夠有效地提升飛機的燃料效率。不過飛機只有在起飛或降落時才會這麼接近地面，才能從地面效應中獲得好處。

3.地面效應對飛行安全的影響：地面效應的作用範圍約等同於一個翼展長度的垂直高度。雖然地面效應可使飛機獲得較大的升阻比，但是也對飛行安全造成影響。

（1）地面效應在起飛時對飛安的影響：飛機爬升超過了地面效應的作用範圍以後，升力會突然地減少，造成升力不足，如果此時不能加速到更安全的速度，飛機將會無法支持自身重力，導致飛行高度突然地非正常下降。如此低的高度根本不可能留給飛行員足夠的空間和時間來恢復控制，因而容易導致飛機墜毀。飛行員必須謹慎地處理地面效應在起飛時造成的影響。

（2）地面效應在降落時對飛行安全的影響。飛機降落時在最後幾米高度可能因為獲得地面效應的上揚力而突然上升（此情況稱為「Balloon」），如果不及時處理，飛機將在減速時突然急速提升高度，其降落速度非常接近失速，極易變成失速狀態。如果跑道足夠長，那麼慢慢減速可以應對地面效應對飛機造成的影響，否則只有放棄直接降落，加速獲得飛行的上揚力，繞圈回來，再次降落。

利用地面效應可以設計出全新的飛行器——地效飛機，於 1960、1970 年代，美、蘇、法、德、英、日等國都研製過地效飛機。其中，蘇聯研製的「母鶴」式地效飛機最為成功。地效飛機的運輸成本、設計與製造費用低，而且是低空飛行，不易被雷達偵測，所以應用前景十分廣闊，既可以用於反潛反艦、掃雷佈雷、軍用運輸等軍事領域，也可用於貨物運輸、汙染監測、資源調查等民用領域。

✈課後練習與思考

[1] 請問後掠角延遲臨界馬赫數的原理是什麼？

[2] 請問後掠翼飛機低速特性較差的原因是什麼？

[3] 請問後掠翼發生翼尖局部先行失速現象的原因為何？

[4] 請問後掠翼飛機延緩翼尖失速的措施有哪些？

[5] 請問在機翼上安裝翼刀延緩翼尖失速的原理是什麼？

[6] 請問地面效應的發生原因是什麼？

[7] 請問地效飛機目前在航空上的應用是什麼？

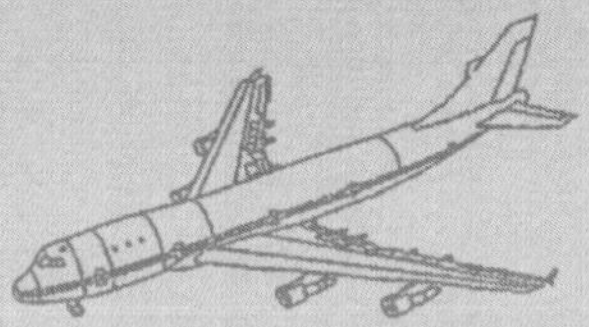

第十二章

機場管制與飛航安全

機場是飛機起飛、降落、停放及進行維護的主要場所，同時配備了專門的設施以確保飛機航行的安全與效率。由於飛機的起飛和降落均需依賴特定的機場設施、引導系統以及其他支援服務，因此機場的建設至關重要。隨著航空技術的不斷進步和航空運輸需求的顯著增長，對機場的適航性和功能性的要求愈發嚴格。因此在本章中，本書將針對機場的組成、地面保障設備、航空安全管理以及影響飛行安全的多種因素和相應的保障措施加以介紹。希望通過本章的學習，能夠讓讀者掌握機場的運行營機制，學會如何整合各項技術與資源，使得在管理和執行機場勤務時，最大限度地避免或降低航空事故的風險。

一、機場的設置與功用

（一）機場的設置

在 1903 年，飛機的問世時還沒有機場的概念。當時，只需要一片開闊的平地和草地，就能滿足飛機的起降需求。最初的機場不過是經過簡單規劃的草地，僅需能夠承受輕型飛機的重量即可。然而，隨著飛機重量的不斷增加和航空技術的日新月異，飛機起降的條件也日益嚴格。為了滿足航空交通管理、通信需求、跑道的強度，以及旅客流量的便捷處理，機場開始配備了塔臺、混凝土跑道和現代化的候機室等先進設施。到了 1950 年代中期，國際民航組織為全球機場和空港制定了統一的建設標準和配置要求，這使得全世界的機場建設有了一個大致統一的規範。

航空小常識

由於現代高性能飛機普遍採用噴氣式發動機（如渦輪噴氣發動機、渦輪風扇發動機或渦輪螺旋槳發動機），在發動機工作時會產生顯著的噪音汙染，因此機場通常被規劃在遠離市中心的偏遠地區，以減少對周邊環境的干擾。

（二）機場的功用

機場是提供飛機起飛、著陸、停放和維護，並有專門設施保障飛機飛行活動的場所。大多數的飛機起飛和著陸都需要專門的機場、著陸引導系統和其他保障設施，因此建設了專門的機場。機場可分為「非禁區」和「禁區（管制區）」二種範圍。非禁區的範圍包括停車場、公共運輸車站和連外道路，而禁區範圍包括所有飛機進入的地方，包括跑道、滑行道、停機坪、登機室及等候室。大多數的機場都會在非禁區到禁區的中間範圍，做嚴格的控管。搭機的乘客在進入禁區範圍前，必須經過客運大樓，在那裡購買機票、接受安全檢查、托運或領取行李以及透過登機門登機。

航空小常識

機場的安全保衛措施極為嚴格，未經授權，任何人不得擅自進入停機坪或跑道等敏感區域，違規者可能會面臨法律指控。在客運大樓，安全檢查同樣不容忽視，所有乘客的隨身物品和行李都必須通過 X 光機進行掃描，而乘客本人也必須通過金屬探測器，以防止恐怖分子攜帶武器登機。此外，乘客被禁止攜帶任何形式的液體上飛機，以及任何可能被用作武器的物品，這些物品必須置於托運行李中。

二、機場的組成

（一）機場的定義

機場是指那些配備有專門設備，能夠保障飛機完成起飛、降落、停放及維修等飛行相關活動的場所。機場按用途可分為軍用和民用兩大類，軍用機場與民用機場通常分別運營，然而也有部分機場實現了軍民共用，尤其是在一些關鍵的大型民用機場中。按照國際慣例，將從事商業航空服務的機場稱作「空港」。

（二）機場的組成

機場區域由地面和空中兩部分組成，地面部分包括飛行場地、技術和生活服務區。飛行場地又包括跑道、滑行道、緩衝區、迫降場和停機坪等；技術和生活服務區包括候機樓、機庫、油庫、辦公樓和其他設施。空中部分包括起落航線和其他飛行空域。其中，機場主要建築有跑道、滑行道、機坪、候機樓和塔臺等幾個部份，如圖 12-1 所示。

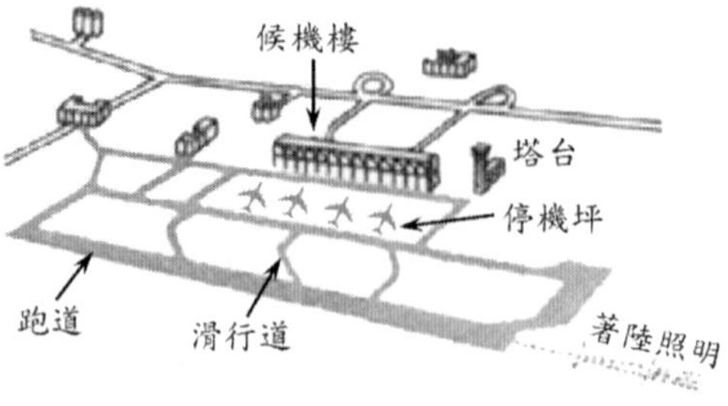

圖 12-1：機場主要建築的示意圖

1.跑道：跑道是直接提供飛機起飛滑跑和著陸滑跑用的設施，如圖 12-2 所示。機場一般有一條跑道，大型機場有的有兩條跑道，可以保證飛機從兩個相反的方向起飛和降落。主跑道通常沿機場所在地的常年主風向修建，根據機場的用途和海拔的高度不同，跑道的長度也不一樣。一般中型以上機場的跑道通常鋪有瀝青或混凝土，屬剛性道面，能承受的重量也比較大，其他非剛性因為只能抗壓，但是不能抗彎，所以承載能力小，只有用於小型機場。

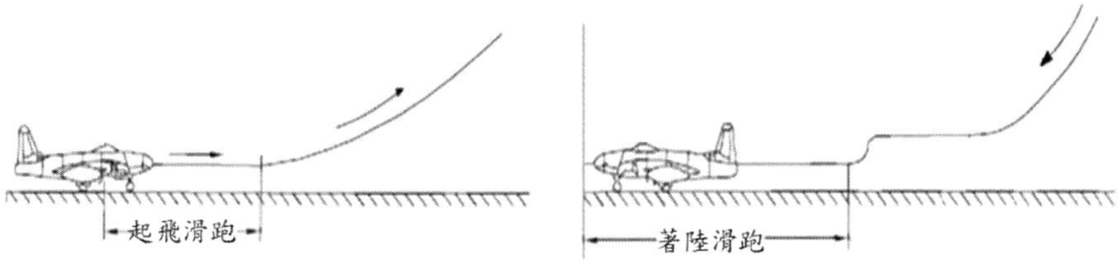

圖 12-2：跑道功能示意圖

2.機坪：機坪又稱之為停機坪，它是飛機停放和旅客登機的地方。依照用途，可以分為停機機坪和登機機坪，飛機在登機機坪進行裝卸貨物和加油，在停機機坪過夜、維修和長時間停放。在登機的要求上，是希望讓旅客儘量減少步行上機的距離，所以登機機坪大多指的是飛機停放在候機樓旁的區域，如圖 12-3 所示。

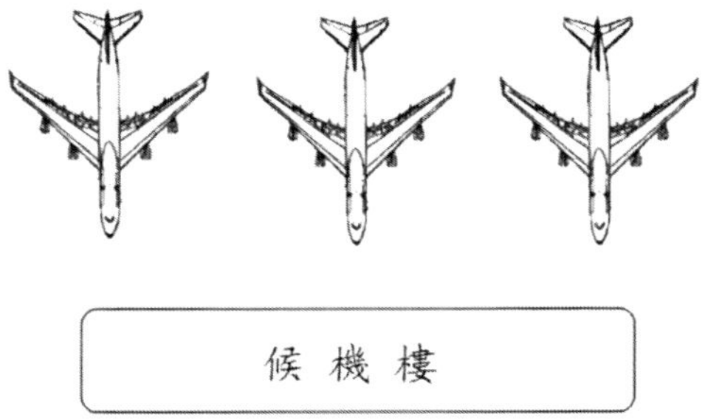

圖 12-3：登機機坪示意圖

但是有時飛機距離候機樓有一段路程，這時乘客必須步行或搭乘登機用的巴士才能登機。

3.滑行道：滑行道的作用是連接跑道與停機坪，供飛機滑行或牽引時用。一般把與跑道平行的滑行道叫主滑行道，其他的叫聯絡道。在交通繁忙的跑道中段有多個跑道出口與滑行道相連，以便降落的飛機迅速離開跑道，這樣可以提高跑道的利用率，如圖 12-4 所示。

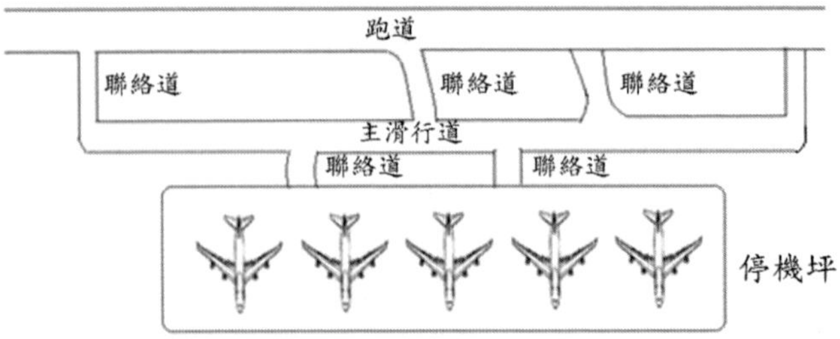

圖 12-4：滑行道的外觀示意圖

4.候機樓：候機樓是機場內提供搭機乘客轉換陸上交通與空中交通的設施，以便其上下飛機。主要包括旅客服務區域和管理服務區域。在旅客服務區有辦理機票行李手續的櫃台、安檢、海關檢疫的通道和入口，登機前的候機廳，行李提取處，旅客資訊服務設施（問訊處、顯字牌與廣播系統等）、其他服務區（商店、餐飲、郵電和醫療等）。管理服務區包括空港行政辦公、後勤辦公、緊急救援以及航空公司運營區等。

5.塔台：塔台是一種設置於機場中的航空交通管制設施，用來監看以及控制飛機起降的地方。通常塔台是機場的最高建築，在塔台可以看到機場內飛機的活動情況，機場管制服務就由機場管制塔台提供。早期塔台管制人員在塔台的最高層通過目視管理飛機在機場上空和地面的運動。近年來，隨著機場地面監視雷達的使用大大提高了塔台指揮的效能。

航空小常識

通常塔台的高度必須超越機場內其他建築，以便讓航空管制員能看清機場四周的動態，但是臨時性的塔台裝備可以從拖車或遠端無線電來操控。完整的塔台建築，最高的頂樓通常四面都是透明的窗戶，能夠保持 360 度的視野。中等流量的機場塔台可能僅由一名航管人員負責，而且塔台不一定會每天 24 小時開放。流量較大的機場，通常會有能容納許多航管人員和其他工作人員的空間，塔台也會保持一年 365 天，每天 24 小時開放。

三、機場地面保障設備

（一）使用緣由

飛機在經停時一般需要在 30~45 分鐘內完成上下旅客、裝卸貨物、供應食品和其他用品、加油加水、清除垃圾以及必要的檢查和維修等工作。因此，會有許多服務車輛同時圍繞飛機進行服務。

（二）機場地面保障設備的定義

機場地面保障設備是指在機場機坪、跑道、航站樓、應急救援等所使用的特種車輛和專用設備，這些設備都是機場地面保障設備的範圍，圖12-5 為大型民航客機所需的地面保障設備。

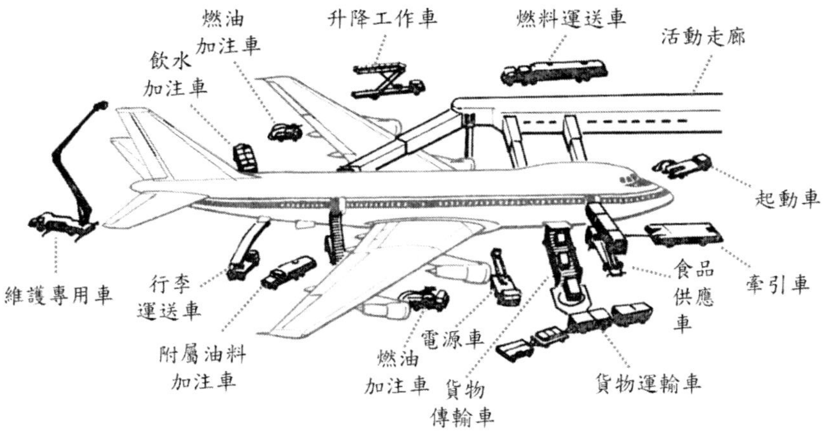

圖 12-5：機場保障設備的示意圖

（三）機場地面保障設備的重要性

為了保證飛機能順利與安全地起飛、航行、進近、降落、滑行、停放，保障旅客和空乘人員的航空旅行安全和舒適性，飛機與機場地面保障設備之間構成了供求關係。

（四）機場地面保障設備的分類

一般而言，根據設備和飛行需要，機場地面保障設備主要可以分成地面服務車輛、機務保障車輛、貨物運輸服務車輛、機場跑道和其他地面維護檢測車輛以及相關保障車輛（設備）。

1.地面服務車輛：主要包括客梯車、引導車、食品車、垃圾車、汙水車、清水車以及殘疾人機車等類型的車輛。

2.機務保障車輛：主要包括飛機牽引車、電源車、氣源車、加油車、空調車、除冰車以及高空作業平臺等類型的車輛。

3.貨物運輸服務車輛：主要包括升降平臺車、行李拖車以及行李運送車等類型的車輛。

4.機場跑道和其他地面維護檢測車輛：主要包括道面清掃車、掃雪車、吹雪車、道面摩擦係數測試車、劃線車、道面彎沉測量車、道面除膠車以及割草車等類型的車輛。

5.相關保障車輛（設備）：主要包括消防車、救護車等應急救援車輛和設備。

四、機場管制任務

機場管制的任務包括兩大部分，一部分是機場空域的管理，另一部分是機場地面交通管理。大型機場分別由機場地面交通管制員和空中管制員負責，而小型機場只有一個塔臺管制員負責整個機場空中和地面的全部航空器運動。

（一）機場地面交通管制員的任務

機場地面交通管制員負責控制在跑道外的所有機場地面的交通指揮，包括在滑行道以及機坪上的飛機、行李拖車、割草機、加油車以及各種各樣的其他車輛的運動。在飛機通過時，機場地面交通管制員必須告知它們可通過跑道的時間以及車輛停放的位置，防止飛機在運動中出現與地面車輛和障礙物碰撞。地面交通管制員負責給出飛機的發動機啟動許可以及進入滑行道許可。對於到達的飛機，當飛機滑出跑道後由地面管制員安排飛機滑行至機坪停機位。當飛機準備起飛時，會先停在跑道的起點，這時由空中管制員（塔台管制）接手，告訴飛行員起飛的時機。

（二）機場空中交通管制（塔台管制）員的任務

機場空中交通管制員負責控制飛機進入跑道後的運動以及按照目視飛行規則在機場起落航線上飛行的飛機。其任務是給出起飛或著陸許可，引導在起落航線上飛行的飛機起飛和著陸，並合理安排與維持飛機的安全隔離的放行間隔，以保證飛機的飛行安全和加速並保持空中交通之有序暢通。

五、飛航安全管理

隨著航空運輸量大增，航空事故日益頻繁，飛航安全開始成為人們重視的課題，舉凡一切可能影響飛機飛行安全的原因，都屬於「飛航安全」的研究範圍。飛航安全管理的定義為「將各種技術與資源經過整合，以求飛機飛行時免於事故發生的作為」。

（一）航空事故的定義與分類

航空事故是指在航空活動中，由於人為或非人為因素導致的意外事件。根據事故的嚴重程度，航空事故可以分為三類：航空器失事（通常稱為空難）、航空重大意外和航空意外。其中，被定義為航空器失事的事故必須滿足以下任一條件：1.有人遭受嚴重傷害或死亡。2.航空器遭受結構性損壞，影響其飛行性能，需要進行維修。3.航空器失蹤或被完全損毀。

（二）航空事故的肇因與分類

研究表明，航空事故的成因包括飛行員的操作失誤、機件故障、設計缺陷、航管指揮失誤、惡劣天氣、外部攻擊、鳥擊碰撞、劫機事件以及故意墜機等。這些因素被大致分為四類：人為因素、環境因素、機械因素以及其他因素。

（三）機組資源管理的定義

早期的航空事故主要是由機械故障和氣候影響等因素所引起，隨著航空科技的突飛猛進，飛機硬體與導航設備的日漸精良，目前航空事故有七至八成是由人為因素所引起。為此，美國國家航空暨太空總署在 1979 年提出「機組資源管理（CRM）」的概念。CRM 的管理方式集中在機組人員之間的溝通、整合、領導以及決定能力，並希望藉由工作負荷管理及情境感知的方式察覺團隊組員有失常與避免個體過度的工作負荷。依照民航局「固定翼航空器民航運輸駕駛員技術考驗規定」，機組資源管理（CRM）的意義為「有效地運用各種技術（硬體與資訊）和飛航組員以及與飛航安全相關其他人員（包括簽派員、客艙組員、維修人員與航管人員）等人力資源，並加以整合，藉以避免在運作飛航系統時導致航空事故的發生」。時至今日，機組資源管理（CRM）的概念已經廣為航空業者接受與使用。

六、靜電安全防護

在飛機維護中，靜電不但可以直接或間接地造成航空電子產品的損壞，還可能引發有機清潔劑的燃燒，其潛在後果極為嚴重。因此，必須嚴格遵守防靜電操作規程，以將靜電帶來的風險降至最低。

（一）靜電的發生原因

靜電是在人們活動過程中，與其他物質接觸摩擦所產生的電荷。其特點是電壓高、電量低、作用時間短，並且受環境因素的影響較大。溼度對於靜電的產生具有顯著影響，隨著溼度的增加，靜電現象會減少，同時電壓也會有所下降。研究表明，灰塵、冰雨及空氣從航空器金屬表面流過、航空器在進行滑行、加油、拋光、噴漆、擦拭、清潔、除漆以及鉚接等工作以及工作人員在地毯或乙烯基樹脂表面行走是飛機產生靜電的主要來源。

（二）靜電造成的危害

1.對電子設備產生危害：首先，靜電能夠吸附灰塵，這不僅影響了設備的清潔度，還可能導致灰塵中的雜質影響飛機電氣元件的絕緣性能，從而縮短設備的使用壽命。其次，當靜電釋放時產生的電流可能會對飛機的電氣組件造成損傷，使其無法正常工作。此外，靜電放電過程中產生的電磁干擾可能對飛機的通訊和導航系統造成損害，這在極端情況下可能引發嚴重的安全事故。因此，對靜電進行有效管理對於確保航空安全至關重要。

2.造成爆炸和著火：當靜電積累至一定電位差並擁有足夠能量時，它可能會引發電火花。如果這樣的火花遇到易燃氣體混合物，可能會引起爆炸或火災。這種情況下，不僅產品可能遭受損壞，還可能對人員的生命安全構成嚴重威脅。

（三）靜電安全防護措施

1.飛機應可靠接地：為確保飛機的安全運行，必須確保其可靠的接地。接地線是連接飛機附件與其他附件或機體結構的金屬線路，其主要作用是防止電荷積聚。特別是在進行加油或放油操作時，必須確保飛機、油車、加油管接頭以及接地點之間的連接正確無誤。

2.應穿純棉織品工作服：由於人造絲、尼龍、絲綢、毛料利化纖容易產生靜電火花，維修人員在有起火危險環境中工作時，不應穿著這些材料製作的衣服。在易燃液體周圍，或者在油箱口工作時，應穿純棉織品工作服。另外，不准用化纖材料的紙巾吸收殘餘燃油，而應該使用棉質抹布。

3.維修和拆卸具有靜電防護要求的設備必須按規定操作，並配戴靜電護腕。

七、外物損傷防護

機場外來物（Foreign object）是指飛機在起降過程中，足以損害飛機的一切外來物質。例如金屬零件、防水塑膠布、碎石塊、紙屑、樹葉等，均被統稱外來物。飛機在起降過程中是非常脆弱的，小石頭或金屬塊會扎傷機輪引起爆胎，所產生的輪胎破片又會擊傷飛機本體或重要部份，造成更大的損失；塑膠布或是紙片吸入發動機，會造成發動機損傷，甚至故障。根據保守估計，每年全球因為外物損傷（F.O.D）造成的直接損失至少在 30~40 億美元。但是外來物不僅會造成巨大的直接損失，還會造成航班延誤、中斷起飛、關閉跑道等間接損失，間接損失至少為直接損失的 4 倍。隨著民航運輸量的快速增長，外來物損傷的問題已成為威脅民航安全的主要危險源，因此民航局與各航空公司都訂有跑道異物清除以及外來物防制的辦法與計畫。

八、飛鳥撞擊防制

鳥撞又稱鳥擊，它是指飛機在起降過程中，鳥類與飛機撞擊所造成傷害的事件，根據調查：超過 90%的鳥擊發生在機場和機場附近空域，50%發生在低於 30 米的空域，僅有 1%發生在超過 760 米的高空。絕大多數鳥類都有體形小和質量輕的特徵，因而鳥撞的破壞主要來自飛機的飛行速度而非鳥類本身的質量，飛機的高速運動使得鳥撞的破壞力達到驚人的程度。

（一）鳥撞的破壞部位

嚴重破壞的撞擊多集中導航系統和動力系統。

1.導航系統：鳥撞發生在飛機的雷達、電子導航以及通訊設備時，將可能導致飛機在起降階段失去重要的導航和指引資訊，增加發生事故的概率。

2.動力系統：對於螺旋槳飛機，鳥擊可能會導致槳葉變形甚至斷裂，從而減少飛機的動力輸出。而對於噴氣式飛機，飛鳥有時會被吸入進氣道，這可能會使渦輪發動機的扇葉變形或被卡住，進而導致發動機失效甚至發生火災。鳥撞對飛機動力系統的破壞通常極為嚴重，可能會直接導致飛機失速並引發火災。

（二）鳥撞防治的主要措施

鳥撞對航空安全具有至關重要的影響，因此預防工作的主要思路在於減少鳥類活動區域與飛機起降路徑的交集。

1.整治機場周圍的生態環境，降低鳥類出沒頻率：鳥類的生存依賴於水、食物和棲息地這三個基本要素。因此，為了確保飛行安全，必須及時清除機場周邊的積水，並控制樹木的生長。機場周邊生長的樹木應距機場 150 米以外，以減少鳥類棲息的機會。同時，建議將機坪跑道旁的草地保持在 200 至 700 毫米的高度，這樣既不會因為其過低導致地表溫度升高、使得小蟲和蚯蚓繁殖加快，吸引小型鳥類覓食，也不會因為其過高，為野兔等小動物提供棲息地，增加大型鳥類如鷹的覓食機會。此外，合理使用殺蟲劑殺蟲滅蝗，能夠有效減少鳥類的食物供給。

2.在機場配置驅鳥設備，採用聲音、形態和光線等特性來驅散鳥類：目前最為有效的策略之一是運用「聲光威懾」方法來驅散鳥類，這包括模擬爆炸聲和槍響、產生鐳射閃爍以及部署聲波發生器等手段。

3.加強立法，依法「治鳥」：在一些國家，機場的規劃、建設和運營遵循著嚴格的法律框架。從選址到設計，再到施工階段，法律均要求充分考慮鳥擊的防範措施。此外，航空法規中明確規定，機場管理當局和地方政府有共同責任實施鳥害防治策略。

✈課後練習與思考

[1] 請問機場主要設施有哪些？

[2] 請問地面勤務保障車輛有哪幾種類型？

[3] 請問航空事故的肇因有哪些？

[4] 請問早期和目前航空事故成因的特性有何不同？

[5] 請問靜電的發生原因和產生的危害為何？

[6] 請問鳥撞發生的原因與防治的主要措施為何？

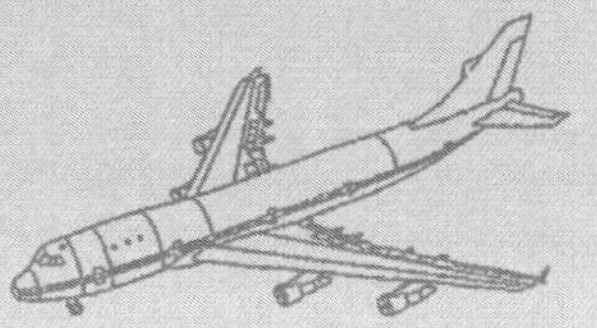

參考文獻

[1] John David Anderson. *Introduction to Flight*. New York: McGraw-Hill Higher Education. 2005.

[2] Anderson .John D.JR. *Modern Compressible Flow: With Historical Perspective.* 2nd Edition. New York: McGraw-Hill Book Company.1990.

[3] Wilkinson R. *Aircraft Structures&Systems.* Addison Wesley Longman Limited. 1996.

[4] 夏樹仁，《飛行工程概論》，臺灣：全華出版社，2009。

[5] Frank M. White（陳建宏譯著），《流體力學》，臺灣：曉園出版社，1986。

[6] 陳大達，《航空工程概論與解析》，秀威資訊科技出版社，2013。

[7] 陳大達，《飛機構造與原理》，秀威資訊科技股份有限公司，2015。

[8] 陳大達和王斌武，《飛機空氣動力學概論》，西南交通大學出版社，2021。

[9] 張有恆，《飛行安全管理》，華泰出版社，2005。

[10] 中村寬治（簡佩珊譯），《飛機的構造與飛行原理（圖解版）》，臺灣：晨星出版社，2011。

[11] 科技技術出版社中文編輯群，《奧斯本圖解小百科－飛機的奧秘》，1997。

[12] 慶鋒和朱怡主編，《飛機飛行原理》，中國民航出版社，2016。

[13] 李紅軍主編，《航空航太概論》，北京航太航空大學出版社，2006。

[14] 原渭蘭主編，《氣體動力學》，北京科學出版社，2013。

[15] 王秉良等編，《飛機空氣動力學》，北京清華大學出版社，2013。

[16] 王保國，劉淑豔，黃偉光，《氣體動力學》，北京：北京理工大學出版社，2005。

[17] 孔瓏，《可壓縮流體動力學》，北京：水利電力出版社，1991。

[18] 徐敏主編，《空氣與氣體動力學基礎》，西安：西北工業大學出版社，2015。

[19] 何慶芝，《航空航太概論》，北京：北京航空航太大學出版社，1997。

[20] 機場－維基百科（http://zh.wikipedia.org/wiki/%E6%A9%9F%E5%A0%B4）。

秀威經典　　　　考試用書類　PD0099　民航特考 4

飛行原理與飛機空氣動力學概論

作　　者 / 陳大達
責任編輯 / 邱意珺、陳彥儒
圖文排版 / 楊家齊
封面設計 / 嚴若綾
圖片來源 / Pixabay

出版策劃 / 秀威經典
法律顧問 / 毛國樑　律師
印製發行 / 秀威資訊科技股份有限公司
114 台北市內湖區瑞光路 76 巷 65 號 1 樓
電話：+886-2-2796-3638　傳真：+886-2-2796-1377
http://www.showwe.com.tw
劃撥帳號 / 19563868　戶名：秀威資訊科技股份有限公司
讀者服務信箱：service@showwe.com.tw
展售門市 / 國家書店（松江門市）
104 台北市中山區松江路 209 號 1 樓
電話：+886-2-2518-0207　傳真：+886-2-2518-0778
網路訂購 / 秀威網路書店：https://store.showwe.tw
國家網路書店：https://www.govbooks.com.tw
經　　銷 / 聯合發行股份有限公司
231 新北市新店區寶橋路 235 巷 6 弄 6 號 4F
電話：+886-2-2917-8022　傳真：+886-2-2915-6275

2025 年 8 月　BOD 一版
定價：590 元

讀者回函卡

國家圖書館出版品預行編目

飛行原理與飛機空氣動力學概論/陳大達著. -- 一版.
-- 臺北市 : 秀威經典, 2025.08
面 ; 公分. -- (考試用書類 ; PD0099)(民航特考 ; 4)
BOD 版
ISBN 978-626-99011-5-9(平裝)

1.CST: 航空力學 2.CST: 氣體動力學

447.55 114006670